金商道

The positive thinker sees the invisible, feels the intangible,
and achieves the impossible.

惟正向思考者，能察於未見，感於無形，達於人所不能。 —— 佚名

莫漢・薩布拉曼尼亞 — 作者
MOHAN SUBRAMANIAM
譯者 — 李芳齡

數位競爭策略

THE FUTURE OF COMPETITIVE STRATEGY

Unleashing the Power of Data and Digital Ecosystems

企業如何從數據中打造競爭優勢、做好數位轉型？

推薦書評

「薩布拉曼尼亞為所有渴望在新數位時代保持競爭力的公司提供一個新的競爭策略模式。本書為追求競爭優勢的公司提供了獨特的觀點。」

——喜利得公司（Hilti Corporation）執行長，
賈漢吉爾・東阿吉（Jahangir Doongaji）

「本書簡明洗鍊，想在現有消費者和創造未來消費者這兩者之間求取平衡的公司提供了一個架構。所有公司的策略思考應該加進重要概念：從數位消費者、數位競爭對手、及數位能力中發掘價值，建立競爭優勢。」

——達特茅斯學院塔克商學院管理學教授，
普拉文・柯帕里（Praveen K. Kopalle）

「本書是想在新數位世界中高效競爭的公司的必讀之作，現在就必須行動，為未來的競爭做準備，該如何做，本書提供了寶貴觀點。」

——沃爾福公司（Walvoil S.p.A）總裁暨執行長，
法比奧・瑪拉西（Fabio Marasi）

「薩布拉曼尼亞出色地提綱挈領，教導公司如何從數位轉型旅程中獲得價值，他把技術和策略結合，利用數據的新擴大角色，對企業領導人非常有幫助。」

——New Balance 總裁暨執行長，喬伊・普瑞斯頓（Joe Preston）

「這本洞見深刻精闢的著作內含實用的數位轉型架構，以及企業領導人和專業執行師如何策略地利用數據及數位的力量來為公司創造持久競爭優勢的出色例子。」

——阿南塔・拉哈里希南（Anantha Radhakrishnan），

印福思公司（Infosys）執行長暨常委務董事

目錄

探勘數據新「石油」

文｜邱奕嘉博士

在全球數位轉型浪潮的推動下，數據已不再只是高科技企業或網路公司的專屬資源，而逐漸成為所有產業競爭的核心要素，因此被譽為新時代的石油。雖然數據的潛力無窮，但若缺乏清晰思考框架與有效執行力，數據的價值將無法真正發揮。如何探勘與運用數據來創造競爭優勢，成為當前管理者無法迴避的核心課題。

啟發於洛桑管理學院的課程

2024 年 6 月，我有幸帶領政大後 E 及台大 EMBA 學生前往瑞士洛桑管理學院上課。在課程中，我第一次參與莫漢・薩布拉曼尼亞教授（Mohan Subramaniam）的課程。他以清晰且實用的方式，深入探討數據如何與商業模式結合，並應用於策略分析與競爭中。他對數據生態系的剖析，尤其是關於互動式數據的見解，不僅拓寬了我們對數據價值的認知，也啟發了我們了解如何將數據，轉化為實際的商業成果，讓我與學生們都獲益良多。

在課堂進行的當下，我就推薦商業周刊翻譯並引進此書，希望台灣企業主與高階經理人能從中汲取洞見，應用在數位轉型的實踐中。

本書作者莫漢·薩布拉曼尼亞（Mohan Subramaniam）教授是國際知名的管理學者，現任教於瑞士洛桑管理學院（IMD）。他在數位轉型、數據驅動策略與生態系設計方面有豐富的研究成果，其著作皆曾刊登在知名學術期刊中，也擔任多家公司的顧問。

數據的潛力與新競爭優勢

莫漢·薩布拉曼尼亞教授在本書中闡述了一個重要的觀點：數位時代的企業不能再僅依賴傳統的策略思維與分析工具，而是需要結合數據與數位生態系，重新定義其競爭優勢。他指出，數據不僅是一種資源，更是一種能力，特別是「互動式數據」，它與傳統的「事件型數據」截然不同，卻能為企業帶來即時性與個性化的價值創造。

以傳統書店和亞馬遜書店為例，在傳統書店逛兩小時，最後買了一本書，他們收集到的數據僅是：某人買了一本書、購買地點是哪家分店，書名是什麼等。然而如果在亞馬遜書店瀏覽兩個小時，卻沒有買任何東西，他們的數據則包括：瀏覽了哪些書籍（商品）、對哪些類別感興趣、在哪個頁面花費時間最長、對哪些不感興趣等等。前者傳統書店的數據來自單一購買行為，是「事件型數據」；後者則持續流向企業的系統，它是「互動式數據」。互動式數據即時、互動、共享、個人化的特質，讓它成為數位生態系統的基礎，也為企業提供了全新的價值創造可能。

數位化四個進程

他把生態系分成「生產」與「消費」兩種，並根據互動式數據在這兩種生態系運用的狀況，將企業的數位化進程分為四個階段，分別是：

1. **提升營運效率：**利用生產生態系中的互動式數據，改善生產流程與內部效率。例如，感測器數據可以即時監控生產設備，減少停工時間。
2. **進階營運效率：**企業獲取互動數據開始不只是來自於生產生態系，也可以來自於用戶，以更進一步提升營運效率，例如研發及產品設計的優化。
3. **數據驅動型服務：**這是生產生態系的重要升級，企業將數據轉化為新的服務或產品，直接為客戶創造不同的價值。
4. **平台化競爭：**企業開始結合生產及消費生態系，透過數位平台與多方協作，形成全新的商業模式。

這四個進程為企業描繪了從內部效率提升到外部價值創造的完整路徑，幫助企業擘畫數據策略發展藍圖。

數據驅動的策略指南

作者提出，數據驅動的策略思維應取代傳統以產品或產業為核心的分析方式。首先，企業需要以數據與生態系的視角重新審視競爭態勢，明確定義價值創造的核心來自於生產還是消費生態系，進而決定競爭策略的焦點是聚焦消費、生產，還是全面整合。這樣的分層分析，不僅有助於企業看清數位競爭的全貌，也能幫助管理者做出更精準的策略選擇。

而與傳統競爭分析相同的是，作者亦強調分析競爭對手的重要，並且要能根據所搜集的情報來判斷競爭威脅的程度，並做出適當的反應。

這種包含定位、策略類型、競爭互動三個層次的思維框架與做法，指引了一條清晰的數位競爭策略路徑。在快速變化的市場環境中，具有極高的應用價值。

透過數位能力讓數據成為經營者的石油

然而以上的數位競爭策略，其實很仰賴完整的數據資料，雖然近幾年，企業數位化程度愈來愈高，擁有數據的質與量也漸增，但很多企業仍停留在「事件型數據」的層次，更不用說足量的「互動式數據」，以及厚實的數位能力。

此外，這樣的轉型需要全新的數位能力，而非僅是數位科技能力，更不是傳統的核心能力。作者特別指出與傳統的核心能力相比，數位能力強調利用數據在數據生態系中打造更強的競爭優勢，這包含了數據基礎設施、數據應用與分析、以及生態系的合作與整合能力。作者在書中提供相當完整的說明，介紹如何分別在生產與消費生態系中建構強大數位能力。

如何有效閱讀本書

對於許多讀者而言，本書可能因專業性而使得部份內容顯得較為生硬。因此，建議在閱讀時，可以分段學習，聚焦核心章節，例如「前言：數位化四個進程」和「第 10 章：建構數位競爭策略」，這些部分能快速幫助讀者理解本書的主要觀點；另外，也可以結合自身企業情境，將書中的觀點與自身企業的數位化進程對照，思考如何應用互動式數據或數位能力來提升競爭力。最後，這本書有許多思考架構圖並搭配豐富的案例說明，建議讀者在閱讀這些內容時，可與自己行業進行參照，或許能得到意想不到的效果。

數位競爭的新典範

本書以深刻的洞見，揭示了互動式數據、數位生態系、數位競爭策略與數位能力之內涵與彼此間的緊密關聯。不僅豐富了我們對數據價值的認識，更具體描繪了企業如何整合數據與生態系來建立競爭優勢。讓企業所擁有的數據，不再是可有可無的附加資源，可以成為成功的重要驅動力。

這是一場關乎未來商業模式的革命，要讓數據真正成為新時代的「石油」，企業需要探索數據的價值，成為新世代的贏家。

（作者為政大科管所教授，現借調商周 CEO 學院擔任院長一職）

作者序

我和競爭策略領域的淵源在三十多年前攻讀博士生時展開，當時，產業組織經濟學（Industrial organizational economics）對這個領域的影響顯著，幫助架構公司在產業中的競爭策略。產業特性影響一家公司的獲利力，因此，公司最能利用產業力量來為自己創造優勢競爭，這是有道理的。這觀點為學者提供簡單明瞭的概念架構和堅實的實證支撐，而對於專業執行者和大量使用價值鏈（value-chain）導向業務模式的企業來說，這觀點也提供實用的方法，讓企業能在產業中定位自己，也提供了如何取得競爭優勢的清楚指引。

邁入21世紀時，新技術開始引起注意。軟體的效率變得顯著，網路開始改變商業流程，我們看到數位連結的大進步和數位平台的出現，企業尤其是科技公司開始把周遭世界視為「生態系」，而不是產業。

觀察到這些發展趨勢，我開始思考：若競爭策略不再錨定於「產業」，而是錨定於「生態系」，會怎麼樣呢？我當時想得還不夠清楚，但企圖與目的倒是很明確：首先，我想建立新的競爭策略架構，這些新架構錨定於生態系的深度與強度，必須與現行競爭策略架構錨定於產業的深度及強度相同；其次，這些新架構不能只用在採用「平台型業務模式」的新科技公司，也必須用在靠價值鏈業務模式來競爭的實業公司。

2014年10月，我在聚會上碰到舊識巴拉．艾爾（Bara Iyer）。我和巴拉結識於波士頓大學（Boston University），當時，他是波士頓大學資訊系統系的新進教師，我是波士頓大學的博士生，主要研究領域是策略管理。2014年時，巴拉任教於巴布森學院（Babson College）我任教於波士頓學院（Boston College）。聚會上，我們的交談轉入「生態系」這個主題，我們對這主題十分感興趣，於是決定要一起進一步探討。

我們開始每週會面兩到三次，每次討論往往持續數個小時以上。他從技術的角度出發，我則是提供策略觀點，我們一開始討論聚焦在一個主題——**如何在「應用程式介面（APIs）」的基礎上建立數位生態系**。當時，科技界對於讓不同軟體程式得以彼此交談的 APIs 已非常熟悉，但產業界並不是那麼清楚 APIs 有幫助建立新的生態系的潛力。我們共同發表了幾篇文獻，探討 APIs 對實業公司策略的重要性。

開始合作的幾年後，正值壯年的巴拉卻不幸離世，但是他留下珍貴的洞察種子，讓我得以持續種植與培養。

大概就在此時，我也開始在世界各地主持高階主管教育研習營，這些研習營讓我有機會向數位領域的資深主管們提出新思想，也提供了一個寶貴的論壇，讓我能擴展與持續精進理論。就這樣，聚焦在數位生態系的競爭策略架構的重要元素開始逐漸成形了。

自從我開始這項研究工作，數位力量就持續不斷地發展與日漸強大，如今在產業界，感測器（Sensors）和物聯網（Internet of Things，IoT）早已無處不在，大家都知道數據的力量。從產業心態轉變為數位心態的必要與迫切性更甚於以往，換言之，一個全然不同的競爭策略的未來已經到來。

這本書為競爭策略的數位未來建構一個基礎，撰寫此書帶給我很大的樂趣，衷心希望你閱讀此書時也能跟我感到同樣的樂趣及幫助。

前言

「世界最有價值的資源不再是石油了，而是數據」——這是 2017 年 5 月 6 日《經濟學人》（*The Economist*）的社論標題。[①] 這篇文章引起外界開始關注壟斷這類資源價值的幾個數位巨頭，例如亞馬遜、谷歌、蘋果及臉書，這些以數位平台型業務模式宰制經濟的數位巨頭實際上已經取代埃克森美孚（Exxon Mobil）、通用汽車及波音之類歷史悠久的工業巨頭，成為世界上價值最高的公司。面對這種業務價值排名徹底翻轉的現象，那些工業界採用價值鏈導向業務模式、歷史悠久的傳統企業執行長應該思考：**為何我們不能從數據的新潛力中得利呢？該如何做才能釋放數據的價值？**

大多數的傳統企業還無法領會數據釋放的廣大價值。例如，麥肯錫全球研究院（McKinsey Global Institute）於 2019 年發布的報告指出，在 2030 年之前，數位科技能幫企業為全球 GDP 增加 13 兆美元。但是，這份報告也指出：「產業界進入數位領域的鴻溝仍然很大。」[②] 麥肯錫全球研究院的分析顯示，大多數公司還未建立從眼前的新機會中獲利的策略。過去數十年來，企業靠著在產業生產與銷售產品的模式來取得競爭優勢[③]，但現在，它們愈來愈需要數據帶來的競爭優勢——在現代技術幫助之下，產品能夠開始生成數據，在所處的數位生態系裡利用數據。

為了應付這挑戰，需要三項要素：第一，對數位技術如何改變利用數據的方式有更新的了解；第二，把商業環境視為數位生態系；第三，用新的策略心態與架構來建立數據優勢，以便在數位生態系競爭。

本書目的在於觀察企業如何從數據中獲取競爭優勢，並且提倡呼籲企業注意數位世界中的新競爭動態，探討企業如何使用自己的或第三方數據來建立競爭優勢。**本書是一本指南，教企業如何規畫數位轉型旅程，如何研擬與執行現代數位策略**。這篇前言探討基本概念，並且大概介紹後面的章節。

福特汽車的故事

為了幫助了解，來看看福特汽車為了適應商業環境及情勢變化而展開的新行動。福特汽車這個工業時代的老兵及汽車產業的元老之一，在2018年宣布，將投入110億美元在10年的數位轉型。[4] 主要是在福特汽車上安裝大量感測器，作為生成數據的源頭，例如即時地偵測引擎性能、煞車系統性能、輪胎胎壓、道路狀況、以及空氣品質等狀態的感測器。福特的感測器能夠以高達每秒50次的速率更新數據，在1小時的車程中，生成約25 GB的數據。[5]

有了這些數據，福特能夠提供幾項新的「智慧型」汽車功能。汽車能夠偵測、並提醒駕駛人注意盲點處有其他車輛；幫助駕駛人保持行駛在車道上；在即將撞車前及時自動煞車；（在駕駛人的同意下），偵測到前方交通減緩時減速。電動車提供目前及預測電儲量狀態的資訊，以及計畫車程需要的充電時間量。在充電站，通知使用者是否因為停電、插頭鬆動、或其他類似事件而意外停止充電。車子甚至會規畫路線，確保行程中充飽足夠的電。

福特汽車也透過名為「SYNC」的車用通訊系統，以及應用程式商店取得、並透過手機連結的各種APP傳輸數據。福特的APP除了把駕駛人從A點運載至B點，也在開車途中提供適合駕駛人的生活服務，例如一款APP讓駕駛人可以透過智慧型語音助理Alexa訂購星巴克咖啡。[6] 藉由評估即時位置、天氣、及交通數據，車子預測駕駛人抵達星巴克的準確時間，並通知星巴克，確保到店時可馬上外帶咖啡，駕駛人不需排隊等候。同時間，福特的「MyPass」APP 正透過一家連結的銀行，自動完成結帳。這類功能讓福特車就像「車輪上的手機」。⑦

不過，福特汽車公司也了解，這些行動方案只是數位轉型旅程的開始，前方還有更多的里程碑。福特現正努力擴展「智慧型」駕駛輔助功能，使車子充分自主化。福特汽車計畫讓使用福特車的商用車隊達到百分之百「正常運行」，每輛車能夠預測元件失靈，安排維修時間，並預先申請所需的備用零組件。⑧ 福特的另一個目標是擴展 APP 提供的服務項目，例如，在訂購咖啡之外，還幫助駕駛人尋找停車位，或是當駕駛人塞在車陣中時，建議別的替代路線。

重要啟發及疑問

福特的例子啟發了其他企業。並非每家企業都想要或需要在未來 10 年之間投資數十億或上百億美元，但**每個產品都能透過數據，以新的方式和使用者互動。產品生成的數據能為每家企業開啟新商機，在不斷擴展這些新商機之下，數據已成為所有企業創造價值的源頭了**。

不過，這些啟發也引出一些重要的、更廣泛的疑問。例如，讓數據生成新機會的基礎能力是什麼？企業如何發想及擴大這些機會的範圍？企業如何建立競爭優勢？

為了回答這些疑問，企業首先得認識如何有效地發展與執行數位行動方案。以下 3 個原則可以一窺每個在數位世界中競爭的傳統企業正處於怎樣的危急關頭，這 3 個原則也呈現了每個現代數位競爭策略的基本概念，本書後續各章將繼續詳細解釋。

原則1：認識數據的新潛力

使用數據並不是新概念。絕大多數公司擁有產品、市場、及營運的數據，它們分析數據獲得洞察，幫助做出決策。例如，福特汽車分析銷售數據之後，知道哪些車款在哪些地區和哪些經銷商處賣得較好，福特經常把這類觀察用在產品發展、產能規畫及行銷工作。在傳統企業，這些是行之有年的實務，現在不同的是，現代數位技術讓運用數據的方式更多了。

互動式數據

數據的重點是從「事件型」轉變為「互動型」，事件型數據（episodic data）是由個別事件生成的，例如供應商出貨一種元件，一種產品的生產或銷售；互動式數據（interactive data）則是透過感測器及物聯網（Internet of Things，IoT）來持續追蹤資產性能及產品與使用者之間的互動情形而生成及串流的數據。持續追蹤資產及運作參數，能幫助提高生產力，例如，在高熱煉鋼時，感測器追蹤及維持溫度在正確範圍之內，改善生產品質及良率。嵌入產品內的感測器能產生截然不同的使用者體驗。

福特汽車的許多新功能，例如切換車道輔助、自動煞車、通知車子的充電狀態、訂購咖啡的應用程式等等，都是來自於即時洞察，這只有透過使用互動式數據才能做到。同樣地，奇異公司（GE）的噴射引擎在飛行中和機師互動，幫助優化使用燃料，做法是使用飛行中的噴射引擎生成的互動式數據，例如逆風、順風、亂流、及飛機所處高度等等數據。百保力（Babolat）出品的網球拍追蹤球員打球的技巧，根據收集到的互動式數據，建議球員改進方法。丹普席伊麗（Tempur Sealy International）出品的床墊和使用者互動，幫助改變身體姿勢，改善睡眠品質，能做到這點，是因為使用收集到的使用者心率、呼吸型態、及身體移動情形的即時數據。[9]

傳統企業也可以使用網路型或 APP 感測器來抓互動式數據，例如，《華盛頓郵報》（*The Washington Post*）向讀者推薦可能感興趣的報導。美國銀行（Bank of America）的應用程式「Erica」和使用者互動，追蹤支出，這些數據可以發展及提供一些功能，例如發送退貨推款確認、提供每週支出分析、提醒帳單繳款期限。全國保險公司（Allstate Insurance）的 APP 感測器收集使用者開車時的互動式數據，幫助養成更安全的駕駛習慣。總而言之，傳統企業可以採用幾種感測器打造的方法來生成互動式數據，參見<圖表 0-1 >。

即時與事後數據：新類型的洞察

來自產品與使用者互動的即時數據最後轉為事後數據，可被分析，產生事後洞察。不過這些從累積的感測器數據得出的事後洞察，有一些值得注意。首先，感測器數據幫助公司辨識想要分析，並得出事後洞察

圖表 0-1　感測器生成互動式數據

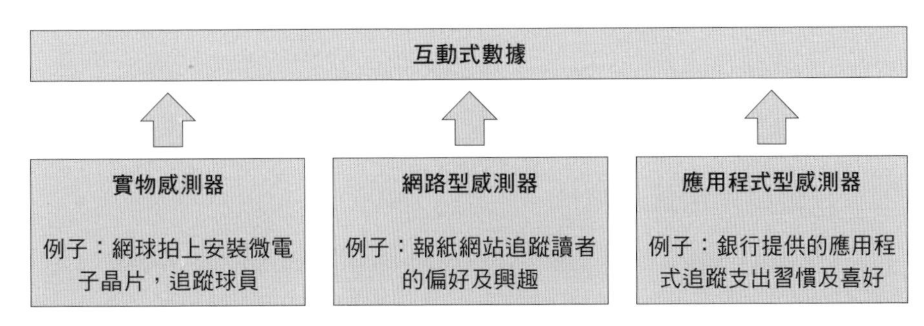

註：數位平台一例如亞馬遜或 Uber一通常只使用網路型或應用程式型感測器，傳統企業可以網路型、應用程式型及實物型感測器。

的對象，例如，從福特汽車的例子中兩個對象：車子的元件（例如引擎），以及駕駛人。福特藉由累積引擎中數百個感測器的數據，為每部引擎建立個別檔案；同樣地，它收集來自幾個感測器的數據，建立每個駕駛人檔案。讓福特可以分析每部引擎的性能，用在不同目的，包括預測每部引擎何時可能失靈。這也讓福特得以了解每個駕駛人的特性，例如駕駛人的電動車充電頻率，或是駕駛行為的安全程度。採用愈普遍裝有感測器的產品，就有愈多對象可以發展事後洞察。

累積感測器數據也幫助公司發展出複雜精細的洞察。開拓重工（Caterpillar）知道消費者是否使用平地機（motor grader）來移動較重的土壤，或是移動較輕的礫石。思麗普床品（Sleep Number）出品的床墊知道你每晚睡得好不好；全國保險公司知道用戶的駕駛行為是否安全；耐吉（Nike）知道消費者使用跑鞋主要是用來跑步還是走路。

感測器持續提供即時數據，幫助企業不斷精進，產生更精緻的產品及使用者檔案。數據分析得出的深入觀察建立了一個基礎，讓企業能夠打造出更客製化的產品性能，為消費者提供新體驗，也為企業提供創造價值的新機會。舉例來說，開拓重工為平地機設計出，可以更有效率地移動礫石的新設計，而非只是單純的移動土壤而已，這樣一來能夠降低生產成本，提供更具競爭力的價格，改善利潤。思麗普床品提供新的健康服務，讓消費者獲得更好的睡眠；全國保險公司為駕駛行為比較安全的客戶提供客製化和更具吸引力的保費；耐吉提供更精準地符合消費者的走路與跑步偏好組合的鞋子。

數位技術擴大數據的角色

企業能從互動式數據得到的所有洞察讓產品的傳統目的改變，產品已不再只是用來執行單一功能，建立一個品牌或創造營收了，如今，產品也是生成數據的重要管道，這些數據可作為設計與提供新的消費者體驗的泉源。相同地，企業也將看到數據與產品的角色倒轉，在以往，數據被用來支援產品，但如今，反而是產品被用於支援數據，因為在感測器及物聯網之類的數位技術協助之下，產品變成新類型的產品與使用者互動數據的生成管道。在角色反過來的情形之下，傳統企業的生財之物已經不再只有產品了，數據也變成重要的生財之物。在數位技術改變數據的重要特性之下，在現在的公司裡，數據扮演的角色大幅擴大（請參見＜圖表 0-2 ＞及＜圖表 0-3 ＞）。

此外，不是只有產品是互動式數據的源頭，還有各種源頭能夠透過感測器生成數據：這類數據可能來自供應商，來自資產，來自各種流程（例如組裝線、製造線、銀行貸款申請、保險理賠），來自物流服務，來自零售貨架等等。這類數據可以和公司的傳統數據庫及另類數據來源（例如社交媒體）合併。

很多其他的技術發展進一步促進企業使用這類新興數據庫以及結合即時數據和存貨的事後數據來做的事。最新的雲端技術讓公司為每一個感測單元保存大量檔案及持續傳輸的即時數據；人工智慧、機器學習、

圖表 0-2　數據的特性轉變

現有特性	新特性
・事件型數據：透過「個別事件」生成數據（例如，每次賣出一件產品，例如床墊） ・以總計形式儲存數據（例如，不同款式床墊、各種零售通路、以及各地區的床墊的總計營收） ・大多從事後分析儲存的數據來獲取價值（例如，為何特定零售通路或地區的某款床墊的銷售會增加或減少）	・互動式數據：透過「持續互動」生成數據（例如，床墊裡的感測器持續串流傳輸使用者的心率及呼吸型態，用來評估睡眠品質） ・儲存數據以建立個別檔案（例如，睡眠過程的寧靜放鬆程度） ・從即時的互動式數據和儲存的數據來獲得價值（例如，使用即時數據來改善使用者的睡眠，透過分析儲存數據來了解使用者的睡眠型態）

圖表0-3　數據角色逐漸擴大

例子	現在的數據角色	數據的新角色
某床墊公司	·簡化從供應商輸入材料的流程 ·優化生產時程安排、存貨、及出貨物流 ·構思或改變產品設計 ·針對消費者需求來規畫行銷與銷售工作	·透過感測器，追蹤床墊與使用者互動的情形，以監測睡眠品質 ·改善睡眠品質，根據睡眠數據，即時調整床墊 ·和房間裡的其他物件（例如燈具、柔和音樂）分享即時睡眠數據，以改善睡眠品質 ·把床墊打造成一項健康舒適的產品，創造新的數據驅動型服務及營收源
某保險公司	·評估客群風險（例如，為家居保險業務評估住家客群） ·有利可圖的價格和有競爭力的保單 ·改善損後理賠流程的處理效率 ·針對不同的市場區隔，設計有成效的行銷活動，以增加客群數，減少消費者流失，降低平均風險	·監測個別風險（例如，透過感測器，監測個別住家） ·預測損害（例如，水管結凍的可能性） ·透過發出警訊來避免損害（例如，通知屋主打開熱水，流經水管，避免水管結凍） ·提供損後服務（例如，若未能避免損害，派遣維修工人） ·透過新的數據服務及營收源，重新定位保險業務，從賠償損失變成防止及維修損害

以及數據分析之類的技術進一步增強為每個檔案發展洞察的流程。[10] 企業也可以讓透過物聯網連結的各種資產分享即時數據，例如，福特汽車在取得駕駛人同意下，分享車子位置，指引駕駛人找到空車位。此外，感測單元用即時數據溝通，透過分析累積數據所獲得的情報也可用來溝通，例如，連網的百保力網球拍收集球員的數據，使用這些累積數據來媒合球員和技巧水準相似的其他球員，或是轉介合適的教練。麥肯錫公司（McKinsey & Company）的研究報告估計，未來幾年將有高達 300 億

美元至 500 億美元的連網資產，創造出數據價值，建立競爭優勢的龐大機會。[11]

原則2：了解新興的數位生態系

為了釋放數據的新潛力，企業需要數據接收者網路分享數據。這些數據接收者當中有一些位於企業的價值鏈上，例如，福特汽車出產的車子中任何特定元件上的感測數據被拿來和軟體設計部門、AI 中心、單位協調數位服務、儲存備用零組件的倉儲中心、服務據點等等接收者分享，全都是福特組織的一部分。這些數據接收者可以協調活動，執行新的數位價值主張，例如預測性維修服務。感測器數據的其他接收者不在價值鏈上，例如亞馬遜（Alexa 智慧型音箱）、星巴克、銀行、天氣或交通 APP 供應商，這些數據接收者調整扮演的角色，實現前文敘述的福特汽車上提供的車上訂購咖啡服務。數據生成者和資訊接收者網路構成數位生態系，對傳統企業而言，這種網路有兩個部分：其一，生產生態系（production ecosystems），由公司的價值鏈形成；其二，消費生態系（consumption ecosystems），不是公司的價值鏈形成的。[12]

生產生態系

生產生態系是公司「內部」參與生產與銷售產品的各種實體、資產、及活動之間的數位連結，包括供應商、研發、製造、組裝、及通路所形成的。因為公司的整個價值鏈活動有感測裝置，並且有物聯網賦能，才能建立這些連結，因此，生產生態系提供一條能釋放數據價值的內部管道。舉例而言，在公司供應鏈中建立一個感測網路，可以讓公司根據存貨使用狀態的即時數據，完成更緊密的存貨協調。又如，在智慧型工廠裡安裝感測器，讓機器、機器人、或生產與組裝單位之間同步溝通，簡化工作流程，進一步提升作業效率。

透過產品中安裝的感測器，生產生態系傳輸產品生成的數據，發展出增進產品性能的特色及服務，創造新價值。當產品根據個別消費者的使用數據來調整特性時，就能做到這點。此外，可以使用有形的指標來追蹤、改善、及展示這類服務的結果，例如，奇異公司為飛機引擎推出「以成果為基準」（outcome-based）的服務：機師依循智慧型引擎指示，節省燃料，奇異公司根據實際的燃料成本降低成果來收費。因此，除了傳統的噴射引擎銷售營收，也增加了營收。

其他公司也可以採取類似行動，供應根據數據調整的智慧型產品，改善產品成果。舉例而言，歐樂 B（Oral-B）的智慧型牙刷追蹤刷牙結果，並在 APP 上展示結果，藉此改善刷牙習慣。開拓重工根據感測器監測到的機器使用及磨損狀態即時數據，減少機器故障停工時間。這些例子顯示企業如何從生產生態系釋放新價值，當研發、產品發展、行銷、銷售、及售後服務單位透過數位連結來接收、分析、生成、分享、及應感測數據創造這種價值。感測網路愈精細、愈普遍涵蓋，生產生態系就愈大。

消費生態系

「消費生態系」與「生產生態系」的不同之處是，「消費生態系」把「外部」連結至公司的價值鏈。消費生態系由一個「外部」實體網路形成，那些外部實體為產品的感測器生成的數據提供互補、完善作業。例如，星巴克根據車子感測器傳來的數據，為駕駛人供應咖啡；一個停車位以數位訊號通知一輛車子，告知這個停車位是空的。跟公司的價值鏈的單位及實體不同的是，公司並不直接控管外部網路。這個獨立實體構成的外部網路隨著更多資產加入數位連結而擴展，例如，當有更多零售商（星巴克以外的零售商）或更多資產（例如停車場）數位連結至福特車的感測器數據，提供互補、完善作業，福特的消費生態系就會更加擴大。

對大多數企業而言，在數據和數位連結的現代發展與進步問世之前，不存在消費生態系。舉例而言，當一個燈泡嵌入感測器後，便形成燈泡的新消費生態系。「智慧型燈泡」內含感測器，收集動作、物件位置、及聲音之類的數據，這些數據為各方開啟創造價值的新機會。消費生態系可能形成多個領域，這取決於智慧型燈泡生成的數據，以及吸引的第三方實體。以動作偵測為例，當住家中無人時，若燈泡的感測器偵測到有動作，就對保全服務生態系和行動應用程式發出警訊。藉由感測及追蹤倉庫裡的存貨狀態，可以形成一個改善補給與物流作業的實體生態系。藉由感測槍擊事件，可以形成一個攝影機數據、911 總機、以及救護車的生態系，改善街道安全性。消費生態系為傳統企業提供新管道，提供釋放數據價值的新方式。

消費生態系與數位平台

「生產生態系」提供釋放價值的「內部」管道，「消費生態系」則是提供釋放價值的「外部」管道，不過，為了從外部管道衍生價值，公司必須協調各種互補實體之間的數據交易作業；換言之，公司必須以一個數位平台模式來運營。位於波士頓的新創公司星空照明（CIMCON Lighting）開發出能感測槍擊事件的智慧型燈泡，這家公司運營一個平台，連結攝影機之類的物件，以及警察與救護車服務及醫院之類的實體。[13] 福特的咖啡訂購服務是透過平台來協調駕駛人、Alexa、星巴克、各種應用程式開發商、以及銀行之間的數據交換。雖然對產品而言，這是一個新概念 [14]，但這方法與許多現有的數位平台協調各種第三方彼此交流或交易的模式，例如，臉書協調朋友和群組間的新聞及資訊分享；Uber 共乘平台協調駕駛人與乘客之間的交易。

靠數據經營的生態系

因此，不論是生產生態系或消費生態系，「數據」是串成這些數位生態系的共同脈絡。在生產生態系裡，數據被數位連結的價值鏈加以利用；在消費生態系裡，數據被數位連結的互補實體加以利用。這兩個生態系把企業的競爭範圍從「產品」擴展到產品生成的「數據」，兩個生態系都為企業帶來改變和消費者互動方式的新機會，幫助企業想像數據的無窮潛力。不過，企業必須把不同類型的生態系分開來分析，因為需要不同的業務模式（一個是價值鏈，另一個是平台），不同的業務模式需要不同的能力。認知與了解這些差別，也能幫助企業發想更多的策略選擇，思考打造數位策略更多的方法。

結合「生產生態系」和「消費生態系」的「數位生態系」是傳統企業布局數據，打造數位競爭策略的關鍵，數位生態系是企業能夠釋放數據潛力的最重要力量。一個傳統企業如何建構及吸引組織成數位生態系，將大幅影響利用數據力量來實行數位策略的效果。

數據與數位生態系成為數位轉型的動力

選擇生成的數據種類以及布局的數位生態系類型，企業可以在以下 4 個層級來釋放數據的價值。[15] 在這些層級上推進時，傳統企業改變現行業務模式所面臨的挑戰將會愈來愈大。換言之，這 4 個層級相應於數位轉型的 4 個層級，參見＜圖表 0-4 ＞)。

＜圖表 0-4 ＞中的第 1 層級是利用來自價值鏈資產與機器感測器或物聯網互動式數據來改善價值鏈的效率。例如，福特汽車在工廠中使用自動化視覺來監視烤漆作業（透過感測器、物聯網、擴增實境或虛擬實境、人工智慧），偵測並改善製造中車輛的瑕疵。

第 2 層級是利用產品與使用者的互動式數據，進一步提升價值鏈的

圖表 0-4　數位轉型的 4 個層級

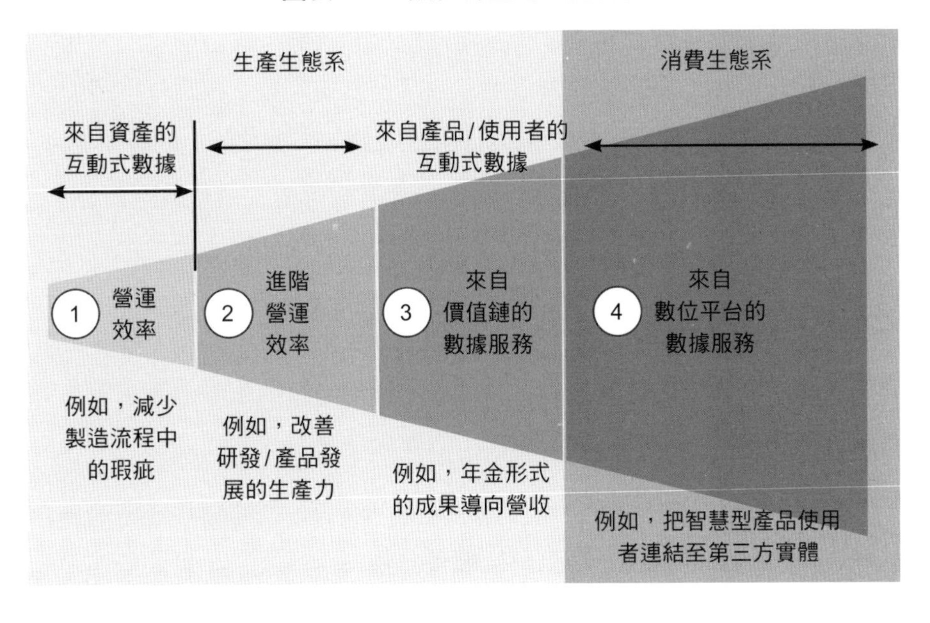

效率。例如，開拓重工設計一種具有成本效益的新型平地機，能根據從產品與使用者互動的數據得出洞察，更有效能地移動礫石，而非只移動土壤。使用產品與使用者的互動式數據，挑戰高於使用來自資產的互動式數據。在第二層級，企業也把改善效率的範圍從資產利用率擴大到更廣泛的流程之上，例如研發及產品發展。

第 3 層級是利用產品與使用者互動式數據來產生新的數據驅動型服務。例如，奇異公司使用產品與使用者互動的數據來改善燃料效率，並以年費形式向航空公司收取節省成本的一部分，成為奇異公司「以成果為基準」的新營收。在前面 2 個層級，企業使用數據來提高效率，在第 3 層級，企業利用數據來創造新營收，需要企業對現有業務模式做出比前面 2 個層級更顯著的改變。

第 4 層級是把產品或價值鏈延伸成數位平台，使用產品及使用者的互動式數據，把使用者連結至第三方實體。例如，Peloton 健康科技公司使用來自運動器材的互動式數據，建立使用者社群，媒合個別使用者和合適的教練。對於那些使用價值鏈導向業務模式、並且在數位平台方面沒什麼經驗的工業時代傳統企業而言，這是最具挑戰性的一個層級。

前 3 個層級布局「生產生態系」，第 4 層級布局「消費生態系」。本書後續幾章將詳細討論傳統企業該如何藉由擴大從數位生態系中取得的數據價值，走完這 4 個層級。

結合「生產生態系」和「消費生態系」的「數位生態系」概念是本書內容的中心框架，根據傳統企業需求來建構的數位生態系將支撐企業的數位競爭策略，這也是本書想提出的理論基礎。

原則3：建立新的數位策略心態

數位策略是公司為了利用數位生態系中的數據來建立競爭優勢而做出的選擇，這種策略跟傳統競爭策略不同，後者透過公司推出的產品來建立競爭優勢。把競爭焦點轉向數據及數位生態系時，也需要重新檢視及重新架構許多和產品及產業關連的基本假設。

「傳統」競爭策略的基本假設

對於靠產品來競爭的企業而言，以產業做為商業環境的框架，這種做法有益。這種方法的一個重要假設是：競爭優勢源於產業特性，因此，競爭優勢就是利用產業特性建立優勢。哈佛商學院教授麥克．波特（Michael Porter）的 5 力分析（Five Forces）架構使這種觀點在 1980 年代流行起來[16]，它幫助企業辨識能影響產業特性、建立競爭優勢、進而賺取高於平均水準報酬的重要槓桿。為了利用產品的力量，企業設法在產業中建立相對於買方、供應商、及替代品的不對稱力量；設法削弱對手的力量；進一步利用規模（例如高固定成本需求、製造產能或鉅額廣告費）之類的產業特性來打擊新進者，使產業中只有少數幾個競品，享有高市占率。企業建立能力用價值鏈、生產與銷售產品的大量活動來建立上述競爭優勢。

「數位」競爭策略的基本假設

當企業靠著產品生成的數據來競爭時，傳統競爭策略的基本假設改變了。首先，為了利用數據的力量，需要有一個數據接收者網路。數位競爭策略主要倚賴交換數據以及分析數據對公司、消費者、及一起合作者的含義，此時，公司的製造產能（或是旅館空房間的數量，或是零售店佔地面積）就變得不那麼重要了，更重要的是那些資產的數據，以及如何連結用數據來創造價值的人。對於想靠現代數位策略來競爭的傳統企業而言，競爭優勢的主要源頭和夢想之地不再是產業，而是數位生態系。這些企業不能再只是聚焦於產業特性，發展贏過傳統競爭對手的優勢，它們的策略應該轉向利用數位生態系的特性來建立競爭優勢。一言以蔽之，數位生態系取代產業，成為企業的首要商業環境與競爭舞台。

需要新的心態

來看看計畫在未來向自駕車車隊供應全自動駕駛車的福特汽車，從傳統策略轉變為數位策略後，發生哪些改變。[17] 福特預期未來的消費者更想要以訂閱式服務來用車，而非自己買車，例如，使用者可以選擇由服務業者在需要用車時派自駕車前來，它知道使用者的行程，為不同目的規畫路線，能夠為各種生活型態提供客製化服務，例如在喜愛的咖啡店或商店停下，或在行車時播放個人化新聞、影片、或音樂。

在這種情境中，車子的數據管理性能變得比車子的實體性能更重要。使用者不在意派的車是什麼品牌或車款，他們比較重視車子提供的數據驅動型服務，這樣一來為福特提供了機會與競爭力、並讓數位生態系變得比傳統產業的特性更重要。事實上，這類數位生態系（涵蓋所有能為車子的數據新服務生成及分享數據的實體）的範圍超越傳統汽車產業的範圍。

此外，**在數位生態系中競爭改變了在產業的許多基本假設。在數位生態系中競爭時，競爭對手是那些能取得「相似數據」的公司，而非僅是供應「相似產品」的公司**。福特遭遇的新競爭對手包括谷歌母公司字母控股公司（Alphabet）旗下的自駕車科技公司 Waymo，以及靠相似的數據管道及不同的數據驅動型服務管理能力來競爭的 Uber。許多福特的傳統產業競爭對手若只供應產品的話，將會喪失競爭力。

在焦點轉向數據服務之後，福特現在需要新能力來管理數位平台，長久以來，生產與銷售汽車的價值鏈能力退居次要。福特必須藉由提供感測數據，吸引新消費者參與平台，這將需要改變現在吸引消費者購買福特汽車的行銷手法。福特必須考慮到這個事實——新數位競爭對手可能免費提供平台服務，吸引平台使用者，取得數據。但福特目前的業務模式並沒有做這些事。

數位巨頭大多免費提供許多平台服務，因為了解網路效應所扮演的角色與重要性[18]，愈多消費者參與，平台就變得更有吸引力。網路效應是新數位世界的一個特性，但其實在舊工業時代網路效應也被注意到了，例如，日益壯大的 QWERTY 鍵盤格式使用者群排擠掉其他鍵盤格式，使得 QWERTY 鍵盤獲益。[19] 不過，以前只有某些產業的某些產品存在這種網路效應，這些產業被稱為「網路型產業」（network industries）。[20] 如今，隨著傳統產品內嵌了感測器，能像許多數位平台那樣生成互動式數據，網路效應變得更普遍了，成為重要的優勢來源。為了實行數位策略，福特也必須透過平台，建立這種網路效應。**網路效應優勢通常會指數成長，結果往往是贏家通吃**[21]。若福特成功建立網路效應，這些效應最終將形成進入障礙，那些以數據服務來競爭的新進競爭對手面臨的進入障礙，將比福特汽車以往靠製造規模建立的進入障礙更巨大、更難以克服。＜圖表 0-5 ＞整理了這些概念及策略心態改變。

在新數位世界規畫前進之路

當企業從重視產品轉向重視數據時，也將面臨福特汽車也會面臨的挑戰，必須找到在新興數位生態系中競爭的新方法。不過，數位生態系的興起並不意味現在的產業概念全都不重要了，這些概念幫助企業保持產品的競爭力，產品還是很重要，它們提供一個基礎，讓企業建立在數位生態系中競爭所需要的新資源。這些競爭力也幫助企業轉進新的競爭力定位，例如，福特的品牌及廣大消費者群可被用來幫助發展有強大網路效應的熱門平台。雖然這本書探討的是數位競爭策略，但也討論傳統競爭策略的一些重要概念，凸顯這兩種競爭策略的差異及彼此依賴之處。未來，企業在特殊競爭環境努力調整方向時，將必須在傳統競爭力和思考新競爭力這兩者之間取得平衡。

這本書為企業提供規畫前進之路時所需要的資訊，讀者將獲得許多

圖表 0-5　概念演進及必要的策略心態改變

概念	傳統競爭策略的基本假設	現代數位策略的基本假設
競爭工具	產品	數據
商業環境	產業	數位生態系
能力所在領域	價值鏈	智慧型價值鏈及數位平台
競爭障礙	規模	網路效應
消費者提供的價值	購買產品	購買產品及提供互動式數據
競爭對手	產品競爭對手	數據競爭對手

疑問的解答：

- 企業該如何建立新數據儲存庫？
- 如何讓消費者提供互動式數據？
- 如何建立最適合的新數位生態系？
- 在數位生態系中尋求新的價值來源時，如何繼續維持現有的產品競爭力？
- 該採行什麼策略來利用生產生態系中的數據？
- 應該在消費生態系中採行什麼策略？
- 企業如何把產品延伸成平台？
- 如何利用這些平台來競爭？
- 如何辨識數位生態系裡的新競爭對手？
- 應該建立哪些新能力？
- 如何挑選從數位生態系中取得互動式數據建立競爭優勢的方法？

本書的核心重點與架構

本書的核心重點是**傳統企業如何透過數位生態系來釋放數據的新價值，執行一個數位競爭策略**，本書各章都圍繞這個核心主題，理論奠基於一個數位生態系的中心架構，這裡所謂的「**數位生態系**」包含「生產生態系」及「消費生態系」。這些「數位生態系」的建立是為了讓傳統企業釋放數據的新價值，不同於我們熟悉的許多數位巨頭的數位生態系。本書提供的數位生態系架構使傳統企業能夠保留現有的產品型競爭力，但同時也發掘來自數據的新價值。總的來說，本書是一趟「從數據到數位策略」的新旅程，沿路凸顯四個重要的數位因子——生態系、消費者、競爭對手、及能力，以及如何利用每一個因子來創造競爭優勢與成長（參見＜圖表 0-6 ＞及＜圖表 0-7 ＞）。

數位生態系擴大數據的力量，為傳統企業提供釋放數據價值的不同管道選擇。**數位消費者**提供產品與使用者之間互動情形的數據，這些數據能幫助傳統企業提供創造新營收的數據服務。**數位競爭對手**靠著取得相似的數據來競爭，它們不同於傳統企業十分熟悉的靠相似產品來競爭的競爭對手，因此，有效的數位策略必須思考如何應付數位競爭對手。傳統企業需要新的**數位能力**來釋放數據價值，並以數位競爭策略來進軍新領域。

第 1 章及第 2 章探討企業如何建立強大的數據儲存庫，改善利用數據的能力。第 1 章詳述傳統企業可以從數位巨頭身上學到利用數據力量的啟示，這章介紹數位巨頭的內部運作，以及如何發展高超本領，透過數位平台來釋放數據力量。本章也揭示傳統企業如何應用這些洞察，研擬數位策略。

第 2 章說明「應用程式介面（APIs）」——讓不同的軟體程式能彼此溝通的工具。APIs 能把各種軟體程式編織起來，橫跨多家公司分享數據，並建立複雜精細的指令，讓公司之間能夠進行交換數據以及使用數

圖表 0-6　從「數據到數位策略」之旅

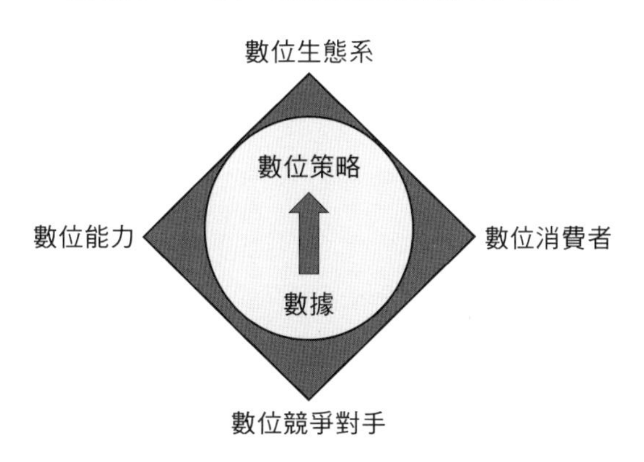

據來進行交易。因此，APIs 促成企業之間的空前合作，共同創造價值，APIs 是現今數位生態系興起與成長的背後打造力量。本章敘述數位巨頭如何使用 APIs，也說明傳統企業可以如何應用數位巨頭的典範經驗來為自己的數位生態系策略建立基石。

第 3、4、5 章深入探討數位生態系的運作，以及公司如何善用它們來釋放數據價值。第 3 章闡述本書中心架構，介紹把數位生態系視為生產生態系和消費生態系的結合，並用種種例子來說明傳統企業可以如何建構及參與「生產生態系」及「消費生態系」。本章分析「生產生態系」和「消費生態系」的區別，並提醒企業，它們對價值鏈的熟稔度可能會導致偏見，限制只利用與生產生態系相關的機會。本章揭示，傳統企業應該認知到消費生態系是數位生態系的另一個面向，這可以幫助避開只聚焦於生產生態系的陷阱，開啟更多創造新價值的管道。

第 4 章詳細討論「生產生態系」，用許多例子示範企業如何使用生產生態系來提升營運效率，以及提供新的數據驅動型服務。使用生產生態系來提升營運效率創造價值，不同於使用生產生態系來提供新的數據驅動型服務，本章區分兩者，並提供幾個例子，說明傳統企業如何執行這兩種選擇。

第 5 章詳細討論「消費生態系」如何幫助形成新數據服務。這章也介紹「繫連型數位平台」（tethered digital platforms）這個新概念，傳統企業可以把現有產品延伸成為這種平台。本章探討什麼情況決定產品何時、為何、及如何延伸成平台，以及若可以把產品延伸為平台的話，傳統企業可以採行哪些方法。繫連型數位平台是公司的數位生態系策略的重點之一。

第 6 章介紹「數位消費者」這個概念，數位消費者指的是在使用產品或和產品互動時提供感測數據的消費者。本章解釋何以這些消費者不同於傳統消費者，以及當公司研擬數位策略時，這種數位消費者的重要性。本章也討論公司可用來建立數位消費者群、以及擴大可以取得的感測數據範圍的種種管道。

第 7 章介紹「數位競爭對手」這個概念，數位競爭對手指的是有相似數據管道的競爭對手。本章幫助企業了解可以如何預期及辨識數位競爭對手，探討面對數位競爭對手時的競爭動態性質，解釋企業如何評估競爭力。本章也討論傳統企業在研擬數位生態系策略時，如何應付數位競爭對手。

第 8 章討論當企業要靠數位生態系裡的數據來競爭時，需要哪些新的數位能力。本章詳述為釋放生產與消費生態系裡的數據價值，需要哪些能力。本章也說明傳統企業在擬定數位競爭策略時，如何結合新數位能力和現有能力。

第 9 章討論在愈加關切隱私與安全性的世界，跟數據及數據分享有關的一些挑戰。本章為傳統企業提供一些做法，在靠著分享數據來獲得價值的同時，也考量到這麼做帶來的外部影響。

第 10 章統整所有觀點，建立數據數位競爭策略的全面觀點，並且為傳統企業提供一份擬定並執行數位競爭策略的行動計畫。

本書願景

哈佛商學院教授西奧多．李維特（Ted Levitt）在 1960 年發表一篇頗具影響力的文章〈行銷短視症〉（Marketing Myopia）[22]，他指出，當企業只聚焦於現有的產品時，它們往往無視消費者需求的變化。舉例而言，企業聚焦於生產馬車鞭子，未能看出消費者正在從馬車轉向其他形式的運輸工具。為了避免這種短視症，李維特呼籲企業思考這個問題：「我們從事的究竟是什麼業務？」以這個經典例子來說，若生產馬車鞭子的公司思考：「我們賣的是究竟是馬車鞭子，還是運輸業務？」或許就能避免被消失，獲得轉變為生產及銷售對使用新型運輸工具來取代馬車更合適的產品。

「業務」概念很快地變成跟「產業」同義，就連李維特的這篇文章也一再提到「業務」及「產業」這兩個名詞，他提出的這個著名問題更常被改寫為：「我們究竟屬於什麼產業？」。這思路隱含了：「我們該如何因應產業的變化趨勢，調整產品？」，例如，順著這個思路下去，馬車鞭子公司就會因應運輸業的變化趨勢，調整旗下產品了。

在現今的數位世界，李維特的忠告依然適用，「我們從事的究竟是什麼業務？」──依然是重要的問題，只不過這個問題詮釋的方式已經改變了。現在的短視症已經從「行銷短視症」變成**「數位短視症」（digital myopia）。數位短視症來自於企業繼續堅持仰賴產品及產業來建立競爭優勢，它們未能看出消費者的喜好已經從常規產品轉向新的數據服務及數位體驗，它們未能看出可以透過數位生態系裡的數據來創造新價值，以及新價值如何擴展業務範圍。**

本書重點在於擴展讀者的策略視野，克服常見的數位短視症陷阱。若你跟現今的許多企業主管一樣，想要找到更多的數據價值，為傳統的業務模式注入新活力，你應該閱讀這本書。若你想使產品提供更豐富的消費者體驗，你也應該閱讀這本書。若你想拓展競爭場域，超越傳統的產業界限，進入新的數位生態系，你更應該閱讀這本書。若你想建立新的數位能力，在現代以致勝數位策略競爭，你絕對應該閱讀這本書。

圖表 0-7　本書各章架構

前言	本書的核心思想	如何利用數位生態系中的數據，是競爭優勢的新源頭
第 1 章	從數位巨頭獲得的啟示	傳統企業向數位巨頭學習利用數據的力量
第 2 章	APIs：生態系黏著劑	APIs 如何成為位生態系策略的基礎
第 3 章	數位生態系	傳統企業如何運用數位生態系：什麼是「生產生態系」及「消費生態系」？差別在哪裡、相同之處？為何是傳統企業的數位競爭策略的重要支柱？
第 4 章	生產生態系	如何釋放「生產生態系」中的數據價值？
第 5 章	消費生態系	如何釋放「消費生態系」中的數據價值？何謂繫連型數位平台（tethered digital platform）？
第 6 章	數位消費者	誰是數位消費者？和傳統消費者哪裡不同？如何建立數位消費者群？
第 7 章	數位競爭對手	誰是數位競爭對手？和產業中目前的競爭對手有何不同？如何辨識它們？如何評估它們的威脅？
第 8 章	數位能力	什麼是數位能力？和工業時代的能力有何不同？如何建立數位能力？
第 9 章	關於數據的爭議	社會對於數據隱私以及數據競爭優勢的疑慮擴大，傳統企業該如何應付這些疑慮？
第 10 章	數位競爭策略	你的數位競爭策略是什麼？如何找到一個最適合的數位競爭策略？如何規畫執行數位競爭策略？

第 1 章

打造數據動力引擎：

可以從數位巨頭身上學到什麼？

2020 年 1 月，新的 10 年一開始，全世界市值最高的前 10 大公司中有 7 家是數位巨頭，其中 5 家公司——蘋果、微軟、谷歌、臉書、及亞馬遜——合計市值超過 5 兆美元，佔了 S&P 500 公司總市值 20%，未來多年，科技 7 巨頭仍鞏固宰制地位。[1] 它們之所以能崛起，背後最重要因素是什麼？答案是：這些數位巨頭善於靠數據獲利。[2]

因為網路的普及使用，這些公司才得以崛起。它們首先使用網路和軟體發展數位平台，接著用數位平台來釋放空前的數據力量。雖然蘋果及微軟創立於網路問世之前，但也使用網路、並透過數位平台來一統江湖。不同於其他公司，蘋果使用如手機、平板、及筆電來確立龍頭地位，但蘋果的數位平台如 iOS 作業系統在稱霸之路中扮演重要角色。幾家其他公司也使用數位平台，快速崛起，Airbnb、Uber、阿里巴巴、騰訊、百度、網飛（Netflix）、eBay、以及酷澎（Groupon）就是著名例子。這些成功企業全都有共同之處：數位平台全都以創新方法，改變了以往利用數據的實務做法。

重要而應該了解的一點是（這就是本書撰寫的原因）：傳統企業也

能採行這些方法。感測器、物聯網、人工智慧之類的現代技術使傳統企業可以仿效數位巨頭使用數據來創造優勢，傳統企業也可以進化成強大的數據動力引擎。不過在此之前，應該先了解數位平台的內部運作。

平台

平台連結與促進多方使用者之間的交易或交流。雖然，「平台」一詞常令人聯想到亞馬遜、Airbnb、或 Uber 之類的數位巨頭，但實體平台已存在多個世紀。促進商人和人們聚集與交易糧食、牲畜、及其他貨品的市集已存在超過 5 千年，現代的購物商場也是平台，同樣也連結了商家和消費者。[3] 這類實體平台上的交易發生在實體地點，參與者必須親臨現場才行。

網路的發明讓參與者無須在共同地點現身才能進行交易。出版商和買書人或音樂製作人和樂迷之間的交易可以不在實體店進行（例如，在亞馬遜和蘋果數位平台交易）；資訊源和資訊尋找者之間的交流可以不透過圖書館（例如，使用谷歌搜尋引擎）；想從事社交的朋友可以不現身實體場所（例如，可以在臉書平台上社交）。[4] 在這些例子中，交易或交流活動的數據可以在網路上用軟體傳輸，不需要現身共同活動的實體場所。舉例而言，只要有電影片名及使用者的影片選擇等資料，網飛就能在網路上用軟體完成出租電影交易，租片者不需親自前往實體商店。

數位平台的興起：數據的賦能角色

最早感受到數位平台帶來的競爭衝擊的是在實體場所進行實體交易的傳統企業，例如，網飛推翻百視達（Blockbuster）的租片零售業龍頭地位；亞馬遜最早進軍線上書籍零售業，衝擊邦諾書店（Barnes &

Noble）的實體商店及市場地位。有 2 種優勢是亞馬遜帶來的——長尾優勢（long tail advantage）及網路效應優勢，這些優勢來自一個事實：參與者不必共同在一個實體空間出現，就能進行交易。數據讓數位交易得以實現，公司也能利用這些優點。以家喻戶曉的公司為例，說明這兩種優勢。因為是從數位平台的起源來討論，讀者可能會覺得熟悉，但本書目的是使用這些廣為人知的例子來得出一些基本概念，後面各章將用這些基本概念為基礎，介紹新架構。

長尾優勢

長尾是品項銷售量統計分配圖的一部分，代表較不出名、較不熱門的那些品項的合計銷售量遠大於熱門品項的銷售量。[5] 舉例而言，在電影或音樂領域，熱門大賣的只有少數，大多數的電影及樂曲很少人知道，那些較少的熱門品項代表統計分配圖時「頭部」，較多數量的較乏名氣品項代表統計分配圖的「長尾」（參見＜圖表 1-1 ＞）。

在傳統市場上，需要一個共同實體場所進行交易，這個條件限制讓實體交易侷限在為數較少的熱門品項，因此，實體平台主要因一個有限頭部而受益，位在統計分配曲線左邊的最熱門品項。但是，當交易參與者不需要在一個共同實體場所進行交易時，那些限制條件就不再是限制了，於是數位平台不僅因熱門品項而受益，也因長期以來更廣泛的、較沒名氣的品項而受益，這些是＜圖表 1-1 ＞中分配曲線的淺灰色部分代表的長尾。所以數位平台具有長尾優勢。[6]

來看看網飛進軍影片出租市場時，如何利用這種優勢來和百視達競爭。網飛和百視達都是促進片商與租片人之間的交易，在百視達方面，實體交易在全美各地數千家商店進行，但受到每家商店的空間限制，百視達出租較窄範圍的熱門影片，仰賴消費者逛百事達時最可能選擇的「賣座片」（每間百視達商店有多支熱門電影拷貝）。在網飛方面，起初

圖表 1-1 長尾優勢

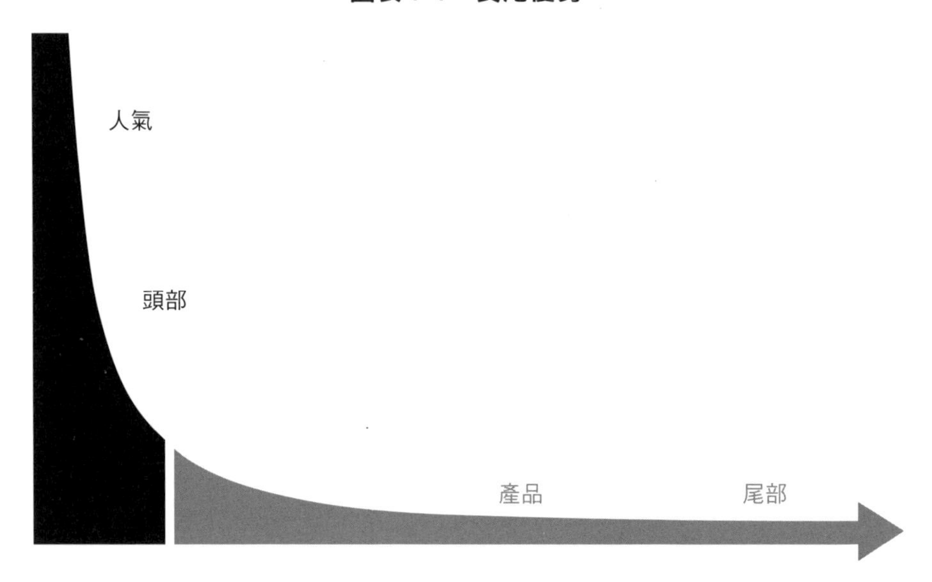

以數據為底的 DVDs 出租交易是透過網站及軟體，消費者在網路上挑選 DVD，不需要造訪實體商店。網飛使用郵政服務，從 50 座儲存數百萬張 DVDs 大型倉儲中心寄出，不像百視達受到空間限制（百視達曾經在黃金商業區擁有超過 8 千家店面）。因此網飛能供應更多影片，不是只有熱門影片，還有數千部沒那麼有名氣的影片，這讓網飛享有百視達沒有的長尾優勢。

網飛又進一步強化長尾優勢，其中之一是訂閱模式。由於採行每月訂閱模式，網飛的營收並不倚賴出租片數，它負擔得起保存數千部冷門影片。反觀百視達，必須在商店裡陳列的影片租出去時才有收入，未能租出去的影片佔據昂貴的貨架空間，加重成本，這讓百視達更依賴熱門影片，或是影片出租曲線的頭部。

網飛的另一個策略是使用推薦引擎來「推銷」沒名氣的影片，而非像百視達那樣，只倚賴熱門影片的「吸引力」（參見本章後面更多討論）。總的來說，強大的長尾優勢幫助網飛在影片出租市場打敗百視達。

網路效應優勢

有數據作為賦能因子，且不需要一個共同實體空間作為交易場所，這也使得數位平台的使用者數目不受限。只要有更多使用者加入，數位平台對使用者的吸引力就更高，這種特性被稱為「網路效應優勢」。[7] 網飛可以邀請片商供應內容，不論影片的名氣如何。靠著網路無遠弗屆的觸角，網飛也可以持續擴增訂閱戶數目，縱使是人口稀少、租片可能性低的偏遠小鎮，也可以成為網飛的訂閱戶，而百視達不太可能在這類地方開實體商店。只要有更多人訂閱，片商就更願意供應更多內容；更多電影製作供應內容，租片人也會更受益，訂閱戶又增加了。

這種網路效應是成功數位平台的本質，這是因為數百萬或數千萬的使用者能透過數據及軟體交易來連結，這是實體空間交易無法做到的。有 2 類網路效應優勢值得一提：「**直接網路效應優勢**」和「**間接網路效應優勢**」，這兩類優勢取決於平台吸引的使用者群。舉例而言，片商構成網飛平台上的一個使用者群，租片人則構成另一個使用者群。

當平台上的一個使用者群擴增，讓這群使用者體驗到更高價值時，就會形成「直接網路效應優勢」。臉書對每一個「朋友」的價值更高，因為他們更可能在這平台上找到其他的「朋友」。同理，文件使用者在使用微軟 Word 時獲得更高價值，因為他們較可能找到其他人也使用微軟 Word，這樣分享文件及協作也變得更容易。

當平台上的某個使用者群受益於另一個使用者群時，就會形成「間接網路效應優勢」。例如，當更多 APP 開發者在臉書平台上提供服務，例如 Spotify 音樂串流，或 Zynga 遊戲時，這個平台上的朋友群將獲利。蘋果的 iOS 作業系統及谷歌的 Android 作業系統為使用者提供通往數百萬個 APP 開發者的管道，反過來，也為 APP 開發者提供通往無數使用者的管道，這為這兩個作業系統平台建立強大的間接網路效應優勢。

隨著數位平台的規模成長，它們的網路效應優勢也增強，但是，這種優勢不同於傳統企業競爭對手的規模優勢。傳統的規模優勢來自供給面的規模經濟[8]，因為供應量大而提升效率，例如，百視達透過數千家商店供應大量的 DVD 租片，這使得百事達的單位廣告成本低於那些規模較小的 DVD 租片連鎖店。購買的 DVD 數量大，也幫助百視達向電影製作者談判出較低的採購成本。

反觀網路效應優勢則是源自於需求面的規模經濟[9]，隨著需求增加而提高，龐大的使用者網路促成效率的提升。網路價值的提高是因為消費者互相依賴，或是當任何消費者的購買決策受到其他消費者的決策影響時。[10] 換言之，一個網路有愈多的參與者，愈能吸引其他人加入；使用者愈多，網路效應優勢就愈大。舉例而言，臉書的優勢並非來自供給面規模經濟（例如平台技術），而是來自龐大使用者的需求面規模經濟。不過，一些數位平台能同時享有供給面規模經濟和需求面規模經濟，亞馬遜的規模不僅像邦諾書店維持低採購成本（供給面規模經濟），也提供網路效應優勢（需求面規模經濟），這是邦諾書店在實體店業務模式中所缺乏的優勢。

數位平台的早期優勢及數據的賦能角色

隨著數據驅動性交易促成大量使用者連結，數位平台享有長尾及網路效應優勢。數位平台剛興起時，並未劇烈影響企業生產產品及服務的方式，影響的是產品及服務的銷售方式，這大部分是拜電子商務興起所賜。電商往往也讓生產者獲利，提供更多的銷售管道選擇，例如，出版商可以使用邦諾書店和亞馬遜作為零售商，片商可以透過百視達和網飛傳送影片。著名的企業策略家麥克·波特在 2001 年發表的文章中把網路驅動型業務模式描述為補充傳統策略的方法[11]，當時還未被視為震撼世界的革命家。

數位巨頭的護城河：數據的核心角色

20 年後的今天，因為網路的普及使用而崛起的幾個企業已經變成極強大的數位巨頭。科技發展趨勢——例如手機無處不在，更強的網路頻寬，全面普及的數位連結等等，幫助增強數位巨頭的力量。由於這些發展促成數據驅動型數位交易與交流機會的爆炸性增長，這些企業成為具有支配力的數據流管道。此外，在加入新技術機會浪潮的同時，數位巨頭也增進數據在業務模式中扮演的角色，數據不再只是促進數位交易與交流的輔助工具而已，更是左右目前的數位交易優勢地位的核心力量。為了協助讀者了解這種轉變，本書將帶領你一起檢視數位如何釋放數據的潛力，也就是——「互動式數據」。

互動式數據

互動式數據是數位平台的固有產物，為了參與一種數位交易，使用者和平台互動，由於平台的網站或 APP 透過軟體來記錄每一個互動的詳細情形，使用者的參與生成了互動式數據。亞馬遜記錄一名消費者在網站上瀏覽某商品時生成的所有數據，谷歌記錄一名使用者在找到滿意的解答之前提出的種種疑問而生成所有數據。因此，平台網站或應用程式就是一個感測器，收集這些互動式數據。

當互動情形被即時追蹤時，互動式數據也變成即時數據。在數位平台上進行一筆交易時，需要即時數據，例如，即時數據讓 Uber 媒合特定乘客和特定駕駛，促成一次搭乘；谷歌使用即時數據，媒合一個搜尋查詢和一個解答。

不過，互動式數據的價值並非只是當下促成數位交易，還有更大的價值，為了釋放這個價值，數位巨頭利用互動式數據的 3 種顯著特性：1. 發展深度洞察的能力，2. 容易和外部實體分享，3. 能夠增進數位體驗。以下逐一解釋這些特性（參見<圖表 1-2 >）。

發展深度洞察：互動數據即時記錄某次活動的許多層面，一個使用者搜尋的一本書或一部電影，一個乘客等候一次搭乘的地點，一次網路搜尋查詢的內容，或是一個朋友對另一個朋友貼文的反應，這些全都是即時數據記錄的例子。當一次互動結束後，這些即時數據就變成事後數據，數位巨頭累積事後數據，建立每個使用者檔案。重複的互動進一步增強這些數據儲存庫，藉由加入更多數據，精修每一個檔案，歷經時日，這類檔案提供每個使用者的深度洞察。當大量互動式數據生成，反映個別使用者的細膩複雜面時，就能發展出深度洞察。

舉例來說，某個使用者每次在亞馬遜瀏覽一個商品時，縱使這些活動最後沒有結帳，亞馬遜仍然會生成互動式數據。反觀實體商店，在沒

圖表 1-2　互動式數據的 3 大特性

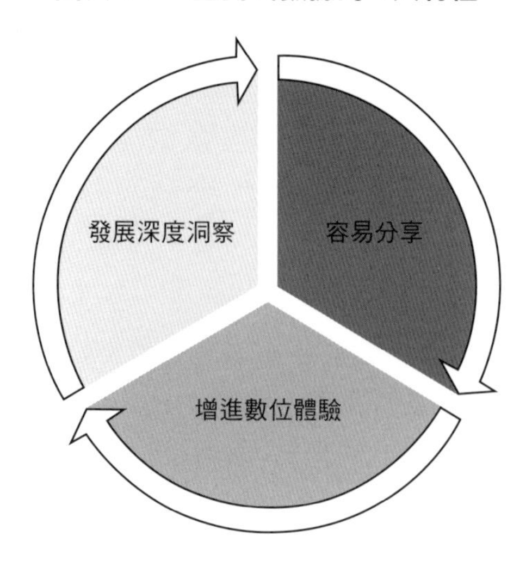

有類似的瀏覽數據下，實體商店累積的數據僅限於在此商店中實際購買的商品及數量等數據。更重要的是，亞馬遜的營運規模大，生成的互動式數據量很龐大，亞馬遜現在囊括美國電子商務市場將近 50%[12]，每分鐘超過 4 千個訪客[13]。

更概括地說，日常活動對數位介面的依賴程度提高，大大增進數據流入數位巨頭的數據儲存庫裡。根據統計，2012 年時有 22 億名網際網路活躍使用者[14]，2019 年時增加到了 44 億名。[15] 流量的龐大規模使得數位巨頭擁有空前數量的互動式數據，谷歌每秒處理 40,000 條搜尋[16]，臉書上每天產生 27 億個點「讚」活動，每秒掃描的數據量超過 3 兆位元組（TB）[17]。

互動式數據也記錄著每個使用者人物誌的複雜細膩層面，在谷歌搜尋或在亞馬遜瀏覽能提供一個人的大量喜好資訊，同樣地，臉書上的點「讚」或 Instagram 上的分享顯露使用者許多內心思想。當大量細膩複雜的即時數據匯入個別使用者檔案時，就能浮現有關此人的深度洞察，數位巨頭又使用強大演算法和人工智慧，進一步豐富這些洞察，最終對個別使用者得出大量的了解。舉例而言，臉書能夠在一對情侶本身都還未決定何時結婚之前，就預測出他們可能何時結婚。[18] 微軟透過 Office 365 和 LinkedIn，知道你的工作技能及工作關係（參見第 2 章有更多討論）。美國的數位廣告市場總值 880 億美元，臉書和谷歌掌控了 60%，因為對每個使用者喜好及行為的深入洞察能針對使用者的確切需求，精準投放訊息。[19]

容易和外部實體分享：若一位女性深夜時正在一個不安全的地點候車，Uber 即時更新數據反映這位乘客何時上車、行程行進情形、以及何時抵達目的地。Uber 可以和應用程式開發者分享這些數據，應用程式開發者可以開發出一款應用程式，即時傳送簡訊給乘客指定的朋友，讓朋友可以監控這位乘客的安全。不過，Uber 平台必須即時分享數據，這項安全性功能才有助益，若是事後才分享數據，例如這趟搭乘結束的隔天，那這項安全性功能就沒什麼價值了。

因此，互動式數據的即時性釋放了不同的價值，唯有即時分享數據，才能實現這類價值。換個方式來說，若不能即時分享互動式數據，創造價值的機會就會消失。對數據接收者來說，若事後才接收數據的話，這類數據的價值也消失。因此，即時數據的這種價值短暫性使得數據容易和外部實體（例如應用程式開發者）分享，無需擔心損失數據獨家優勢。但累積的數據就不是這樣了，累積數據的價值不是短暫的，事實上，累積數據的價值會與日俱增。此外，和外部實體分享累積數據有風險，因為為了維持競爭優勢，往往需要保密數據。舉例而言，Uber 不可能和外部實體分享乘客和駕駛人的檔案。

現代數位技術也使得即時數據易於分享，數據的分享係提供名為「應用程式介面」（application programming interface，簡稱 API）的技術協定。[20]APIs 讓多款軟體程式彼此之間能夠溝通，橫跨多實體地分享資訊（第 2 章將進一步討論 APIs）。即時數據的容易分享特質打造了數位巨頭的數位平台的數位生態系，和愈多的實體分享數據，數位生態系就更壯大，更有活力。

數位體驗：Uber 和乘客指定的朋友即時分享數據，關注乘客的安全性，這提供了一種數位體驗。數位體驗是數據帶來的體驗，Uber 也提供其他的數位體驗，例如，對於前往機場的乘客，Uber 提供使用線上班機報到服務。對於前往餐廳的乘客，Uber 提供餐廳評比，幫助挑選最適合的餐廳。Uber 也可以協助餐廳訂位，讓乘客先瀏覽菜單，並推薦餐點。之所以能夠提供這些數位體驗，是因為乘車過程中的互動式數據被拿來和外部實體（航空公司和餐廳）交流，這些外部實體的數位服務與 Uber 的互動式數據互補。傳統計程車因為缺乏互動式數據，無法提供這樣的數位體驗，它們提供的是實體體驗，例如整潔的車子或有禮貌的司機，但 Uber 也能提供這些體驗。

互動式數據以許多方式來增進數位體驗。首先，互動性即時地增進體驗，例如，Uber 數位體驗是使用者在乘車過程中的即時體驗；在亞馬遜平台使用者享受到，提示作者的其他著作、相似主題的其他作者、使用者評價等等。第二，互動性即時數位數據的便於分享，激發外部實體提供互補性產品及服務，增添更新的體驗，例如，Uber 可以仰賴一大堆應用程式開發者，他們可能發掘更多創意服務及體驗。第三，互動式數據歷經時日建立對每個使用者的深度洞察，這些洞察也幫助打造及客製化每個數位體驗，例如，Uber 根據每個使用者檔案，推薦餐廳或菜單。

互動式數據的力量

互動式數據使數位巨頭變得更強大，讓數位巨頭得以把影響力擴展至核心數位平台業務之外，例如，中國的龍頭數位平台阿里巴巴和騰訊利用互動式數據，大舉進軍中國的銀行業務。這些數位巨頭的平台上有 5 種相互關連的核心成分：搜尋、電子商務、支付服務、聊天社交網路、以及娛樂服務，這些服務串聯起來，挖出大量各種屬性的互動式數據，包括那些有關於使用者如何花錢的數據。

舉例而言，當使用者想買車時，阿里巴巴和騰訊知道這個使用者想要什麼車、何時想要、他向哪些朋友尋求意見、他的信用史、以及他的生活圈，這類來自互動式數據的洞察使阿里巴巴和騰訊在提供貸款方面遠比傳統銀行更有競爭力。此外還提供受歡迎的數位體驗，例如數位處理貸款申請，沒有傳統銀行要求的痛苦文件流程；尋找價格有競爭力的車子；把貸款者連結至一個地點方便的經銷商。不意外地，在中國，阿里巴巴和騰訊如今躋身消費性貸款龍頭放款機構行列。（將在第 8 章介紹「數位競爭對手」時，討論阿里巴巴和騰訊。）

互動式數據讓數位平台在影響產品與服務的銷售方式之外，也能影響產品及服務的生產方式。網飛現在也製作電影和影集，從收集到的互動式數據，能以傳統電影及音樂製作者無法做到的方式去大量客製化。可以回想上一章福特汽車公司故事——提供一個應用程式平台，讓駕駛或乘客自動訂購咖啡。互動式數據解釋福特如何推出這種服務，以及為何谷歌和 Uber 即將成為汽車業的強大競爭對手。數位巨頭為了透過各種互動式數據源頭來生成豐富的使用者檔案而建立的基礎，在客製化搭乘服務、非自購車子的未來世界具有強大的競爭優勢。谷歌可以使用對個別使用者了解（例如每日行程安排、購物偏好、家庭關係），提供無縫接軌且個人化的乘車服務。

數位巨頭的數據優勢

總結而言，數位巨頭使用數據來打造相互強化優勢的循環，參見＜圖表 1-3 ＞。

數據促進數位交易，產生長尾及網路效應優勢，這些優勢強化公司的數位平台，這些數位平台變得強大稱霸市場，使用者繼續提供大量的互動式數據，獲得深度洞察及分享數據的益處，打造實用且誘人的數位體驗。

互動式數據也增進長尾及網路效應優勢，例如，網飛及亞馬遜利用多次使用者互動發展出來的深度洞察，從長尾區獲益。網飛根據用戶以往的看片歷史，推薦用戶可能喜歡的影片，這其中有許多是來自網飛的長尾區的沒名氣影片，若不是網飛推薦，用戶根本不知道、也不會挑來看。多年下來，由於深度了解每個用戶喜好，網飛推薦引擎已經建立起巨大力量，用戶看片時數超過 80% 都是由網飛推薦促成。[21]

同樣地，亞馬遜使用深度洞察來向使用者推薦商品，其中許多推薦

圖表 1-3　數位巨頭的數據優勢

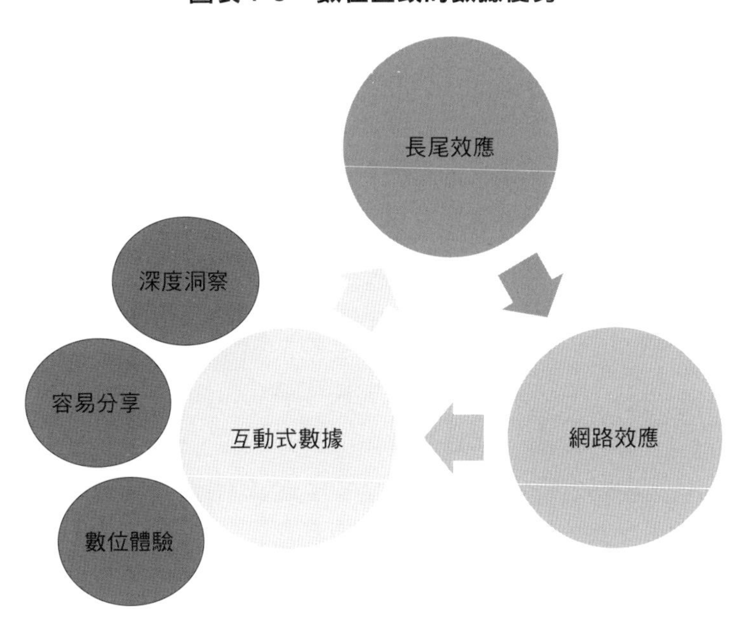

商品來自亞馬遜的長尾區存貨品。亞馬遜的使用者洞察不僅產生自亞馬遜付費會員（Amazon Prime），也來自其他介面，例如 Alexa，因此亞馬遜的商品推薦引擎也建立了強大力量，在亞馬遜平台上，被選擇與購買的產品中有超過三分之一來自「購買此商品者也買了這項商品」功能。[22]

互動式數據強化長尾優勢，也進而強化網路效應優勢。因為有能力陳列更多的影片，網飛不僅吸引更多片商，也吸引更多訂閱戶。同理，亞馬遜擅長媒合長尾區商品和使用者喜好，因而得以吸引更多賣家。伴隨更多片商和賣家加入這些平台，供應更多品項，也吸引更多租片者及購物者，網飛及亞馬遜得以增強網路效應優勢。

這 3 個數據優勢源頭——長尾效應、網路效應以及互動式數據，彼此強化。

傳統企業可以從數位巨頭學到什麼？

傳統企業應該從數位巨頭身上學到什麼？截至目前為止，多數傳統企業並不是平台型業務，如何從這些概念中找到重要啟示？前面指出的那些洞察，如何應用在圍繞價值鏈的傳統業務模式呢？這些是後續各章將尋求解答的一些疑問，不過在詳細探討之前，下面總結的幾個啟示或許可以提供思考的線索。

第一，感測器及物聯網能夠提供互動式數據：提供給傳統企業的一個重要啟示是互動式數據的概念，以及互動式數據在建立強力的數據資源中扮演的角色。多數傳統企業沒有互動式數據，沒有建置系統去追蹤消費者如何即時地和產品互動，但是，現代感測器及物聯網建置這樣的系統。也可以用感測器生成互動式數據，為傳統數據資源注入新活力和新的創造價值潛力。也可以使用互動式數據獲得消費者的深度洞察，提供愉悅的新數位體驗。

第二，必須發展分享數據的管道。另一個重要的啟示跟分享數據有關，大多數傳統企業沒有和價值鏈以外的外部實體分享數據，這是可以理解的，因為數據大多不是容易分享的短暫即時數據，但來自感測器的互動式數據可以讓傳統企業多一個選擇。一旦傳統企業能夠找到分享數據的管道，就步入發現數位生態系的路徑，能從數據中釋放更多價值。

第三，使用互動式數據來建立數位平台，創造賺錢的新業務模式。傳統企業以往建立價值鏈型業務模式，仰賴有利於標準化供給面規模經濟，亨利．福特（Henry Ford）的聞名故事——生產與銷售「任何顏色，只要是黑色就行」的汽車——就是工業世界的典型基礎：倚賴標準化提高及利用效率。這種思維不鼓勵多樣化，也阻礙長尾及網路效應優勢形成。感測器生成的互動式數據能讓既有企業修正業務模式，可以把現行價值鏈延伸至數位平台，獲利於長尾及網路效應提供的優勢。

本書後續各章將詳細介紹，但在此之前時先討論數位巨頭如何釋放數據價值的另一個重要層面。第 2 章討論 APIs，以及 APIs 如何形成數位生態系的重要支柱。

第 2 章

APIs 數據動力引擎

第 1 章闡釋了互動式數據的重要性，以及為何互動式數據是數位平台不可或缺的要素，也說明數位巨頭如何使用互動式數據發展有關使用者的深度洞察，並根據這些洞察來提供迷人的數位體驗。本章更深入探討數位巨頭如何讓這些結果發生，說明數位巨頭如何釋放互動式數據的內部運作，以及如何透過數位生態系來增加價值。這一切主要都是靠 APIs 做到。

傳統企業若想效法數位巨頭釋放數據價值的方法，就必須了解 APIs 的重要性。若打算使用互動式數據來發展令消費者開心的新數位體驗，就必須了解 APIs 的運作方式。若希望把價值鏈業務模式延伸至數位平台，就必須發展先進的 API 管理能力。若想建立新的數位能力，在數位生態系中競爭，就必須學習利用 API 網路的力量。本章以數位巨頭為例，說明 APIs 如何運作及創造價值。本章也闡釋傳統企業可以從這些例子學到什麼，以及 APIs 如何幫助打造現代數位策略。

什麼是 APIs ?

應用程式介面是讓不同軟體程式彼此溝通的機制，也提供形成這種溝通的功能與規則。APIs 可以把各種軟體程式編織起來，合併來自種種源頭的數據，能發出大量指令，說明公司想要處理如何數據。因此，APIs 促成公司之間空前的數據分享及協作。舉例而言，透過 APIs，旅行訂票訂房數位平台 Expedia 整合幾乎所有相互競爭的航空公司、數萬家旅館及渡假中心、租車公司、以及支付服務業者。[1] 這讓 Expedia 提供無縫接軌的旅遊體驗：消費者只需造訪一個網站，就能訂到機票、旅館、租車、以及渡假或商旅服務。

1980 年代初期商業軟體應用程式的興起時開始採用 APIs，為了跟上這個趨勢，就連傳統企業也早就開始使用 APIs 整合公司內部各種軟體程式功能。例如，使用 APIs，公司可以把消費者關係管理（CRM）軟體和薪資軟體連結起來，這麼做的好處之一是，可以自動和薪資軟體分享業務的生產力數據，薪資發放反映該業務賺得的獎金。

不過，直到不久前，許多傳統企業仍然把 APIs 視為主要放在企業資源規畫系統（ERP，一種套裝軟體，組織用它來收集、儲存、分析、及管理來自幾項價值鏈活動的數據）的技術工具，而且，APIs 仍然大多隱藏在 IT 部門的管轄範圍。現在，APIs 的能見度比以往都更高，甚至上達最高主管層級，這是因為傳統企業開始注意到 APIs 有更大的策略含義與重要性，能看出 APIs 是數位生態系新世界的鑰匙，也認知到 APIs 能形成數位生態系策略的支柱。在數位世界裡，所有企業主管必須對 APIs 有足夠了解，觀察數位巨頭如何使用 APIs 獲得這些了解。

APIs的運作

APIs 提供一種架構性方法，讓不同的數位服務能在網路上使用一種共通語言來彼此溝通。[2] 以兩種數位服務——提供位置數據的谷歌地圖（Google Maps），以及提供服務業商家（例如牙科診所或咖啡店）的消費者評價服務的 Yelp——為例，這兩種數位服務結合起來，為想要在網站上提供位置資訊、並同時展示消費者評價的服務業商家提高價值。APIs 提高這個價值並讓它得以發生，在此例中，谷歌和 Yelp 是「供給方」，牙科診所或咖啡店是「消費者方」，供給方的軟體提供數據及功能，消費者方的軟體使用這些數據及功能，APIs 在多方之間幫助整合需求（參見＜圖表 2-1 ＞）。

圖表 2-1　APIs的功能

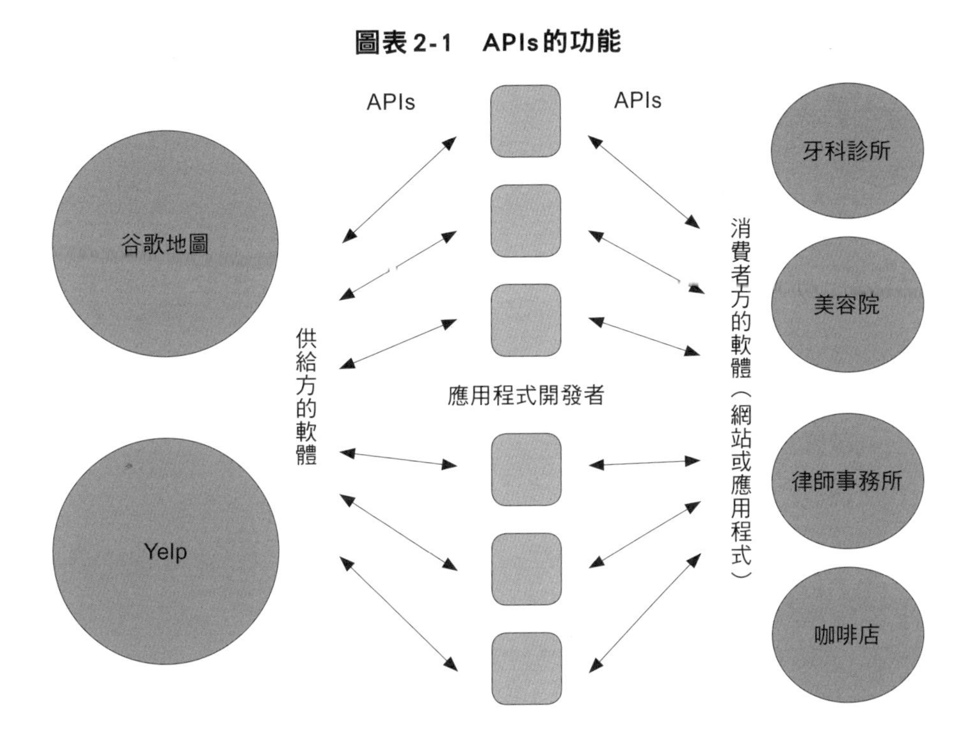

因為有一種名為「應用程式開發者」(developers)的軟體程式設計師，大規模地整合。目前有上千萬名開發者在 APIs 上從事開發工作 ③，這些開發者知道如何發現 APIs，把它們和其他的 APIs 編織起來，為消費者創造新功能。例如富達投資公司(Fidelity Investments)使用谷歌地圖功能，在網站上列出各個辦公室位置，這種整合多種數位服務功能的網頁被稱為「混搭」(mashups)，由 APIs 打造。

APIs 提供組合方塊，讓開發者能寫程式碼設計新功能，並提供客製化使用者體驗的彈性。這些功能可被用於網站或 APP 上，如同前面富達投資的例子。也可被用來幫助商業模式，雲端通訊平台 Twilio 就提供這種 APIs，根據不同需求，把語音通話、簡訊、或影音訊息之類的通訊流程加以客製化。數位平台 eBay 使用 Twilio 提供的 APIs 促進買家和賣家之間的通訊，例如，當買家下單時，賣家獲得通知；一旦賣家確認，會有一通電話自動發送給服務業者，通知收取及遞送包裹。在過程任何時候，買家或賣家可以打支援專線需求解答疑問。Twilio 的 APIs 提供電信公司無法提供的通訊流程客製化彈性，大多數電信服務業者的核心業務模式是銷售標準化的通訊連結方案，不會針對各種客戶想要的通訊流程(例如 eBay 平台想要為買賣雙方提供的通訊流程)給予客製化。Twilio 的 APIs 在缺乏彈性的電信服務業者和想要為終端使用者創造友善通訊體驗的軟體開發者之間扮演便利的橋樑角色。

更重要的是，APIs 可當做數據管道，改善數位服務功能。解析數位巨頭如何利用這種機會，可幫助了解如何在傳統企業裡複製做法。

數位巨頭如何運用 APIs ?

數位巨頭透過 2 條管道來運用 APIs 的特質，並創造價值。第一條管道是「對內導向」：數位巨頭發展軟體時，APIs 幫助提升內部效率，讓數位巨頭的數位服務打造出更強的功能。數位巨頭也使用 APIs 做為吸收消化數據的內部管道，APIs 把數位巨頭的數位服務生成的數據傳輸到內部數據檔案庫，更新使用者檔案，深化對使用者的洞察。

第二條管道是「對外導向」：APIs 利用外部資源來幫助改善數位巨頭的數位服務的功能，APIs 也是傳輸數據給外部實體的管道，藉由仰賴第三方實體的創意巧思，幫助拓展使用者的數位體驗。不過，這第二條管道也需要數位巨頭平衡透過 APIs 散播與分享數據時產生的兩種正反結果：它們的數位體驗能提供更高的便利性，但也導致侵犯使用者隱私的疑慮升高（本章後文以及第 9 章會有更多討論）。以下將進一步討論「對內導向」和「對外導向」這兩條管道。

對內導向利用 APIs 的價值

在「對內導向」方面，APIs 強化內部數位平台的能力。對內導向的 APIs 也被稱為私用 APIs（private APIs）[4]，例如，谷歌透過私用 APIs，在多項產品——例如谷歌地圖、谷歌相簿（Google Photos）、谷歌新聞（Google News）、谷歌文件（Google Docs）——利用搜尋引擎功能，這讓谷歌不必重複做相同的、已做過的事，進而改善軟體開發效率。谷歌發展出的軟體可再被用在新軟體產品，類似於混合及搭配不同的樂高積木，谷歌使用 APIs 來讓任何功能（例如搜尋）能被單獨地交換、重複使用、和多種其他功能（例如谷歌地圖）共用，這讓谷歌能在現有及未來廣泛產品中提供搜尋功能。

各種谷歌產品也是互動式數據的來源。當使用者與谷歌相簿或谷歌文件互動時，這使用者告訴谷歌他們和誰分享相片或文件；谷歌地圖告訴谷歌，這位使用者對什麼地點感興趣，或是和什麼地點有關連；使用谷歌新聞時，谷歌得知這位使用者感興趣的主題、政治黨派、及其他喜好。APIs 也整合及串流傳輸這類數據到指定的儲存庫，除了增進軟體設計功能，APIs 是內部數據管道，幫助谷歌輸送各種軟體產品收集到的數據，這些數據豐富了每位使用者檔案，深入對每個使用者的觀察。

微軟也以相似的方式，對訂閱版微軟辦公套裝軟體 Office 365 使用 APIs。微軟辦公套裝軟體提供全球無數使用者熟悉的產品，例如 Word、Excel、PowerPoint、Outlook、OneNote，而訂閱版的 Office 365 還提供其他產品，包括商務用 Skype（供視訊會議）、SharePoint（與同事共享智慧型且安全的文件）、OneDrive（雲端型檔案寄存服務）、Microsoft Teams（同事間的聊天型協作）、提供給企業客戶的 Yammer（企業內部的社交網路）。

跟谷歌的情形一樣，APIs 幫助微軟與這些產品交換及共用許多功能，例如，Skype 的聊天功能也可用於 Microsoft Teams 和 Yammer，而 SharePoint 也內含 Word、Excel、及 PowerPoint 等重要功能。跟谷歌的情形一樣，這些產品都收集了使用者互動式數據，因此，微軟知道用戶在 Office 365 環境中做什麼；透過 Outlook，它知道用戶的會議行程安排；透過 Teams，它知道誰是此用戶的同事；透過 SharePoint，它知道用戶的一些技能。它能根據誰寄電子郵件給誰，追蹤用戶的關係。藉由辨識出那些同時期在 SharePoint 上修改相同文件的人，微軟知道誰和誰在協作。APIs 傳輸及幫助整合這些產品收集到的互動式數據，這能幫助微軟發展出企業界用戶的檔案，就像臉書、亞馬遜、及谷歌發展出消費者用戶檔案。微軟稱此為「Office Graph」。

微軟在 2016 年收購 LinkdIn 後，大幅增加取得互動式數據的管道。LinkdIn 在全球有超過 5 億名會員，是實質上的專業人士社交網路。微軟使用 APIs，把來自 LinkdIn 的數據和來自 Office 365 產品的數據合併，藉此增強 Office Graph 的力量。微軟也把機器學習和商業智慧（business intelligence）流程應用在累積的數據上，產生各種新個人化數位體驗。

例如，LinkdIn 的 Newsfeed 根據員工目前的專案，提供相關文章，Office 365 則是建議員工在目前或未來交辦工作上可以接洽哪些導師或專家。跟谷歌及臉書一樣，微軟也提供根據使用者檔案的精準廣告，2016 年至 2019 年，微軟賺了超過 70 億美元廣告收益。⑤

除了傳輸數位巨頭本身的產品收集到的數據，APIs 也幫助收集來自外部實體的數據。舉例而言，臉書的 APIs 使人們可以在第三方實體的網站按下臉書「讚」鈕，每當一個用戶點擊第三方實體網站——例如一間美容院網站——的臉書「讚」鈕時，此用戶在臉書的所有朋友都會得知這間美容院。臉書則是透過這些點「讚」，收集到更多數據，這補充了臉書在自身平台上透過「讚」收集到的數據。在第三方實體網站上建置臉書「讚」鈕，就如同臉書在那些第三方網站上安裝了感測器，APIs 把這些感測器收集到的數據傳輸回臉書內部的數據儲存庫。透過 APIs，廣佈臉書「讚」鈕，幫助臉書透過 APIs 記錄及傳輸大量更多的互動式數據到資料儲存庫，深化對個別用戶的洞察。

對外導向運用 APIs

在對外導向方面，數位巨頭使用 APIs 來動員外部實體資源，幫助增進數位平台功能，這類 APIs 也被稱為「公用 APIs」（public APIs）。在這條管道中，數位巨頭透過它們的 APIs，向外界揭露數據，藉此激發開發者和其他外部實體設法進一步豐富數位平台的功能。這麼做是假設，在成千上萬個獨立實體努力想出創新點子之下，比起只有一個組織，更可能產生創新點子。這是「讓一千朵花盛開」的概念與方法，來看看推特（Twitter，2022 年改名為 X）的例子。

APIs讓一千朵花盛開

創立後初期，推特的使用者介面對經常性使用者而言不夠好，因此，這個平台推出後，陷入掙扎困境一陣子。但幸好，推特當時採行一個 API 開放政策，免費讓開發者取得回饋的數據。第三方開發者 TweetDeck 使用這些 APIs，在推特引擎上建造出一個更好的使用者介面。TweetDeck 的儀表板讓用戶發送與接收推文，並以更創新的方式觀察用戶檔案，變得更廣受喜愛，推特的使用率因而爆炸性成長，推特於 2011 年收購 TweetDeck。

谷歌的 Nest 裝置是一款可編程、自我學習的智慧型電子恆溫器，是谷歌於 2014 年以 32 億美元收購位於帕羅奧圖（Palo Alto）的 Nest Labs 後取得的產品。Nest 同樣透過「Works with Nest」方案，向外界開放其 APIs。[6] 谷歌想透過此方案，找到能夠以創新方式把產品連結至 Nest 的夥伴，不過，開放式 APIs 也讓夥伴找到 Nest，而非只有 Nest 單方面努力。在開放式 APIs 之下，許多公司找到方法把產品連結至 Nest，例如，賓士（Mercedes-Benz）的車子和 Nest 連結，能通知駕駛人何時到家，Nest 就能及時調節家中溫度；Nest 也知道駕駛人何時離家，以此改變家裡的溫度設定。三星（Samsung）的吸塵機器人被告知主人已經離家後，便開始啟動，執行清掃工作。尊爵（JennAir）烤箱使用中時，Nest 會因為烤箱散發熱氣，調低家中溫度設定。追蹤使用者動作的 Jawbone 腕帶告訴 Nest 何時睡著了或睡醒了，Nest 據此調節溫度設定。惠而浦（Whirlpool）及住家能源供應商和 Nest 連結，讓洗衣機與洗碗機之類的家電在非用電尖峰時段啟動運轉。APIs 傳輸來自種種源頭的數據，包括來自車子的 GPS 數據，以及來自各種家電的物聯網數據，讓 Nest 可使用現代分析工具來分析這些數據，提供新服務。

所有這些協作一開始都是實驗，有些預期成功，其他預期失敗，但只要產生了一些成功轟動的應用，一切努力就值得了。APIs 幫助建立實驗，這就是谷歌前執行長暨董事會執行主席艾力克．施密特（Eric Schmidt）所謂的**「URL 策略」（URL strategy）——先變得無所不在，之後再創造營收（ubiquity first, revenue later）**。他如此解釋這種策略：「若能建立一個長久搶得注意力的業務，總能找到靠它賺錢的聰明管道。」[7] 讓 APIs 變得無所不在，或大規模地曝光，將吸引更多第三方對你公司的數據供給感興趣，這將提高建立成功夥伴關係的可能性，進而更可能增加營收。

APIs 拓展數位服務的使用量

向開發者揭露 APIs，也有助於拓展數位服務的使用量。舉例而言，網飛在 2008 年揭露 APIs，讓外界史無前例地取用內部數據資產，開發者可以瀏覽及搜尋大量的內容目錄，檢索使用者評價，管理用戶的影片排序，在自家應用程式中插入影片播放鍵。結果，網飛的使用量大增，到了 2014 年，APIs 支援 5,800 名訂閱戶，比 2008 年時的 900 萬訂閱戶數成長了數倍。[8] 這些新訂閱戶可以在很多種類的數位器材上觀看網飛，從任天堂（Nintendo）的 Wii 遊戲機到智慧型手機，全都可以。

企業通訊平台 Slack 的人氣在短短幾年內一飛沖天，也是拜 API 策略之賜。它創立於 2009 年，到了 2019 年，每日活躍使用者已達 1,200 萬名，估值超過 200 億美元。[9]Slack 以創意及和多種數位服務整合無縫接軌聞名，這些數位服務包括 Gmail、谷歌文件、谷歌日曆（Google Calendar）、Trello 之類的專案管理應用程式。Slack 的眾多功能包括：在公司內部創造客製化工作場所，用戶可以即時交談；形成「管道」，把通力合作對象擴展到公司外人士；網路機器人編程執行專門的工作，這些網路機器人能爬進同事之間不同的行事曆裡，自動找出最適合的開會時間。由於 Slack 的開放式 API 政策，讓使用者得以享用各種聰明靈巧的功能。[10]

不過，公司不需要永久地保持 APIs 公開，公司可以視策略需要，關閉一個 API 或是修改開放政策。網飛現在已不提供 2008 年時對外部實體的開放取用，雖然仍向一些特定的夥伴開放取用，但不開放給其他的外部實體取用。網飛早期開放 APIs 的目的是為了納入更多數位器材，讓網飛訂閱戶能在各種數位器材上收看內容，並得到相同體驗。一旦達成此目的，就改變 API 政策。推特也在取得可觀數量的用戶群後，採取相似行動，推特想擴大掌控用戶與服務互動的方式，因此阻絕許多以往依賴推特的 APIs 來建造自己產品與服務的開發者。因此，API 供給方可以用 APIs 做為策略槓桿，利用 APIs 來達成有利目的，一旦目的達成，就改變 API 政策，API 供給方的消費方或夥伴應該謹記這點，謹慎決定業務模式要如何倚賴任何一個供給方的 APIs。

APIs 的隱私疑慮

開放 APIs 給開發者取用，可以大幅增進數位平台功能，例如，智慧型手機功能暴增，這是因為開發者使用兩款作業系統平台蘋果 iOS 及谷歌安卓的 APIs，開發出數百萬種應用程式。這些平台的功能改變了生活，但是同時也引發隱私疑慮，這可以理解。

蘋果及谷歌在新冠肺炎疫情期間的行動可做為例子。這兩家公司合作設立一個接觸者追蹤服務，希望能遏制疫情蔓延。[11] 它們提供可互通的 APIs，讓開發者打造使用 iOS 及安卓皆可使用的數位服務。像是手機感測及追蹤彼此之間的實體距離，若某人發現感染新冠肺炎，把資訊輸入手機上的衛生局通報 APP。那些被追蹤到曾同處於一定距離範圍內的人將收到衛生局發出的訊息，通知採取適當行動，例如自我隔離 14 天。

但是，參與者必須提供同意書，可想而知，使用者可能對於准許公家機關監視行蹤及見面的對象這一點有相當大的隱私疑慮。事實上，截至撰寫本書之際，隱私疑慮已導致此方案在美國被禁止實行。（在其他國家，例如奧地利、比利時、及加拿大，都已經實行此方案。[12]）

對所有收集個別互動式數據、並使用這些數據來發展使用者檔案的企業來說，隱私疑慮是重大考量。互動式數據流以及形成的個人檔案當然可被用來增進數位體驗，可提供實用便利日常生活，但從追蹤每天做的事來了解使用者，可能導致濫用個人隱私。

Alexa 會竊聽用戶[13]，但是這種竊聽能為消費者提供便利的服務，例如，Alexa 聽到一台洗碗機剛剛故障，立刻啟動通知三家互競的洗碗機維修公司，這些公司會打電話給屋主。但竊聽也可能導致大問題：例如，若 Alexa 竊聽到一對夫妻吵架，誰會想接到離婚案件律師打來的電話呢？福特汽車公司可能學到一位駕駛人的咖啡喜好，在行車過程推薦咖啡店，有些人可能認為侵犯隱私，其他人卻認為帶來便利性。

在提供便利和保護隱私之間做出平衡，是數位世界裡企業面臨的一項大挑戰，這是個棘手問題，世界各國政府考慮加以規範，企業界則是尋求解決方案。APIs 陷入錯綜複雜之中，APIs 只是一種工具，端視每個業務去發掘便利、卻又不侵犯隱私的工具。公司該如何應付這些問題？更審慎地過濾使用開放式 APIs 的開發者，以及更仔細地監督 APIs 使用情形，這些都是著手方向。

蘋果公司已推出一種工具，讓使用者知道蘋果公司對他們有哪些了解。[14] 問題在於其他公司會不會效法蘋果公司，把掌握及了解的個人資訊透明化。此外，所有數位業務都會審慎使用 APIs 嗎？如何知道是否採取預防措施來保護使用者隱私呢？這些是監管當局關切的問題。[15] 一個單獨行事的消費者無法影響解決方案，遠離網路或不使用 APP，都不切實際。但是，動員大眾關注，就能促使有意義的立法。達成目標可能充滿曲折與偏徑，公司、個人、及政府將嘗試各種路徑，本書第 9 章將更詳細討論傳統企業可以如何處理數據隱私、數據安全性等課題，以及數據分享方面的監管環境如何變化。

傳統企業可以從數位巨頭學到什麼？

傳統企業如何利用 APIs 創造價值？這是數位巨頭能夠提供有用解答的另一個重要問題。雖然許多傳統企業可能熟悉 APIs，可能在傳統企業資源規畫（ERP）系統中使用 APIs，例如把消費者關係管理（CRM）軟體和薪資軟體連結，但效法數位巨頭能幫助以以下幾種管道拓展 APIs。

APIs 建立數位連結，因為本來就是為了連結各種軟體打造的。在感測器大量增加和物聯網擴展之下，APIs 能連結的軟體更多（所有感測器及物聯網物品都有軟體元件），APIs 使企業得以利用軟體的大量增加。也就是說，藉由擴展 APIs，企業可以在這些軟體之間建立更多連結。這將幫助傳統企業啟動新的數位生態系，提供更多釋放數據價值的管道。因此，APIs 為傳統企業提供在數位生態系中競爭的鑰匙。

仿效數位巨頭使用 APIs 的內部和外部管道，能進一步幫助傳統企業發展出一條有條理地應用 APIs 及打造數位生態系（不論是生產生態系或消費生態系）策略的管道。如前言中所說，「生產生態系」使用公司涉及生產與銷售產品的活動和部門之間的連結，包括研發、製造、組裝、通路等等。消費生態系聚焦於外部連結，源自於外部實體網路，那些外部實體補充公司自己的數據源（例如公司產品上安裝的感測器）。

這樣的區別可幫助企業盤點目前的 APIs 使用情形，同時也辨識出可以擴大使用 APIs 之處。因此，APIs 能為傳統企業的數位生態系策略提供支柱（參見＜圖表 2-2 ＞）。

在生產生態系裡，API 這首字母縮寫中的「interface」（介面）部分

圖表 2-2　APIs的層次

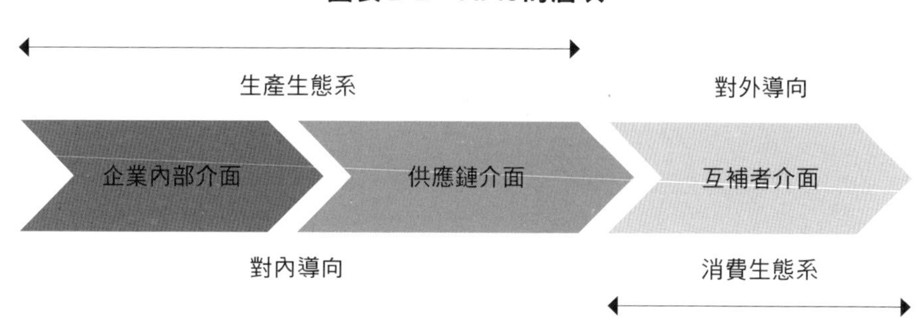

有兩個層次。第一個層次是「企業內部介面」(intrafirm interface)，當 APIs 連結企業內部的軟體程式時啟動，例如，某家公司透過 APIs 把消費者關係管理軟體和薪資軟體連結起來，這種 APIs 就是內部介面。第二個層次是「供應鏈介面」(supply chain interface)，把 API 連結延伸到供應鏈外部實體，例如，把供應商（或零售商）的存貨追蹤軟體跟製造廠的生產時程安排軟體連結起來。企業可以思考：目前的 APIs 使用是處於這兩個層次中的何者？ APIs 是為了什麼目的？可以如何擴展應用我們的 APIs ？

在消費生態系裡，當 APIs 開放時，就啟動了第三層次的介面——「互補者介面」(complementor interface)。前言提到福特的車載電腦系統把車子連結到附近咖啡店，訂購一份外帶飲料，這就是互補者介面運作的例子，福特和本章提到的 Nest 方法相似。

傳統企業若想把現有產品擴展至數位平台，互補者介面的 APIs 是關鍵。傳統企業可以思考：我們有互補者介面的 APIs 嗎？若沒有，該如何推出？可以靠它們來創造哪些數位服務及相關體驗？

後續各章將說明傳統企業如何在這三層次介面中擴展使用 APIs，以下是深入探討的兩個重要概念。

第一，傳統企業可以在生產生態系中運用更多 APIs。許多傳統企業使用 APIs 來協調各業務功能部門 APP 之間的溝通，例如存貨管理、機器產出、或生產時程安排。在這個角色中，APIs 也可以重新建構這些 APP 的互動方式，幫助企業重新架構業務流程，提高價值鏈的敏捷度。

這些學習的 APIs 功能在數位生態系中擴大，企業在數位生態系裡得益於更新的技術如感測器、互聯網、以及人工智慧。在這個新世界裡，價值鏈提升至數位生產生態系，APIs 扮演更重要的角色，為智慧型業務流程——例如自我優化存貨水準、機器產出、或生產時程安排——提供支柱，也為新數據驅動型服務提供基石。

第二，傳統企業可以為消費生態系發展新的 APIs。數位生態系為企業帶來透過智慧型產品提供新的使用者體驗機會，許多新的使用者體驗產生自消費生態系中的智慧型產品，消費生態系裡的產品與使用者互動數據被拿來和外部第三方實體分享，這些數據分享幫助創造出新的使用者體驗。對傳統企業來說，消費生態系可能是新概念，可能沒有專為與外界分享數據而設計的 APIs，可能也沒有多少和第三方實體（例如為啟動互補者介面 APIs 而需要的開發者）打交道的經驗。這是傳統企業能向數位巨頭學習的領域，尤其是當傳統企業打算把價值鏈型業務延伸至數位平台時，特別需要這些學習。

不論是在生產生態系或消費生態系，APIs 是傳輸數據以打造新數位體驗的強大機制，APIs 為公司的數位生態系建立基礎的數據管道。第 3、4、5 章將探討傳統企業如何釋放數位生態系的數據價值。

第3章

傳統企業的數位生態系結構

本書的核心主旨是揭示傳統企業如何釋放取得的數據價值，以及如何利用數據創造競爭優勢。在此主旨之下，一個相關的目的是提供有關傳統企業如何使用數據來打造競爭策略。本書前言敘述了這些目的，把本書描繪為傳統企業的「從數據到數位策略的旅程」，第1及第2章展開這趟旅程，闡釋數位巨頭如何利用數據的新爆發力量，以及傳統企業可以從中學到什麼。數位巨頭的經驗提供寶貴啟示，其中一個重要啟示是，它們使用數位生態系生成的數據來獲得強大市場力量。數位巨頭透過數位生態系來擴大數據價值，並利用數據來為消費者提供豐富的數位體驗。因此，數位巨頭在現代經濟中的強大影響力有很大部分是它們的數位生態系打造出來的。

傳統企業也可以建立數位生態系來擴大數據價值，也可以透過數位生態系，向消費者提供創造價值的新服務及體驗。不過，為此需要新的策略思維。長久以來，傳統企業的業務模式以產品及產業為主，如今已從產品及產業轉向數據及數位生態系，需要用新方法來管理業務。而且，傳統企業必須繼續以目前競爭力為基礎做出轉變，這些既有競爭力衍生自產品及產業。簡言之，傳統企業必須根據自身需求來建立數位生態系。

本章將說明傳統企業的數位生態系特性，以及傳統企業如何建立數位生態系，以在產品導向的舊競爭力和以數據為核心的新競爭力之間取得適當平衡。本章提出核心概念──針對傳統企業需求建立的新數位生態系架構，根據這個架構，傳統企業的數位生態系有兩個相互關連：「生產生態系」和「消費生態系」。生產生態系是內部數據生成及數據分享網路，建立於傳統企業本身的價值鏈的基礎之上。消費生態系是外部的數據生成及數據分享網路，建立於第三方實體基礎之上，為產品生成的感測器數據提供互補。生產生態系和消費生態系結合起來，為傳統企業提供各種不同選擇，釋放數據新價值，並且在此同時，維持傳統競爭力。因此，生產生態系和消費生態系為傳統企業提供研擬數位競爭策略的根基（參見＜圖表 3-1 ＞）。

本章建立數位生態系架構，凸顯數位生態系在打造傳統企業數位競

圖表 3-1　傳統企業的數位生態系架構

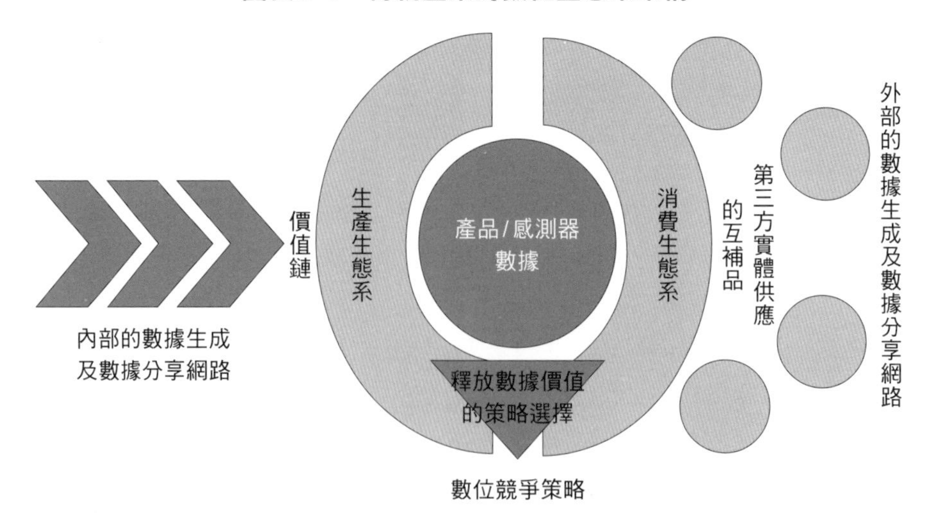

爭策略中扮演的重要角色，也在傳統企業的「從數據到數位策略」的旅程中邁出重要一步。

什麼是「數位生態系」，為什麼很重要？

數位生態系是由數據匯出者（data originators）和數據接收者（data recipients）構成的網路，特性是，當數據在生態系網路中分享時，數據價值就會倍增。數位巨頭為這種特性提供了大量證據，例如，數千萬名乘客、駕駛人、應用程式開發者、及第三方實體是 Uber 的數位平台上的數據匯出者及數據接收者，他們構成 Uber 的數位生態系。我們也在第 1 及第 2 章看到數位巨頭如何在數位生態系中利用數據來釋放前所未有價值，主要是透過數位平台達到。業務模式以數位平台為基石，必然生成及分享數據，數位生態系愈壯大，生成及分享的數據愈多，也變得愈加繁榮。透過數位平台，數位巨頭已經使數位生態系變成自然棲息地。數位巨頭的數位生態系增強數據力量和建立競爭力，與此同時，這些數位生態系也形成數位巨頭的主要競爭環境。

不過，傳統企業並不依循相同道路，對許多傳統企業來說，數位生態系甚至顯得不相關，因為主要是靠產品來競爭，不是靠數據。傳統企業可能有大量關於市場、消費者區隔、銷售、存貨、及其他業務營運層面的數據，但這些收集到的大量數據主要用於支援與增進產品及競爭地位。這些收集到的數據也被傳統業務的價值鏈內部使用。由於大多數傳統企業並非以數位平台來運營，數據並未被廣泛地和外部實體分享及透過外部實體來擴增，也不方便使用。

由於傳統企業的重要價值主張是由產品打造，因此，競爭力來自所屬產業的特性。事實上，所屬產業的特性擴大了產品價值與競爭力[1]——關於這點，以下將更詳細解釋。不意外地，傳統企業長久以來認為，主要競爭的背景是產業，而非數位生態系。[2] 此外，在產業打造策略思維之下，許多傳統企業領導人還沒注意到數位生態系能為現行業務模式提供什麼特別價值。

當傳統企業考慮把數據加入競爭武器庫裡時，這種動力型態就改變了，產業就不再是唯一的價值創造場域，產業也不再是競爭策略的主要定錨。為了擴大數據價值，傳統企業需要數位生態系。當企業從產業轉到數位生態系時，企業取得的數據變成價值生成機器，跟產品一起創造價值。因此在數位生態系中，數據從以往的支援角色，轉變為和產品平起平坐的夥伴，共同創造營收。

重要且必須一提的是，公司把競爭場所擴展至數位生態系，並不代表產業失去了意義與重要性。傳統企業千萬不可以忽視產業參數（例如規模）如何影響產品，畢竟，新的使用者互動式數據是經由產品生成，產品愈強，就能變成更好的數據管道。傳統企業必須在產業結構的鷹架上建立新數位生態系，必須設法同時取用產業和新數位生態系中的競爭力道。

因此，專為傳統企業建立的數位生態系與數位巨頭的生態系不同，兩者可能有一些共通點——因為兩類數位生態系都生成及分享數據，但傳統企業的數位生態系需迎合此企業特性，因為數位生態系建立在企業現有的產業結構的基礎上。這些特性幫助傳統企業釋放數據新價值，但在此同時，企業仍保留從現行產品、業務模式、及產業中取得的舊競爭力。為了解傳統企業所屬的數位生態系特性，應該先認識傳統企業從產業中取得的競爭力，必須在新數位生態系中維持住這些競爭力。

為什麼產業很重要？

企業之所以把產業視為主要競爭環境，有許多好理由。首要的是，產業提供一個簡單明瞭的方法，讓企業以產品競爭時能找到方向感並保持方向感。產業的邊界感幫助企業辨識誰是競爭對手，或辨識誰對目標消費者供應類似的產品，這幫助企業把注意力聚焦在競爭對手，更容易追蹤競爭對手的一舉一動。產業也幫助企業辨認出供應商，通常來自所有競爭對手共用的同個池子。產業幫助企業認知到共同面臨的趨勢、機會、及威脅，幫助企業從競爭對手獲得線索，這樣才能適應產業內所有企業共同面臨的發展情勢。基於這個理由，多年來，產業已演化為用來身份識別的團體，例如，一家汽車製造公司被認為「屬於」汽車業；一家銀行被認為是銀行業。

除了這些需求，經濟學和商業上有非常確立、具有深度理論與實證基礎的研究支持以產業作為企業運營框架的益處。大量的研究告訴我們，產業特性為何及如何打造競爭情勢和企業績效[③]，這些研究累積的證據強化「結構 - 行為 - 績效典範」（structure-conduct-performance paradigm）[④]。**結構**代表一個產業的重要、相當穩定的特性，例如，其中一種特性跟競爭對手數目及相對市占率有關，當產業中有幾家公司宰制市場時，此產業被指為有一個「集中」結構；當產業中有為數眾多的公司競爭，沒有任何一或兩家公司擁有相當大的市占率時，此產業被指為「零散」結構。一個產業的結構特性影響企業的**行為**或企業的競爭策略，例如，在集中型產業，企業比較可能訂出高利潤定價；在一個零散型產業，產品訂價可能利潤較低。產業結構和企業行為影響企業**績效**，在競爭對手少的集中型產業，企業績效可能較佳，例如，可口可樂（Coca-Cola）和百事公司（Pepsi）數十年來享有豐厚獲利，全都是因為身處集中型產業（囊括全球飲料市場 70% 市占率）。不過，企業也可以創新策略或行為，克服零散型產業的不利條件，例如，百威啤酒（Budweiser）、海尼根啤酒（Heineken）、及美樂啤酒（Miller）透過規模密集型工廠、大量品牌行銷行動、以及大型通路，把原本有數千家小型啤酒廠的零散型啤酒產業轉變成集中型產業。

麥克・波特著名的 5 力理論展現了這種思維 ⑤，「5 力」架構闡釋在 5 種力量影響之下的產業結構錯綜複雜性，這 5 力是：買方、供應商地及替代品的相對力量、新進者構成的威脅、競爭激烈程度。這些力量結合起來，決定產業的吸引力，影響企業績效。當這些力量對企業有利時，才可能有不錯績效；相反地，當這些力量對企業不利時，可能導致營運績效變差。換言之，產業的 5 力狀態構成產業結構，影響企業的營運績效。

產業價值鏈的重要性

5 力架構也分析企業的行為或策略如何影響績效。企業可以在產業策略定位，把 5 力變得對自己有利。定位（positioning）反映產品在市場上的供應方式如何有別於競品，這種定位透過公司價值鏈來實行，**價值鏈是生產與銷售產品流程所涉及的種種活動，例如向供應商採購、製造、組裝、研發、行銷、及銷售等等。**⑥

例如，耐吉公司在運動鞋產業中的獨特、差異化定位源自於耐吉的全球供應鏈管理、研發投資、品牌行銷、及龐大零售網路的管理等等方法。耐吉透過研發，發展出改善運動者表現的優質運動鞋，再透過品牌行銷，把運動表現和自家產品關連起來。耐吉不僅建立明顯高於消費者的力量，也使得競爭對手難以模仿自家產品。透過採購規模，耐吉建立高於供應商的力量；透過廣告、研發、及銷售規模，耐吉成功降低新進者帶來的潛在威脅。

因此，產品從產業結構和價值鏈中取得競爭力：產業結構能提供產品大賣的有利條件；價值鏈能幫助企業定位自己，讓那些條件更有利於產品建立競爭優勢。一言以蔽之，這就是傳統競爭策略的前提假設，這也是為何產業在打造傳統企業的商業環境中扮演如此重要角色的根本原因。

產業能轉變為「數位生態系」嗎？

那麼，**產業跟數位生態系有什麼相同的特性呢？答案是「網路」。數位生態系是數據生成者和數據接收者構成的網路，數位生態系主要聚焦在分享數據來增加數據的價值。產業也是各種互相依賴的實體、活動、及資產構成的網路**[7]**，但一個產業網路的主要目的不是增加數據的價值，而是擴大產品的價值**。這兩個網路——產業網路和數位生態系代表的網路——可以混合起來，為傳統企業大幅增加利益。透過這種混合，傳統企業可以建立既保留現有競爭力、又增添新競爭力的數位生態系。想要知道如何做到，得先了解產業網路的性質。

產業網路

＜圖表 3-2 ＞展示福特汽車公司所屬的產業網路，以及在產業中以產品競爭時的情形。圖表中左邊是網路的一部分，從幫助福特汽車公司生產及銷售產品的價值鏈出發。圖表中的右邊是網路的另一個部分，是互補性第三方實體構成，包括加油站、公路、汽車維修店等等，在福特的產品生產與銷售之後，支援使用。下文說明每個部分。

價值鏈網路

福特汽車公司的價值鏈網路由一群互相依存的實體、資產、及活動之間的關係構成，使福特得以生產及銷售車子。這個網路包括供應商、製造及組裝廠、研發、行銷、通路、及售後服務經銷商，福特有大約 1 百家主要供應商，以及多家輔助品供應商，它在全球各地有 65 座製造

圖表 3-2　產業網路：福特汽車公司

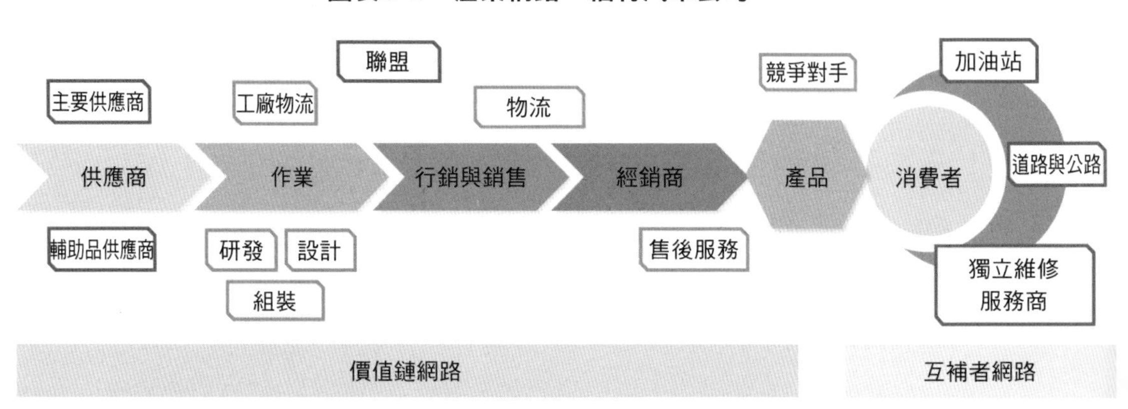

廠，全球各地有超過 7,500 家經銷商支援福特的銷售及售後服務。每個供應商、工廠、和經銷商有大量資產及活動，角色及投入必須同步化，以便達成一個共同的大目標：營收及獲利最大化方式，輸送產品給消費者。

當福特汽車吸引聯盟夥伴來支持價值鏈活動的一些方面（例如研發、製造、或行銷）時，價值鏈網路就進一步擴大了。福特最近和福斯汽車公司（Volkswagen）結盟發展電動車、自駕車技術、及運輸服務，就是一例。⑧

福特汽車的價值鏈網路也包含了競爭對手，這些競爭對手跟福特的價值鏈活動有關連，因為福特的每個競爭行動必然引起競爭反應。⑨ 福特降低產品價格的話，競爭對手通常會以降價反擊；同樣地，若福特決定推出新產品或進入新國家市場，可以預期競爭對手會回敬。換言之，競爭行動並不是一起個別事件，而是互依和對抗。這些行動及對抗行動背後的不成文規則被主要競爭對手默默地了解與依循，維持產業的競爭平衡態勢。⑩

舉例而言，福特在產品供應及全球市場地位與競爭對手相匹敵，本身能夠因應對手的競爭行動，快速且有效地做出回應，這是所謂的「多重市場接觸」（multimarket contact）概念。[11] 在多重市場接觸下，例如，若豐田汽車（Toyota）在美國市場上降價，福特可以在豐田的母國日本市場上降價做為回敬，這可能對豐田傷害最大。福特能有這個選擇，主要是因為它在日本市場地位匹敵豐田在日本市場地位，這個概念是讓回擊行動的威脅有可信度，逼對方放棄競爭。許多實證研究顯示，多重市場接觸提高了在一個產業中維持獲利力的可能性。[12]

福特的價值鏈範圍打造多重市場接觸，因為福特在何處及如何進行價值鏈活動將決定在全球的製造、銷售、及售後服務等市場地位和主要競爭對手的勢均力敵程度，這又進而幫助福特以強化產品競爭力來管理競爭對手網路。

互補者網路

福特的產業網路也延伸至價值鏈之外，涵蓋互補者網路（complementor network）。在福特生產及銷售產品之後，或是福特的價值鏈範圍結束後，各種互補品角色輪番上演，這種互補品網路可能包含使用汽車所需要的加油站及道路與公路基礎建設，麥得斯（Midas）及馬立可（Meineke）連鎖店之類幫助福特的消費者維修車子及延長使用的獨立維修服務商。福特並不參與加油站設立或道路及公路鋪設，也不干預麥得斯或馬立可的營運，但仰賴互補者網路來幫助提高福特汽車的市場需求量。

確立產業網路

總的來說，福特汽車的產業可被視為一個供應鏈及互補者實體、資產、及活動構成的網路。幾乎所有生產與銷售產品的企業都有價值鏈，福特、波音、美國銀行、及前進保險公司（Progressive Insurance）之類的傳統企業都有龐大的價值鏈，涉及各種實體、資產、及活動之間無數錯綜複雜的互依性。就連餐廳之類最小的傳統企業，也是以價值鏈來運營。幾乎所有產品都有互補品，燈泡需要電插座、電線、及電力；飛機需要機場；牙膏需要牙刷；飲料需要冰箱或冰塊；承辦貸款業務的銀行需要人們想借錢的物件——住屋或車子。

大多數傳統企業的價值鏈網路通常比互補者網路更大且更複雜，傳統企業對價值鏈的關注也高於對互補者網路的關注。在多數案例中，傳統企業仰賴消費者安排互補品，福特消費者能自己找加油站；影印機消費者自己取得影印紙；燈泡消費者自行安排插座、電線、及電力。在一些案例中，一家企業可能同時銷售產品及互補品，例如吉列（Gillette）賣刮鬍刀和刮鬍刀片。一些公司可能把產品及互補品分開銷售，但使用相同品牌，例如，有高露潔（Colgate）品牌的牙刷及牙膏。不過，這些是例外，不是常規，大體上，互補品為傳統企業扮演的角色遠小於價值鏈扮演的角色，雖然多數傳統企業知道互補品的重要性，通常在管理互補品時不太干涉。

透過數據，在現有網路注入新活力

當傳統企業把產業網路轉變為數位生態系時，前述動力就發生了重要改變。現代數位連結讓互補者網路的角色大幅擴展，而當價值鏈網路轉變為數位生態系時，價值鏈網路的核心焦點及打造能力也發生重大改變。不過，價值鏈及互補者對傳統企業而言是存在已久的概念，因此，「網路」並不是什麼新概念，使用現有網路來做為數位生態系，這才是新概念。

重大差別是這個：產業網路聚焦於支援產品，以及用產品定位來創造價值；數位生態系主要聚焦於生成及分享數據，以創造數據驅動型

服務、體驗、及價值。雖然，價值鏈網路中可能有相當多的數據生成及分享（互補者網路中的數據生成與分享就比較少），但價值鏈網路傳輸數據主要是為了改善生產與銷售產品的營運效率。這種營運效率固然重要，但是，把產業網路轉變為數位生態系之後，傳統企業可以進一步透過提供新的數據驅動型服務及數位體驗來擴大這些效益。

傳統企業的眼前工作是強化內建在產業網路的現有競爭力，同時藉由把這些產業網路轉變為數位生態系來產生新競爭力。為此，傳統企業必須使現有價值鏈及互補者網路中的各種實體、資產、及活動變成不同類型的數據生成者與接收者，必須把現有網路的數據生成及數據分享潛力轉化成新的數據驅動型服務、體驗、與價值的泉源。現代數位技術可幫助做到這些。由於價值鏈和互補品對傳統企業而言是確立的概念，它們提供優異的基礎，傳統企業可以在這個基礎之上建立數位生態系。這些基礎愈穩固，傳統企業愈有機會去調整產業中以產品為中心的傳統角色，改變成數位生態系以數據為中心的角色。

在產業網路基礎上建立數位生態系

為了有效利用傳統企業的產業網路所提供的基礎，必須了解「價值鏈」和「互補者」在擴大產品價值方面所扮演的不同角色。「價值鏈」支撐企業及產品的「供給面」競爭力，幫助提升公司生產及銷售產品給消費者的成效，例如，耐吉的研發、供應鏈、行銷、及銷售組織增強耐吉生產與供應產品給消費者的成效。「互補者」支撐這些產品的「需求面」競爭力，使產品更方便使用或消費，進而提高產品價值，例如，電力和標準插座的普遍可取得改善了燈泡需求，燈泡搖身一變成廣泛使用及容易使用的大眾消費品。

基於這些角色不同，價值鏈網路和互補者網路提供不同類型的基礎，讓傳統企業能夠在這些基礎上建立數位生態系。**價值鏈網路促成生**

產生態系，互補者網路則促成消費生態系。

從「價值鏈網路」到「生產生態系」

首先來看福特汽車公司的「價值鏈網路」如何轉變成「生產生態系」。切記，**價值鏈網路源起於生產及銷售產品流程中各種作業的互依性，而非源起於數據生成及數據分享**。不同於數位巨頭的數位平台，這價值鏈網路內就算沒有生成數據或分享數據，也能夠運作。事實上，福特汽車的價值鏈網路興起於 1900 年代初期，遠在電腦以及幫助生成與分享數據的能力問世之前，當時，價值鏈上各種活動之間的協調工作是人工作業。

但是，當透過數據來協調價值鏈上的活動時，將可使價值鏈大幅獲利，而且隨著數據扮演角色增強，這些益處也會日益增加。傳統企業價值鏈網路轉變成數位生產生態系，特徵就是從一個數據不扮演任何角色的原始價值鏈網路轉變成一個數據角色最大化的豐富網路。＜圖表 3-3a ＞、＜圖表 3-3b ＞、及＜圖表 3-3c ＞描繪福特汽車的這種轉變，＜圖表 3-3a ＞是沒有數位連結的原始價值鏈網路。

＜圖表 3-3b ＞展示在使用 IT 系統及軟體驅動型服務下，價值鏈網路中開始有一些數據生成及分享，因而開始從價值鏈網路轉變為生產生態系。這一步改善了價值鏈網路內的營運效率。

＜圖表 3-3c ＞展示由於感測器、物聯網、人工智慧之類的現代數位技術進步，持續邁向更加豐富的生產生態系。這一步讓福特汽車不僅更加改善營運效率，還能提供新的數據驅動型服務，拓展價值範圍及創造營收。

旅程持續下去，福特找到愈多管道增加數據在價值鏈網路中扮演的角色，生產生態系就會變得愈加豐富。由於 IT 服務啟動了價值鏈網路演

圖表 3-3a　原始價值鏈網路：福特汽車

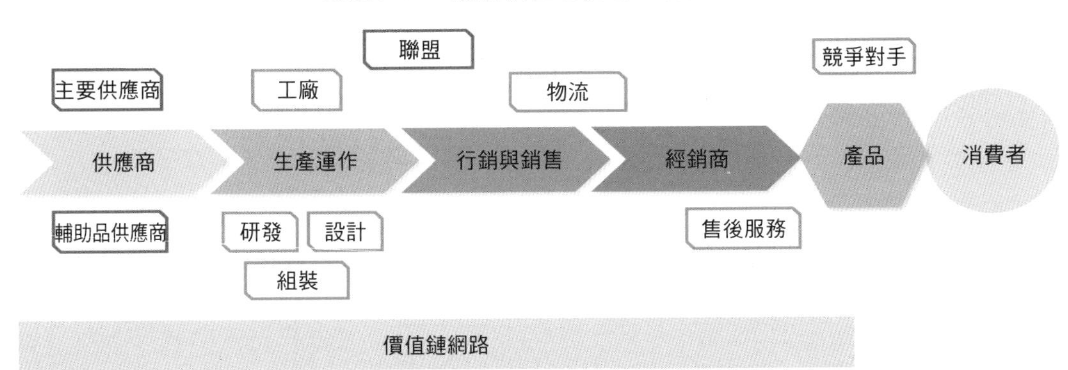

圖表 3-3b　使用 IT 系統，從價值鏈轉變為生產生態系：福特汽車

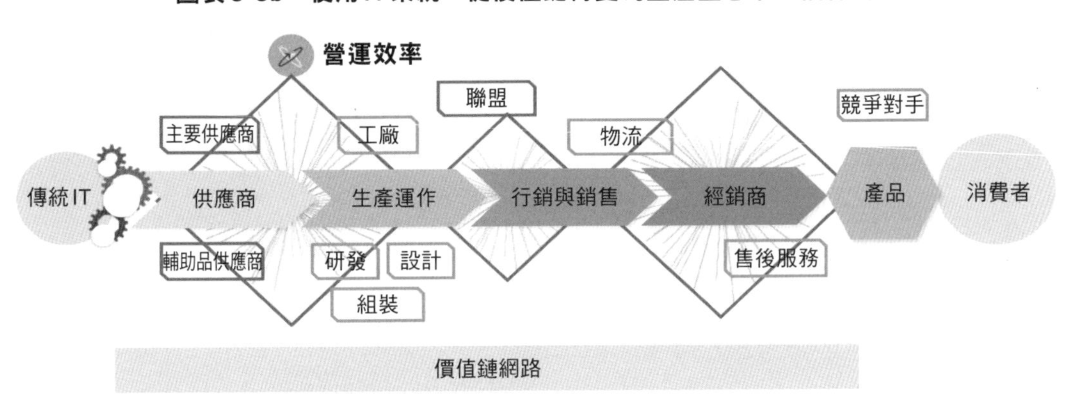

圖表 3-3c　使用現代技術，從價值鏈轉變為生產生態系：福特汽車

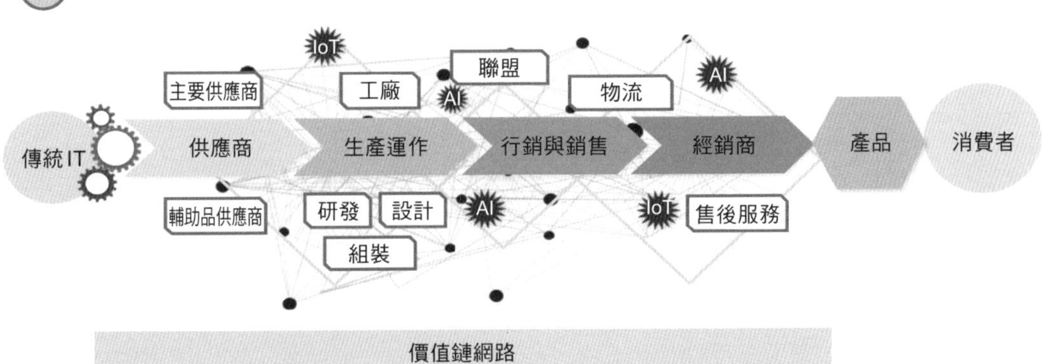

進為生產生態系的旅程，以下先討論 IT 服務的角色。

傳統IT服務的角色：啟動生產生態系

自 1970 年代起，在電腦、軟體、各種 IT 服務出現之下，傳統企業把許多工作流程自動化，讓價值鏈變得更有效率。這類行動從小規模、窄範圍做起，這可以理解。早期，福特汽車採購部門有一套 IT 系統幫助追蹤存貨，例如什麼存貨被訂購、收到、入庫，福特的生產時程安排單位有另一套 IT 系統幫助追蹤零組件製造與組裝順序。由於是不同系統，使用不同軟體，整合起來相當困難。縱使每個單位生成的數據被跨單位分享，這種數據分享也以笨拙費時的方式去做，往往在每天接近下班時分享數據檔案。例如，一個採購單位在每天快下班時和生產時程安排部門分享檔案，調節當天訂購的存貨和當天用掉的存貨。

歷經時日，IT 服務進步改善了這種各自為政的軟體系統及各自的工作流程自動化的整合。特別顯著的進步之一是思愛普（SAP）和甲骨文（Oracle）之類的商業軟體公司推出的企業資源規畫（ERP）系統，ERP 系統在 2000 年代相當盛行，幫助公司連結各單位使用的軟體。這讓公司能夠更完整地檢視各種業務流程績效，例如，福特汽車能夠追蹤跟整體績效相關業務各層面的狀態，例如全球各地單位的現金、存貨、產能、來自經銷商購買訂單、薪資等等，ERP 系統也使用共同的數據庫來持續更新這些指標的狀態。能夠做到這一切，是因為 APIs 讓不同軟體程式能夠彼此溝通，本書第 2 章敘述了 API 的這種用途——作為企業內部介面應用程式，這類應用程式使福特公司內部單位的數據與系統得以整合。

ERP 系統也讓企業的價值鏈網路更廣泛的部分可以生成及分享數據，包括和供應商分享，甚至有時也和競爭對手分享。舉例而言，福特和主要的國內競爭對手通用汽車公司及克萊斯勒（Chrysler）都採用車輛產業數據交換網路（Automotive Network Exchange，簡稱 ANX），這個數據交換網路使美國三大汽車公司的共同供應商池得以使用同個標準的 IT 系統來和這三家汽車製造公司互動，不僅降低汽車製造商的行政成本，也降低供應商的行政成本。在此例子中，也是 APIs 使得軟體程式能夠橫跨福特、通用、克萊斯勒、及共同供應商，彼此溝通，本書第 2 章敘述了 API 這種用途——作為供應鏈介面應用程式。

多年來，IT 服務不斷地使用數據來改善價值鏈網路內的工作流程整合，這些改進持續至今，最近的進步包括雲端技術讓傳統企業把需要的軟體及 IT 服務的背後基礎設備外包給軟體公司。例如，Salesforce 提供「軟體即服務」（software as a service，簡稱 SaaS），讓客戶可以透過 Salesforce 軟體來協調銷售與行銷活動，無需自己擁有及管理產生這些服務所需要的基礎設施。亞馬遜、微軟、及谷歌提供「基礎設施即服務」（infrastructure as a service，簡稱 IaaS），讓傳統企業可以把許多其他的服務外包，例如，New Balance 之類的運動鞋製造商若想在現有的零售通路〔如亞馬遜、鞋櫃（Foot Locker）〕之外擁有自己的電子商務通路，可以選擇以訂閱方式，使用第三方的遠距基礎設施來創立及運營製造商自己的電商業務。雲端服務為傳統企業簡化基礎設施的管理，也提供較佳的彈性，並使 IT 能校準更好的業務目標。此外，雲端服務也能幫助去除跨組織分享數據的障礙。

這些 IT 服務的進步透過軟體改善價值鏈網路內部的數據整合，這種整合提高生產與銷售產品的營運效率。不過儘管有這些進步，許多傳統企業仍然深陷老舊系統使用各自的軟體語言、並且把數據塞進各自的數據儲存格式裡的狀態，這種情形持續阻礙有效的數據分享。此外，以這類 IT 服務驅動的數據生成與分享只能幫助價值鏈網路改善營運效率，並無其他助益。但是，最近數據驅動的數位技術進步讓傳統企業可以突破這類阻礙，進一步把價值鏈網路轉變成更豐富的生產生態系，下文詳細說明。

現代數位技術的角色：增進生產生態系

被描繪為「現代」的數位技術很多，這些技術在過去幾年快速發展，在改變生活方式方面展現了巨大潛力。例如，區塊鏈（blockchain）具有驗證金融交易及商品交易真實性的潛力，因為可以提供電子帳本供稽核。擴增實境（augmented reality）可以改善倉儲中心及工廠作業員的效率，可以展示數據，讓他們知道接下來應該採取的行動，例如去拿取一條組裝線上的維修器材。3D 列印技術提供各種用途，例如以電子、而非實體方式遞送備用零件。此外，還有電信技術進步，例如 5G 讓連網器材能以更快速度分享更大量數據。

不過，當把焦點縮窄至那些最有助於把產業網路轉變為數位生態系的技術時，其中一些技術特別突出。這些技術使傳統產業能像數位巨頭生成與分享互動式數據（如第 1 章及第 2 章所述），為傳統產業擴展成可以運用數據的領域，這三種現代技術分別是感測器、物聯網、及人工智慧。

感測器讓企業收集來自資產、產品、及消費者的即時互動式數據。物聯網讓各種實體資產透過 Wi-Fi、藍牙、或 Zigbee 之類的協定來連結至網際網路，在更多的資產裝有感測器、更多的軟體介面、以及更強的電信傳輸力（例如 5G 更多無線頻寬）之下，這種連網更加擴增。人工智慧一詞包含許多不同技術，例如靜態機器學習、神經網路、自然語言處理、機器人流程自動化等等[13]，本書中提到人工智慧（AI）時，指的是在大量數據中辨識人類可能未能辨識出的技術，也可以根據這些型態來做出機率預測，幫助做出決策。

感測器、物聯網、及人工智慧這三種技術大大改善傳統 IT 促成的營運效率，也進一步幫助價值鏈網路原始目的——支持產品及產品定位。但更重要的是，這些技術也使得價值鏈網路可以擴展到傳統的、以產品為中心的範圍之外，這些技術使傳統企業可以使用產業網路來產生新數據驅動型服務及數位體驗。

改善營運效率：首先來看感測器、物聯網、及人工智慧如何改善傳統 IT 服務，在福特汽車的價值鏈網路中提供的營運效率。感測器能記錄廣泛的互動式數據，具有多功能，無所不在，能被改造得適合安裝於現有資產，能夠被連結形成龐大網路，透過 IT 系統的基礎設施上的物聯網來生成及分享數據。因此，感測器和物聯網促成的數據生成與分享比 IT 系統能做到的更廣大。

必須一提的是，感測器、物聯網、及人工智慧並非取代各種 IT 系統的功能，這些 IT 系統已歷經多年的演進，提供把各種複雜的工作流程加以自動化的複雜經精細方法，感測器、物聯網、及人工智慧進一步延伸這些系統，在這些系統之上，創造更廣大的數據生成及分享網路。因為有無所不在的感測器，增添的網路能生成更多數據，改造的感測器讓資產能夠生成軟體或 IT 系統打造者從未想像到的數據。因為感測器在生成各種數據方面具有多功能，網路能夠把各種實體、資產、及活動生成的數據種類客製化。此外，數據可在網路內分享，拿來被人工智慧系統使用，產生更多的洞察。事實上，人工智慧為此網路增添了相當大的威力，因為注入了新智慧來使用數據來解決價值鏈內的問題。所有這些性能，都能夠幫助改善營運效率。

來看一個情境：在福特汽車組裝廠，一套 IT 系統偵測到來自一家製造廠的車門組件中瑕疵品明顯增加。這 IT 系統向生產車門組件製造廠的另一套 IT 系統發出通知，要求製造廠出貨更多的車門組件，這是為了足夠無瑕疵車門組件，使組裝作業流程不致中斷。很顯然，這種數據生成與分享解決了一個立即問題，維持組裝工作流程順暢，但並未處理瑕疵品的根本原因或源頭。

比起組裝廠和製造廠各自為政的 IT 系統，感測器和物聯網撒下更廣大的數據收集與分享網。有了來自廣泛源頭的大量數據，人工智慧有機會偵察到問題的根源，解決方案將不只避免特定一座組裝廠的工作流程中斷，而是試圖減少生產一輛車子所需的總時間。本書第 4 章將提供更多例子，進一步解釋企業如何研擬一個生產生態系策略，才能在感測器、物聯網、及人工智慧的幫助下，改善營運效率。

新的數據驅動型服務：有別於傳統的IT系統提供的益處，感測器、物聯網、及人工智慧等技術提供的另一個更重要的好處是，能夠創造出新的數據驅動型產品性能與服務。當企業在產品中安裝感測器以追蹤產品與使用者互動的情形時，就能創造出這些性能與服務。不同於提高營運效率、進而降低成本的好處，數據驅動型服務能為企業創造新的營收金流。在數據提供的好處之下，能夠把競爭範圍擴展至新領域。數據型服務能夠改變企業與消費者的互動，甚至能幫助企業改頭換面。

數據型服務形成自數據賦能、為消費者提供更多好處和新體驗的新產品性能，例如，福特的車子能自動停車，幫助駕駛人保持在目前行駛中的車道，在發生碰撞前自動煞車，福特把這些新性能當成付費選項，提高價格與利潤。

源自這種智慧型產品性能的數據驅動型服務，可以透過兩種特殊方式提供，取決於生成數據種類、生成數據的產品、以及消費者的需求。第一種方式是透過預測服務，福特汽車可以根據感測器數據和人工智慧，偵測一輛車的元件（例如引擎、車軸、煞車系統）失靈的可能性，提前對駕駛人發出警訊。這類預測性服務若以付費選項提供給消費者，能為公司創造新的營收金流。福特公司為車隊客戶（例如租車公司、警察單位）使用這類服務，減少車子因故障而停工的時間。對於產品停工會導致高成本的情況，這種可幫助及早維修的預測性服務特別有價值。只要感測器數據能在壞事發生前提供警訊，就能提供預測性服務，例如，在護理之家，預測性服務在照護對象可能跌倒或生病之前提供警訊，避免必須被送醫住院治療。在農業領域，預測性服務可以預測作物疾病或昆蟲活動，在發生嚴重損害之前開始矯正行動。

第二種方式是透過大量客製化。以床墊為例，使用床墊使用者的心率、呼吸、及翻身等即時數據，可以大量客製化床墊，為使用者提供更好的睡眠體驗。換個方式來說，床墊可以改變性能（結構），配合每個人每晚的睡眠型態。本書第 4 章將提供更多例子和細節，說明企業可以如何使用生產生態系來提供這類新的數據驅動型服務，拓展營收來源。

從互補者網路到消費生態系

互補者網路是傳統企業可用來建立新的數位生態系的另一個基礎。相較於價值鏈網路，互補者網路對傳統企業而言向來比較小、比較沒那麼重要。此外，不同於價值鏈網路，在管理互補者網路內部的數據生成與分享方面，傳統的 IT 並未扮演任何顯著的角色。在互補者網路裡，不同實體、資產、及活動之間的連結向來是非數位性質，這些連結中有一些是透過共同品牌 / 聯名行動，例如高露潔的牙刷和牙膏，但大多數的連結是透過共同採用的產業標準來建立。插座設計、電壓位準、及電線的標準使得消費者可以購買任何一款燈泡，用在住家。同理，適用於加油站的加油槍管嘴標準容易為任何車款加油。

現在，感測器及物聯網使以往的非數位型互補者網路徹底轉變為活躍的數位型消費生態系，＜圖表 3-4a ＞、＜圖表 3-4b ＞、及＜圖表 3-4c ＞描繪福特汽車的傳統互補者網路轉變為新的消費生態系的情形。在數位技術確立之前，福特的互補者網路包含一些未數位連結的實體及物體，例如加油站、獨立維修服務商（例如麥得斯車輛維修服務連鎖店）、道路及公路，如＜圖表 3-4a ＞所示。

圖表 3-4a　從互補者網路到消費生態系：
福特汽車及未數位連結的傳統互補品

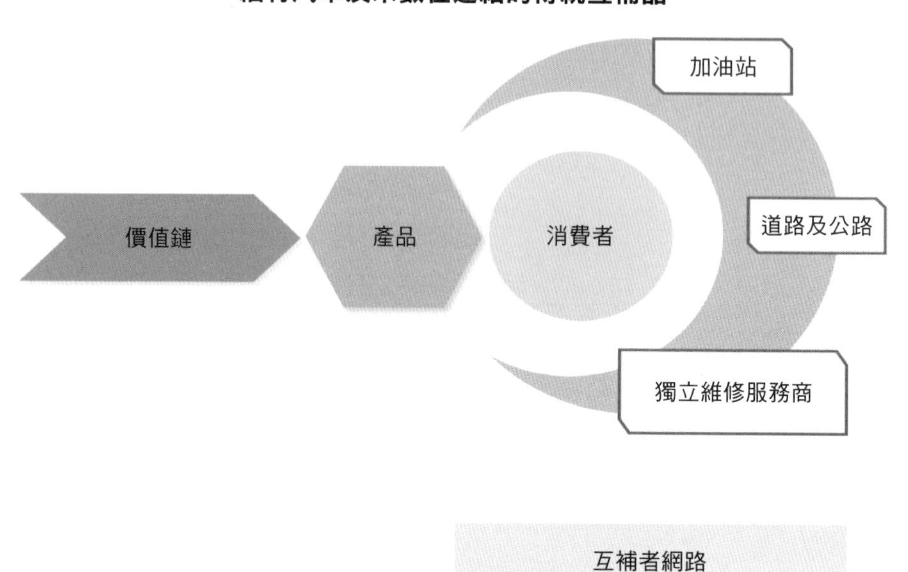

圖表 3-4b　從互補者網路到消費生態系：
福特汽車及數位連結的傳統互補品

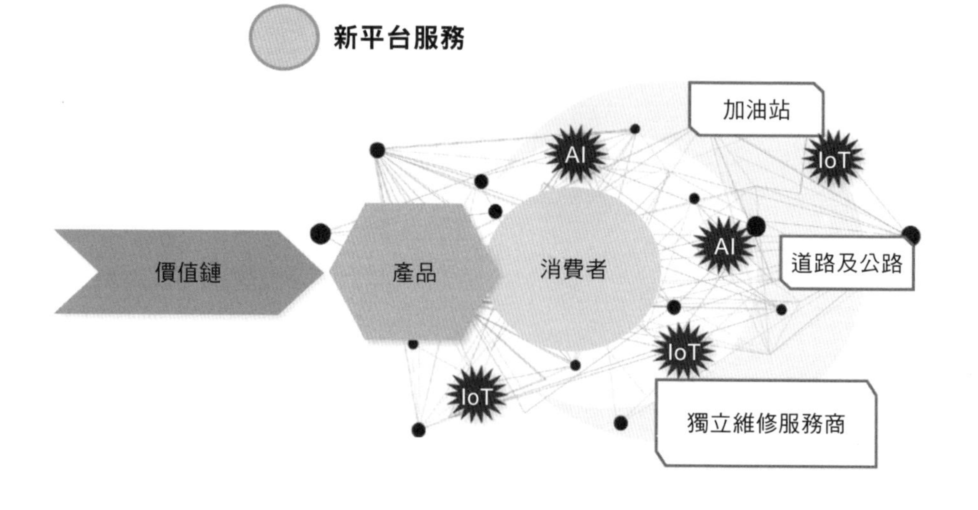

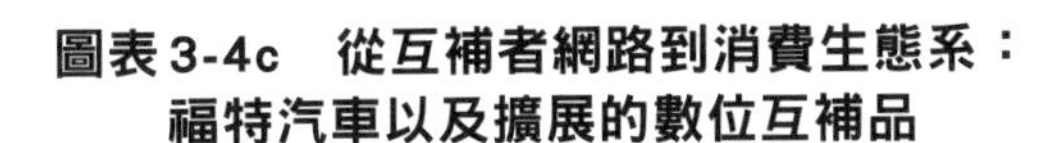

圖表 3-4c　從互補者網路到消費生態系：
福特汽車以及擴展的數位互補品

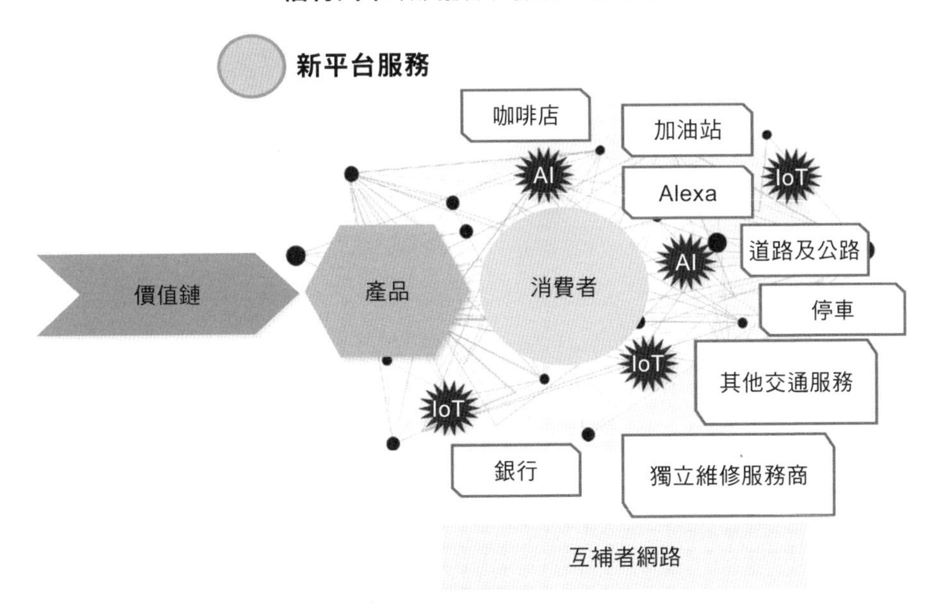

有了感測器及物聯網，這些互補品現在可以數位連結到安裝了感測器的福特車，福特的數位消費者可以透過新數位平台服務，取得這些互補品。例如，一輛快沒汽油的車子能夠找到最近的加油站；一輛煞車系統可能有問題的車子可以被導向地點方便的麥得斯維修店或別的類似的獨立維修服務商，預約檢修時間；一輛車收到交通壅塞通知，並且得知一條替代路線（參見＜圖表 3-4b ＞）。

這些感測器全都透過現代數位技術，連結先前已存在的未數位連結的互補品。此外，現在的車子有許多新的互補品是因為數位連結技術的問世而誕生，例如，前言提到駕駛人可以從車上訂購咖啡，可以做到這個透過新的數位互補品如亞馬遜的 Alexa，以及連線的實體如星巴克及銀行。跟星巴克一樣，可能有成千上萬的其他零售店也連線，福特汽車可以找到許多這類連結的實體和資產做為安裝了感測器的福特車的互補品，包括連線的停車位，以及種種交通服務（例如巴士、地鐵、火車）

的軟體介面，參見<圖表 3-4c >。

藉由連結這些新的互補者，福特能供應更廣泛種類的新數據驅動型服務及數位體驗，消費生態系的新力量就在此展現。咖啡訂購服務、獨立維修服務商提供的即時售後服務、尋找空車位、避開交通壅塞，這些都是數據驅動型服務及數位體驗的例子。但為了提供這些服務，福特必須把價值鏈延伸到一個數位平台上，它必須數位連結各種第三方，促進交易，如同第 1 章線上的數位平台所做的。傳統企業如何透過價值鏈延伸而成的數位平台來提供這類新的數據驅動型服務及數位體驗，是第 5 章內容的主要焦點。

不同於生產生態系提供一條以價值鏈為基礎的「內部」管道來釋放數據價值，消費生態系提供的是一條「外部」管道，透過價值鏈之外的大量連結的實體來釋放數據價值。對大多數傳統企業而言，在數據及數位連結的現代先進技術問世前，這些數位生態系並不存在。雖然，生產生態系和消費生態系提供不同的管道，但兩者都把企業的競爭範圍從產品擴展到產品生成的數據，兩者都幫助改變企業和之前消費者的互動。不過，它們以不同的方式打造競爭策略，需要不同的能力，為企業提供不同的策略選擇，我們必須了解它們是數位生態系的不同、但是彼此相關的面向。

生產生態系與消費生態系的差別

<圖表 3-5 >重點摘要生產生態系與消費生態系之間的重要差別。

基礎：生產生態系和消費生態系源自不同的基礎網路，生產生態系源自價值鏈網路，消費生態系源自互補者網路。這些不同的基礎分別以不同的方式打造生產生態系及消費生態系，因此，生產生態系和消費生態系分別產生不同的新價值創造機會，為數位競爭策略呈現出截然不同

圖表 3-5　生產生態系與消費生態系的差別

層面	生產生態系	消費生態系
基礎	建立於價值鏈網路的基礎上	建立於互補者網路的基礎上
網路參與者	現有資產、實體、及活動之間的數據生成與分享	新擴張的資產、實體、及活動之間的數據生成與分享
使用或延伸的能力	強化及更新現有的價值鏈能力	建立新數位平台能力
新的數據驅動型服務的投入要素來源	內部價值鏈能力	外部互補者的創意及能力
API 焦點	對內導向的APIs	對外導向的APIs
新價值的範圍	有目的的，有界限—價值鏈邊界	隨機，無界限，如同應用程式經濟
治理機制	利用現有的價值鏈治理機制	需要錨定於外部APIs的新治理機制

的軌道。

網路參與者：價值鏈網路提供各種既有的實體、資產、及活動作為網路參與者，這網路內的數據生成與分享流程始於多年前，由 IT 服務啟動，早在現代數位技術問世前。生產生態系使用已經確立的參與者網路促進更豐富的數據生成與分享。

另一方面，互補者網路一開始網路參與者很少，取決於產品的實體連結範圍，以燈泡為例，實體的互補品僅限於插座、電力、及電線。但是，在數位技術促成新的數位互補品問市後，這個網路範圍擴大，例如，比起傳統燈泡，智慧型燈泡有更多的數位型互補品。如前言所述，當智慧型燈泡生成的數據顯示沒有人在家，家中卻有人的動作，這些數據便會啟用保全服務、警報、行動應用程式等等互補品。當生成倉儲中心裡的存貨異動，智慧型燈泡便會啟動連結至物流服務的各種實體、物體、及活動等互補品。當偵測到槍擊事件的數據時，智慧型燈泡便會啟動攝影機數據、911 總機、及救護車等互補品。因此，消費生態系在新擴展的網路參與者之間生成及分享數據。

使用或延伸的能力：由於生產生態系源自價值鏈網路，強化及更新現有的價值鏈能力，透過擴大數據生成與分享來改善價值鏈營運效率。改善營運效率之外，生產生態系產生的預測性維修能力及大量客製化能力促成新的數據驅動型服務，增強傳統企業價值鏈的競爭力。預測性維修改善傳統企業售後服務能力，例如，開拓重工透過預測性服務，在挖土機故障之前就安排好重要的備用零件，改善了以往業務——透過有效率的備用零件存貨規畫，確保產品發生故障後的備用零件可馬上派上用場。大量客製化產品改善現有的產品功能，例如，奇異的噴射引擎根據每班機獨特的飛行狀況，指引機師以省油模式飛行，這種噴射引擎比那些不會根據飛行狀況來調節燃料效率的噴射引擎更佳，奇異公司得以強化現有的產品燃料節能功能。

另一方面，消費生態系能夠產生不同於現有產品功能的新數據驅動型服務。視一個智慧型燈泡倚賴的數位型互補品的性質而定，它能夠產生住家保全、物流、街道安全等等的新數據驅動型服務，所有這些服務遠不同於燈泡的原始功能——提供照明。這種消費生態系促成的數據驅動型服務也需要新的數位平台能力，事實上，一個傳統企業能夠透過消費生態系提供這類新數據驅動類服務的競爭力取決於這種新數位平台的能力（這是第 5 章及第 8 章將詳細討論的主題）。

新數據驅動型服務的投入要素來源：生產生態系在產生新的數據驅動型服務時，利用內部價值鏈能力，例如，預測性維修服務建立於現有的售後服務能力基礎之上，大量客製化產品倚賴許多現有的價值鏈優勢，例如研發、產品設計、製造。縱使是為了處理感測器數據及人工智慧而專門成立的新組織單位，也必須配合現行的價值鏈活動，並和流程及能力融合。

反觀消費生態系倚賴的是第三方實體的創新，新的數據驅動型服務的主要投入要素取決於外部實體找到方法互補數據的創造力程度，第 2 章把這種方法形容為「讓一千朵花盛開」。Nest 恆溫器提供數據驅動型服務，讓谷歌的消費者能夠從車上自動調節家裡暖氣，或是在用電離峰時段啟動家中洗衣機，這是因為有大批外部第三方實體（例如汽車公司、家電製造商、能源公司）找到創意方法去互補 Nest 的數據。

API 焦點：生產生態系的 API 對內導向，產品及數位消費者生成的互動式數據在生態系的價值鏈內傳輸。這種內部的數據傳輸產生的洞察幫助改善營運效率，支援更強的數據驅動型服務如預測性維修及大量客製化服務。第 2 章把這些對內導向的 APIs 稱為「企業內部及供應鏈介面的應用程式」。

另一方面，消費生態系需要對外導向的 APIs。當有更多第三方找到方法去補充產品數據時，消費生態系就會擴展，變得更有活力。隨著網路參與者數量增加，以及伴隨而來的網路效應倍增，興起於消費生態系的數據驅動型服務可能更加茁壯。這種可能性將因為一個開放、對外導向的 API 政策而提高，因為這種 API 政策將使外部實體找到方法去補充傳統企業數據的可能性提高。第 2 章把這種對外導向的 APIs 稱為「一個互補者介面的應用程式」。

新價值的範圍：只要生產生態系仰賴內部價值鏈的優勢，並且有對內導向的 APIs 供數據分享，創造的新價值的範圍也將受限於這些選擇。產生的新價值如何改善營運效率或如何提供新數據驅動型服務的函數，這一切都是透過內部分享數據及使用內部優勢來做到。這類行動通常是有目的的，有打算要達成的目標，有具體的成功目標。

由於消費生態系仰賴外部實體的投入要素和對外導向的 APIs，產生的新價值不受限於內部優勢，開放給廣泛的數位互補品，這些互補品找到方法用數據來共同創造新服務。這種新價值的產生是隨機的，跟應用程式經濟裡的情形一樣，難以預料哪種平台服務將受到歡迎，或哪個創意的應用將瘋狂流行起來。

管理機制：生產生態系及消費生態系需要不同的治理機制來管理網路關係。生產生態系中的網路使用者本來就是原有的價值鏈中的參與份子，因此，生產生態系的治理機制跟傳統企業用來管理價值鏈的治理機制並無太大的不同。對於企業內部單位，這些治理機制是由固有的組織流程、層級制度、上司下屬關係、及明確的職務期望等等來打造。對於供應商和經銷商之類的價值鏈夥伴，製造的元件品質或管理的消費者關係都有規範與期望，公司在合約中管理這些關係。生產生態系繼續倚賴這些現行的管理機制。

反觀消費生態系則是需要新的管理機制。由於傳統企業向來對互補者網路的參與者採取不干預的態度，因此並不像生產生態系那樣，有既有的業務可仰賴。由於消費生態系中的所有參與者是價值鏈之外的第三方實體，因此跟傳統企業一樣用來管理內部單位的層級治理，消費生態系中的外部實體的治理方法也不同於企業傳統上用在價值鏈夥伴（例如供應商和經銷商）的管理方法。

舉例而言，福特汽車期望經銷商在維修福特車時供應福特原廠元件，以符合最低門檻水準的維修品質。另一方面，若福特把駕駛人連結至消費生態系中鄰近的麥得斯維修連鎖店，這關係就只是一個簡單的連結，無異於福特把駕駛人連結至星巴克。福特無法期望麥得斯維修店使用福特原廠元件，也不會限制駕駛人只用福特的維修服務，就如同駕駛人不會把星巴克的咖啡品質和福特連在一起。這種網路關係透過 API 政策，大致如同數位巨頭透過 API 政策來管理和數位平台使用者之間的關係。API 政策是軟體導向，軟體自動更新不同實體之間的數據分享及功能背後規則以及相關商業條款。舉例而言，福特汽車的 APIs 可以透過軟體來訂定規則——例如，當元件故障時，駕駛人可以連至哪個獨立維修服務商，以及每個維修服務商必須為此連結支付多少錢。透過軟體更新，福特公司可以修改服務業者條款，或是把條款訂成隨著交易量而變化。基本上，API 導向的治理機制遠比傳統供應鏈治理機制更具彈性。

數位生態系與工業4.0

在總結本章之前，這節內容探討結合生產生態系和消費生態系的數位生態系跟「工業 4.0」（Industry 4.0，又名為「第 4 次工業革命」）的關係，了解這個十分有幫助。本章說明產業網路如何演進成數據豐富的數位生態系，這種演進跟工業 4.0 有相似之處。此外，工業 4.0 為傳統企業提供建立、打造、及參與新數位生態系的背景環境。

簡言之，工業 4.0 指的是傳統產業透過應用智慧型技術，持續地現代化。一般認為，這個名詞及概念的起源跟德國在 2010 年左右提出的新工業政策有關，德國總理梅克爾（Angela Merkel）在 2015 年於達沃斯舉行的世界經濟論壇（World Economic Forum）上強調此新政策對傳統產業的重要性：

> 雖然，身為德國總理的我目前面對的德國經濟相當強勁，但我仍然得這麼說，我們必須趕快應付數位世界與工業生產世界的融合。在德國，我們稱之為工業 4.0……，因為不趕快的話，數位領先者將會在工業生產領域也取得領先。我們懷抱很大的信心進入此比賽，但這是一場我們還未勝出的比賽。[14]

因此，「工業 4.0」一詞認知到數位技術已經把工業界引領至一個新紀元，示警傳統企業必須改變和適應新紀元，並進一步建議傳統企業該走的道路與方向。意識到此嚴重性，必須回顧與思考在此之前工業史上所發生的劇變——工業 1.0、工業 2.0、及工業 3.0。

工業 1.0 是技術把人工生產方法改變為靠蒸汽及水力幫助的機器生產方法的紀元；工業 2.0 指的是廣大鐵路網、電報、及電力的建立；工業 3.0 的動能是 IT 系統的快速進步和普及使用，使實業公司得以把工作流程自動化，並且開始利用數據的力量。這種巨變十分罕見，大約每一世紀只會發生一次。現在發生的工業 4.0 革命，由數位技術，包括本章討論到的感測器、物聯網、及人工智慧打造而成。

從工業 1.0 到工業 3.0，每一場史詩級重大事件都涉及企業生產與銷售產品的方式劇變。在每一次的工業革命中，都是技術發展（機器、電力、及電腦）引發這些變革，因此這歷史可能會令人認為工業 4.0 是這種趨勢的延續，跟先前的工業革命一樣，工業 4.0 是傳統企業藉由利用技術軌道的量子躍進來改變價值鏈的下一個里程碑。事實上，工業 4.0 常被拿來和「智慧型工廠」（smart factories）、「關燈工廠」（lights-out factories）——人類干預決策漸少的工廠——之類的名詞聯想在一起。舉例而言，打造機器人的日本公司發那科（FANUC）有一座工廠可以連續運轉達 600 小時，只有一名很瘦的員工在廠執行例行性維修，並預防解決意外問題。這種聯想必定讓人以為工業 4.0 是傳統企業受益於生產生態系。

但是，工業 4.0 的範圍超越生產生態系，工業 4.0 也包含企業透過智慧型產品來提供新的使用者體驗的可能性，許多智慧型產品提供新使用者體驗來自消費生態系的參與。重點是，為掌握工業 4.0 提供的整個價值範圍，傳統企業必須努力和生產生態系和消費生態系共同合作。此外，不同於前三次工業革命，工業 4.0 提供的新可能性遠非只有營運效率方面的突破性改進，本書接下來 2 章分別深入探討生產生態系和消費生態系，將會更加確立這點。接下來兩章將會介紹數位生態系如何幫助傳統企業釋放數據價值，不只是提升營運效率，還有透過新數據驅動型服務來產生新營收金流。

總結本章

本章是本書的核心架構，提出結合生產生態系和消費生態系的數位生態系，這在從數據到數位策略之旅向前邁進一步。這個數位生態系架構讓傳統企業做出不同的選擇，才能和生產生態系及消費生態系共同合作，釋放來自數據更多價值。因此這個架構為傳統企業的數位競爭策略建立重要基礎。我們借用來自數位巨頭及數位平台的這個概念——數位生態系幫助釋放數據更多價值，但是，把這個概念調整得適用於大多數傳統企業的現有業務模式。

傳統企業用產品來競爭，並從產業結構和價值鏈取得競爭力。把產業看成網路，可幫助把商業環境擴展成數位生態系。結合價值鏈網路和互補者網路的產業網路為建構生產生態系和消費生態系提供了基礎，傳統企業專門的數位生態系不僅讓這些企業能夠強化目前以產品為中心的競爭力，也幫助建立以數據為中心的新競爭力。傳統企業選擇如何和生產及消費生態系合作的模式，將左右數位競爭策略的模樣與範圍，第 4 章及第 5 章將聚焦於此。

前言中提到，「數位短視症」來自企業持續堅持仰賴產品及產業來建立競爭優勢，本章提出的數位生態系架構能幫助傳統企業看出可以在產品及產業之外創造價值的新前景。不過，若企業只看到數據和數位生態系幫助改善營運效率的價值，仍然擺脫不了數位短視症。

許多傳統企業的執行長仍然期望數位技術解決舊的優先要務——如何加快推出新產品？產品創新能如何打造更高的獲利？如何減少停工時間？如何更好地管理全球供應鏈？這些當然是重要的優先要務，但解決這些只會釋放數據的一部分潛力。

若企業及執行長轉向不同的一群優先要務，將釋放數據的更多潛力：我們能提供哪些新的數據驅動型服務？如何把更多營收源從產品轉移至數據驅動型服務？可以透過生產生態系來提供哪些新的數據驅動型服務？可以透過消費生態系來提供哪些新的數據驅動型服務？各章將繼續討論這些內容。

第 4 章

生產生態系的數據價值

本章詳細說明生產生態系如何解鎖現代數位技術提供的數據的新機會，也討論傳統企業如何使用生產生態系來打造數位策略的一些面向。<圖表 4-1 >描繪生產生態系透過 2 大管道來幫助傳統企業釋放數據的

圖表 4-1　解鎖來自生產生態系的數據價值

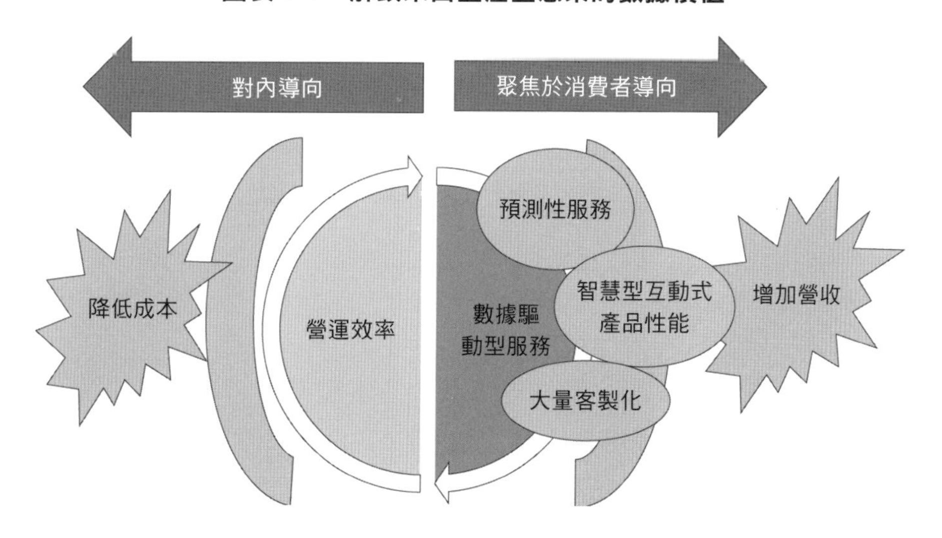

更多價值，一條管道是透過提高營運效率，另一條管道是透過提供新數據驅動型服務。更高的營運效率來自價值鏈內的生成與分享數據，改善生產力及降低成本。另一方面，數據驅動型服務讓傳統企業產生新的營收來源。

在此回顧前言中討論到的數位轉型 4 個層級①，生產生態系幫助歷經數位轉型的前 3 個層級。當企業使用來自價值鏈**資產**的數據來改善營運效率時，從事的是第 1 層級的數位轉型。當企業使用來自**產品與使用者**的互動式數據來提升營運效率時，就推進至第 2 層級的數位轉型。當企業利用來自產品與消費者的數據來提供使用生產生態系的新數據驅動型服務時，推進至第 3 層級的數位轉型。第 4 層級的數位轉型涉及企業與消費生態系合作，第 5 章將討論這個。

本章討論傳統企業可以如何使用生產生態系來歷經前 3 個層級的數位轉型，首先來看提升營運效率的前 2 個層級。

來自生產生態系的營運效率

生產生態系透過使用現代數位技術，注入了更大的數據生成與數據分享能力的價值鏈網路。這些數位技術改善較老舊的 IT 系統能力，那些較老舊的 IT 系統當年啟動了公司內部工作流程的自動化與整合。不意外地，生產生態系增進現代數位技術後，也提升了原先的營運效率。

這節敘述幾個例子，它們代表企業可以使用生產生態系來提高營運效率的不同方式：前 2 個例子展示企業可以使用來自價值鏈資產的數據，第 3 個例子討論企業如何使用來自產品及消費者的數據來產生進階營運效率。傳統企業想要使用生產生態系來提升營運效率時，可以做出很多選擇，這些例子舉的是其中一些選擇。此外，也希望能激發讀者思考如何把這些例子的原理應用在其他情況，提升營運效率。

例 1：快速消費品業務領域的供需分配——長鞭效應

快速消費品（fast-moving consumer goods，簡稱 FMCG）業務銷售非耐久性日用品，例如飲料、盥洗用品、包裝食品、化妝品、非處方藥，FMCG 公司聚焦在生產及供應低價產品，希望能從零售店貨架上被快速選購。2018 年，全球 FMCG 產品創造的總營收超過 10 兆美元，這個業務領域的龍頭公司是雀巢（Nestlé）、寶僑（Procter & Gamble）、聯合利華（Unilever）、百事、及可口可樂，這些公司每家旗下都有多種品牌，最大的雀巢公司旗下有超過 8,000 種品牌，聯合利華旗下有 400 種品牌。每一個品牌旗下有數千種產品，有名為**「庫存單位」（stock keeping units，簡稱 SKUs）**的獨特識別，幫助零售商追蹤收到和銷售的存貨，例如，寶僑公司旗下的大品牌汰漬（Tide）有多種商品，包括洗衣精、洗衣球、織物消毒噴劑、以及其他的清潔劑。每一種產品包裝大小、顏色、包裝材質等等特性有所不同，每種包裝也是一個獨特的 SKU，因此你可以看出，為何 FMCG 公司的 SKUs 的數目快速增加。

無數的 SKUs 也透過世界各地無數大大小小的零售店構成的複雜網路來協助銷售，FMCG 公司的最大挑戰之一是匹配來自這些零售店的 SKUs 需求和來自配送中心供給。

FMCG 產業中的這種供需分配有一個著名的難題，名為**「長鞭效應」（bullwhip effect）**[2]**，指的是，個別零售店需求的小變化導致大供給需求的錯誤認知。鞭子根端的小抖動能導致鞭子末端的大幅波動；**同理，個別零售店（鞭子根端）的小需求變動能導致沿著供應鏈往上的存貨反應的大擺動。FMCG 公司遇到長鞭效應的原因有幾個：銷售人員給予大折扣，刺激零售商的採購量高於平時正常的採購量；運輸公司給予折扣，使得零售商要求的 SKUs 數量提高；零售商也可能對短期促銷做出特別反應。整個供應鏈上的不良溝通進一步惡化這類事件對長鞭效應的影響。

有成千上萬個 SKUs 的 FMCG 公司也面臨供給的複雜及無法預測的變化，有部分是因為傳統企業軟體無法幫助供應鏈管理經理適當地管理 8 到 12 個執行規畫期的存貨。因為無法預料的需求波動，這類公司通常無法履行 8% 至 10% 訂單，儘管供應鏈中某處有必要的存貨，它們就是無法及時地把正確存貨遞送到正確地點。「這就是做這個生意無可避免的成本」，為企業提供 AI 解決方案的公司 Noodle.ai 的共同創辦人暨總裁拉吉・喬許（Raj Joshi）說。「數位技術提供一個巨大機會，讓供應鏈主管可以解決這類問題」，他說。

傳統企業資源規畫（ERP）系統能夠處理大量的供需型態數據，但利用這類數據的傳統方法倚賴的是回顧性分析，提供的洞察是過去一週、一個月、或一季期中哪裡沒問題或哪裡出問題。喬許說，企業 AI 的不同處是它能用機率來幫助預測未來，透過演算法解讀與分析數據種種型態，AI 引擎能告訴你，例如無法履行某地區的重要消費者的特定 SKUs 大訂單可能性為 80%。根據 ERP 系統數據，AI 引擎能接著建議供應鏈管理經理可以採取什麼行動，確保增加存貨，才能成功履行訂單。反過來，人工智慧能夠預測存貨過剩，幫助供應鏈管理經理適當地降低產量，降低存貨成本。因此，人工智慧能幫助避免可觀的價值損失，喬許指出，把 FMCG 公司無法履行的訂單減少 1 個百分點，例如從 10% 降低至 9%，就有可能提高利潤及獲利高達數百萬美元。

例 2：改善製藥業研究實驗室的生產力

藥物探索是製藥業的命脈，這個產業中公司的生死取決於新藥開發，不意外地，製藥業在研發上的投資龐大，佔營收 17% 左右。[3] 相較之下，航太公司的研發投資約佔營收 5%，化學業為 3%，微軟和谷歌的研發投資約佔營收 12%。這 17% 的比例還是指製藥業的平均研發支出，知名製藥業公司研發支出比例更高，例如，2019 年，阿斯特捷利康（AstraZeneca）把年營收 25% 投入研發，禮來（Eli Lilly）的比例是 22%，羅氏大藥廠（Roche）是 21%。2018 年，全球製藥業的研發支出總計 1,790 億美元，這些錢投入在製藥業研發的各階段，從一開始的藥物與疾病研究，到臨床試驗前的化合物測試及臨床試驗階段，其中 560 億美元投在研究實驗室中進行的早期藥物研究工作。[4]

＜圖表 4-2 ＞描繪簡化過的製藥業研究實驗室的價值鏈網路，這個價值鏈網路從各種用品開始，例如用於細胞分析、基因組分析、及蛋白質純化的檢測套組、試劑；活的動物；一般實驗室用品如化學品、玻璃器皿、一次性用品。這個價值鏈的下一步是科學家使用這些用品及實驗室設備進行實驗，幾年間數千次實驗得出實驗室成果，包括發現可能有效對抗疾病的新化合物、跟這類突破有關的專利及發表。

圖表 4-2　研究實驗室的價值鏈網路

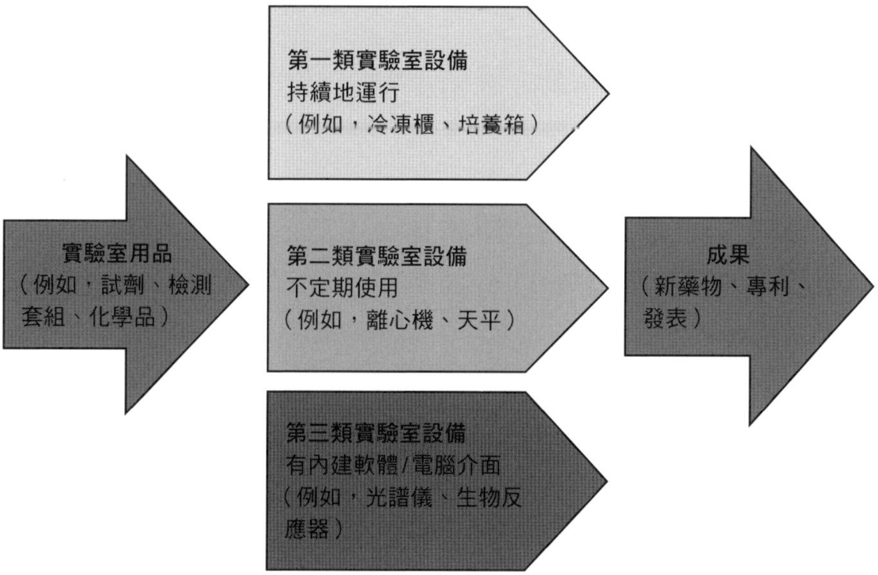

傳統實驗室設備使用：大多是類比性質，較少數據整合。實驗室設備大致分為三類，第一類是持續不停地運行的設備，例如冷凍櫃及培養箱。特定的試劑、抗體、及檢測套組需要儲存於冷凍櫃，保存於一定溫度，例如攝氏負 20 度或攝氏負 80 度。細胞培養需要放在預設溫度與溼度的培養箱裡，同時也提供必要的氧氣和二氧化碳。在研究實驗室裡，這類設備通常是天天 24 小時無間斷地運行，任何中斷可能改變細胞培養的結構，可能導致進行中實驗無法使用。

第二類實驗室設備是在需要時才使用，當某個實驗需要把不同密度的液體和物質分離開來時，會使用離心機，例如，離心機被用來分離血液中的不同成分如紅血球、白血球、血小板、及血漿。同樣地，一些專業用實驗室天平也是在實驗需要高精確度地度量毫克以下的重量時才使用。這前兩類實驗室設備通常是類比性質設備，通常是以人工作業來記錄，例如，一位科學家可能秤一種化合物重量，並在紙本實驗室筆記本上記錄秤得的重量。

第三類實驗室設備有內建軟體，能夠連結至外部電腦。這類設備通常會輸出數據檔案，而非只輸出數據，例如，被用來觀察樣本中的離子的質譜以決定此樣本的分子結構的質譜儀需要軟體，完成各種事情，包括偵測少量蛋白質、生物標記、或藥物分子，即使是低濃度的情況下。判讀這種質譜數據涉及分析大量數據和執行麻煩的計算，若沒有軟體演算法，難以做這兩項工作。雖然，這類設備能以數位方式生成和記錄數據，但這些數據被分別存在每一部設備及連結的電腦裡，不易被分享，也不易和其他實驗室設備的數據整合。

第三類實驗室設備描繪的是一般研究實驗室的「原始」價值鏈網路。由於研究實驗室涉及巨大投資，提升任何營運效率都能對實驗室的績效產生大影響，因此，公司如何把價值鏈網路轉型成一個數位生產生態系呢？可以從這樣的轉型中獲得什麼益處？

透過數據及數據整合來獲得新的營運效率。來會會基本機器公司（Elemental Machines）的創辦人暨執行長斯里哈．艾顏格（Sridhar Iyengar），透過感測器和物聯網，把各種原本各自為政的實驗室設備變成一個相互連結的網路。當科學家使用調整實驗室設備來進行實驗時，感測器幫助追蹤各種環境變數如溫度、溼度、氣壓、及光線，這些數據為什麼很重要？斯里哈用兩位任職不同部門的同事聽到趣事為例：

他們注意到實驗中一件不尋常的事。所有研究人員都知道，實驗必須能夠重複被複製，才稱得上成功；換言之，當重複相同的實驗程序與規則時，得出的結果必須不能改變。但他們進行的這些實驗，重複執行的結果不一致。研究員繼續重複相同的實驗時，他們注意到：只有在一週中的特定日，實驗結果才會不一致，其他日子則能產生一致的結果。為什麼？因為這實驗使用到老鼠，在一週中特定幾天的晚上，旁邊的工地有晚班工人施工，噪音及震動影響到實驗室老鼠的夜間活動型態。

當斯里哈從任職兩個不同的研究實驗室的兩人聽到相同的故事時，他頓悟到：環境對實驗室的研究有影響。當然，製藥業實驗室裡絕大多數實驗的環境非常複雜，但就算只衡量實驗進行中基本變數如溫度、溼度、氣壓、及光線（或者在前述老鼠的案例中，衡量聲音及震動），也有所幫助。使用這類數據，研究員可以推測實驗結果變異性的背後原因。換言之，他們不再必須拋棄所有顯示不同結果的實驗了，因為不必假設這些變異結果的唯一導因是錯誤的科學假設。這麼一來就能顯著改善研究實驗室生產力。斯里哈的基本機器公司最近和一家生命科學公司珀金埃爾默（PerkinElmer）合作，致力於透過數據和數據連結，改善研究實驗室生產力。

＜圖表 4-3 ＞展示製藥實驗室的價值鏈網路如何轉變成生產生態系，提升營運效率。當各種實驗設備透過感測器和物聯網連結起來時，就能形成生產生態系，在一些特殊案例中，人工智慧也能增添助力。

圖表 4-3　研究實驗室的生產生態系

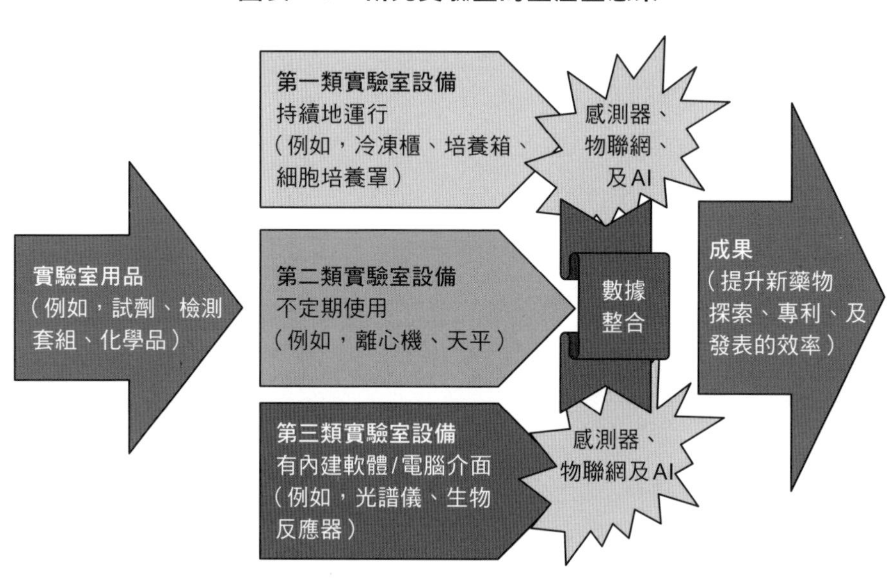

第一類實驗室設備如細胞培養的培養箱中安裝的感測器持續追蹤細胞成長發生的環境，以供合成生物學應用。承托細胞的發酵管上面的智慧型標籤可以記錄細胞成長所需要的環境條件（溫度、溼度、二氧化碳等等），並在出現任何意外變動時，通知科學家。例如，當實驗室裡有多位科學家共用一個培養箱時，可能不知不覺地發生這種變動。細胞在培養箱中成長時，培養箱門被開啟的次數可能會影響實驗結果。更複雜的是，細胞成長可能歷經幾天，需要多星期後才有數據可供判斷那些細胞是否成功地成長。因此，及時通知可幫助避免損失科學家的寶貴時間。這概念也適用第二類設備，例如，以微克為衡量單位的專業用天平，微風阻擋門被開啟或關閉都可能影響讀數。（微風阻擋門的設計是為了防止溫度或氣流的細微變化影響極敏感的秤重器材。）

第一類設備也需要不中斷地運行，以確保適當地保存材料。萬一出現意外中斷，感測器將直接通知科學家，讓實驗有替代計畫。

連結第二類設備可幫助協調科學家的實驗室工作。例如，使用離心機時間很緊迫，當實驗完成某個程序之後，就需要馬上使用離心機。設備使用時間安排的數據能幫助科學家規畫實驗，避免浪費程序和浪費時間。

第三類設備已經產生了數位形式的數據，但這些數據僅限於設備的核心功能。對這類設備加裝感測器，便可更彈性地把功能和其他設備整合。例如，一台光譜儀生成的數據通常僅限於樣本的光譜分析，這類數據無法幫助協調或安排科學家的實驗計畫，也沒有把讀數時房間氣溫考慮進去（氣溫可能影響儀器的校準）。把第三類設備加裝感測器，並且透過物聯網站來和其他資產連結，就能做到這些。

上面敘述的種種做法幫助減少實驗變異，改善實驗室裡的資產利用，因而改善實驗室的營運效率。斯里哈指出，大型製藥公司可因此節省數百萬美元，他說：「想想製藥公司花在研究實驗室的數十億美元，而研究實驗室的設備向來高度類比性質。」使用現代數位技術，把類比型價值鏈轉變成豐富的生產生態系後，就都能改變這一切。

例 3：使用產品及使用者數據，促成進階營運效率

不是只有 ERP 系統或實驗室設備之類的公司資產才能利用數據來提升營運效率，透過嵌入式感測器，來自產品及使用者的數據也可以幫助提升營運效率。本書前言敘述嵌入感測器的開拓重工平地機（用於工地的機器）生成互動式數據，提供新且獨特的洞察。開拓重工之前設計平地機時，想像消費者會用來整平泥土，但是，感測器收集到的實際使用數據講述了一個不同的故事：消費者大多使用平地機來整平更輕的礫石。這個發現幫助開拓重工把平地機發展成能把礫石整平得更好的刀片，也幫助公司設計出用在整平礫石的機器，生產成本降低，訂價更具

競爭力，但仍然可以改善利潤。換言之，來自消費者的感測器數據幫助開拓重工提高研發和產品開發流程的生產力，若只倚賴傳統方法收集產品使用情形的數據，例如使用問卷調查或焦點團體座談會，會花遠遠更久的時間和更多的資源，才能得出如此有效率的設計。

就算難以想像在產品中嵌入感測器，仍然有其他方法可以取得來自消費者的互動式數據。寶僑和紅牛（Red Bull）之類的包裝消費品公司使用網站型感測器，配合創新的消費者關係管理（CRM）方案，就能生成來自消費者的互動式數據。CRM 方案幫助吸引現有及潛在消費者前來網站，就能取得透過第三方零售商銷售產品時無法取得的互動式數據。

寶僑公司的尿布品牌幫寶適（Pampers）有 CRM 方案為年輕媽媽或準媽媽提供有關於照料嬰幼兒的建議；紅牛的 CRM 方案提供驚險動作表演影片，吸引消費者群，並與「紅牛給你翅膀」的品牌形象一致。這些消費者透過給各種內容按「讚」、參與忠誠方案、或問題（例如在幫寶適方案中詢問有關於母職的問題），提供互動式數據，這類互動式數據幫助大量客製化，精準投放廣告及行銷活動。以可能引起注意的方式，把最可能迎合個別消費者的訊息型廣告投放於臉書或谷歌之類的數位通路。這些做法幫助寶僑改善廣告支出的效率。

利用產品及使用者數據來提升營運效率更進步了，從改善資產利用效率推進至更廣泛的流程，例如研發、產品發展、行銷、及廣告。想獲得這種進階的營運效率，也為傳統企業帶來更多挑戰（因此，這是更上一層樓的數位轉型——第 2 層級），因為比起供應鏈資產，從產品及使用者取得感測器數據較困難。第 6 章討論爭取數位消費者（或提供互動式數據的消費者）所面臨的挑戰，將進一步探討。

有許多方法可以改善營運效率

如上述例子所示，有很多方法可讓傳統企業使用生產生態系來提升營運效率，不論什麼產業，這些例子背後的概念都適用，可應用在不同的背景上，每個企業都能使用生產生態系來提升營運效率。本書不可能涵蓋全部方法，但這麼說就夠了：企業若辨識出提高營運效率的領域，數位技術就能提供一個解決方案。有一些第三方實體（例如本章前面提到的 Noodle.ai 和基本機器公司）供應物聯網型解決方案，把各種不同的價值鏈資產和實體連結起來，提高營運效率，傳統企業可以使用這類第三方供應商提供的服務。

營運效率的改善雖然明顯且重要，但生產生態系能提供的益處不只這個，傳統企業也可以用生產生態系來產生新的數據驅動型服務，這將幫助傳統企業在提升營運效率用來降低成本之外，開闢新營收來源，下一節的例子可做為示範。

來自生產生態系的新數據驅動型服務

前面例子中提到的開拓重工公司是美國標誌性的製造業公司之一，1925 年由霍爾特製造公司（Holt Manufacturing Company）和貝斯特牽引機公司（C.L. Best Tractor Company）合併，如今已是舉世最大的工程機具製造商。產品如裝載機、挖掘機、推土機，加上立即可辨識的黃色機身和熟悉的「CAT」標誌，是大多數工地上醒目的特徵。想當然爾，開拓重工有根深柢固的文化，深信製造出來的重機工程產品必須能在惡劣的天氣環境和困難的地勢之下作業，因此常被稱為「大鐵」（big iron）。不過近年間，開拓重工也進入數位世界，供應各式各樣新的、先進的數據驅動型服務。

開拓重工銷售及維修廣泛種類的產品，例如建築及採礦器械、柴油及天然氣引擎、工業用天然氣渦輪、柴油電力火車頭，這些產品被廣泛使用，包括建築、礦業、石油與天然氣探勘開採、發電、海運、鐵路運輸等等產業。開拓重工向來把組織架構成能夠確保每項產品有效地迎合使用者所屬產業的獨特需求，因此，1990 年代初期，開拓重工把公司組織成多個自主業務單位，每個業務單位——例如挖掘機全球業務單位——自負盈虧，自行決定產量、推出怎樣的設計、在何處生產、找哪些供應商等等。

1990 年代，這種組織結構在集團企業相當盛行，如第 3 章所述，當時的業務策略主要由產業特性打造，奉行的核心箴言是：獲利力取決於產品，以及產品是否有效地啟動所屬產業中的競爭力。

但是，到了 2000 年代中期，數位技術開始改變開拓重工的商業環境，產業外的、新的、不同類型的公司開始進入公司立足的種種市場，這些新進者以不同於開拓重工的產品競爭，而是透過數據，為消費者提供新服務。使用數據，能提供創新的數位服務，幫助建築器械使用者更有效地管理資產，不論這些資產是開拓重工銷售的，或是開拓重工目前的競爭對手如小松（Komatsu）、日立（Hitachi）、富豪（Volvo）。

天寶（Trimble Inc.）和特力塔納夫曼（Teletrac Navman）是這些新進者的兩個例子，這兩家公司都起家於 GPS 及行動技術，有能力向建築器械使用者提供許多新數據驅動型服務，不論使用的是什麼品牌的器械。舉例而言，透過服務，建築器械業主可以監視工地上整隊的鏟裝機、反鏟挖土機、推土機、和滑移機的即時位置。提供安裝改造的感測器，這些公司也提供每個資產的啟動狀態、引擎診斷、機具活動、燃料用量等等即時數據，幫助評估整個作業機具隊的生產力。

對開拓重工而言，這類數位能力並不是新東西，事實上，許多採礦設備產品已經裝有先進的感測器及物聯網技術，並且設計成自主作業機具。換言之，開拓重工面臨的主要挑戰並不是取得相對數位技術，而是把現代數位技術從產品推廣至所有產品。開拓重工採用業務單位導向的組織結構，並非所有主管都能看出讓產品裝設先進數位技術的迫切性。

例如，一個負責小型滑移機的單位可能認為，從產品設計的角度來看，加裝感測器有困難。除非這個單位能說服消費者增加的成本有價值，否則這些產品的價格可能變得缺乏競爭力。

但是，2010 年時，由執行長道格·歐柏海爾曼（Doug Oberhelman）率領的高階主管堅信，為滿足新數位世界裡愈來愈高的消費者需求，開拓重工需要重大的內部文化變革，「大鐵」文化的現行模式已無法支撐下去了。但開拓重工也認知到，在推行重大變革時，必須取得單位主管的支持。畢竟，單位主管是重要的利害關係人，必須先說服他們，才能以策略計畫模式，大規模推動產品的連網。

透過互動式產品的新數據驅動型服務。開拓重工發展出一個矩陣，幫助單位主管對何時、何處、及如何把掌管的產品連網化作出優先順序的排序。這個矩陣透過技術賦能的互動式產品為消費者提供新數據驅動型服務，這種想像也幫助加快推行產品連網。四個大分類構成開拓重工的互動式產品性能及相關的數據驅動型服務，這些類別是器械管理、生產力、安全性、廢氣排放。此外，這些類別中的每個產品性能可被用於單一資產、多個資產、或是有多項專案在全球各地執行的企業，參見＜圖表 4-4 ＞。

矩陣中每一格代表一個互動式產品性能，例如，有關於某資產在任何時間點使用或閒置的資訊，就是一個互動式產品性能，這讓消費者及業務單位去想像及選擇認為合適採用的產品性能。每一個產品性能可以代表對開拓重工客戶的價值主張，若產品性能有足夠的吸引力，也可以作為一個數據驅動型服務，例如，提供更詳細簡要的分析，了解是什麼原因導致資產閒置或使用。矩陣每一格代表一個商機，再舉一個例子：數據驅動型遊戲化以激勵操作人員注意安全（矩陣中的資產團隊這一列和安全性這一欄），根據追蹤操作員，產生每位操作員的安全性評分，這項評分被用來激勵操作員注意安全性，若評分優於其他操作員，就可

圖表 4-4 互動式產品性能及數據驅動型服務

	機器管理	生產力	安全性	廢氣排放
資產	引擎總閒置時間	舉起的物質噸數	能安全地操作嗎？	會排放廢氣嗎？
資產團隊	資產團隊的什麼部分將需要維修，何時？	資產團隊中有多少資產是一項工作需要用到的？	以遊戲的方式提醒人員注意安全	如何降低資產團隊的廢氣排放？
企業	哪些專案按照或落後時程？	如何分配資源給各項專案？	如何在各地區維持安全性規範與標準？	哪些專案有高/低廢氣排放量，為什麼？

以贏得禮品卡。開拓重工為感興趣的資產隊業主推出這種數據驅動型服務。

這個矩陣幫助經理人判斷如何採用產品連網，以及提供什麼樣的數位服務。例如，某位經理人也許會思考，就旗下較小產品（例如滑移機或反鏟挖土機）來說，對企業客戶推出新的數據驅動型服務才有經濟效益。這矩陣也幫助經理人判斷數據服務是否適合，例如，一部滑移機不需要持續即時數據傳輸，有用的是一天提供一或兩次關於位置和此滑移機已操作多少時數等基本資訊，因此，只提供基本資訊服務，成本 / 價值對消費者更具吸引力。

開拓重工在 2012 年開始，當時，出廠的產品中有近三分之二是連網產品，到了 2015 年，開拓重工的所有產品都有互動式產品性能。幾個有幫助的措施：感測器變得體積更小且更便宜；開拓重工成立數位專業人員團隊，包括設立中央的「數位工廠」幫助業務單位、通路商、及消費者看出把機器上的感測器和物聯網整合起來的益處（在業務單位同意下）；開拓重工在執行前，先確保各單位經理人、財務經理人、經銷商、及消費者等等重要的利害關係人支持，這點相當重要。

開拓重工也在2008年時和天寶公司（Trimble Inc.，前文提到的建築市場的數位型新進者）成立合資企業，天寶向開拓重工提供GPS和建築資訊管理（building information management，BIM）技術方面的專長。[5]BIM技術用管理工地地形測量之類場所的物理及功能性特徵的數位呈現。此外，天寶也把在資產間建立物聯網連結及數據分析方面的經驗帶入合資企業，「天寶的技能與經驗對開拓重工的建築機具專長是理想的互補」，在這個合資企業扮演領導角色的天寶公司軟體架構與策略資深副總普拉卡希·艾伊爾（Prakash Iyer）說。天寶提供的機器控管硬體安裝在開拓重工的機器上，也提供生成和收集數據的感測器及軟體。和天寶公司的合作幫助開拓重工加快實行許多策略性數位行動方案。

產品維修的預測性服務。開拓重工很快就發現，產品裝了感測器且連網後，也可以提供更專門、更有利可圖的服務，那就是數據驅動型維修，普遍稱為「預測性維修」。這類服務是基於分析感測器數據，預測元件故障，在機具故障前發出注意的警訊。透過這種預測性服務，開拓重工的消費者受益於減少機器停工時間。對建築專案來說，機器故障停工時間是可觀成本，建築專案全都有不同的機具一前一後地作業，完成工作。例如，搬運車運來泥土，然後壓土機進來壓平泥土，若其中有任何一部機器故障，順序就會中斷，造成時間和金錢損失。

要減少這種情況發生是安排定期維修機器，這種維修時程安排通常根據機器作業時數來預定：根據有關於平均機器使用情形及相關磨損狀況的歷史資訊，決定機器在作業多少時數之後是最適合的下線維修時間點。新的數據驅動型產品維修使用來自每部機器或機器元件的即時作業數據，預測何時讓一部機器下線，進行維修。能做到這個，是因為機器中的感測器網路記錄了跟機器磨損情況有關的所有數據，數據是關於機器作業的環境，例如地質、海拔、土壤成分及硬度、以及天氣情況。此外，感測器也記錄了機器各個元件即時狀態的數據，例如渦輪增壓器的速度及溫度、引擎油壓。人工智慧幫助分析所有這些數據，產生可靠預測。

有了這類數據，使用者可以獲得更精細的估計——何時該讓機器下線，進行維修。使用者也可以在「故障前維修機器」和「實際上不需要讓機器下線維修」兩者之間取得更佳的平衡。這一切都能幫助節省可觀成本，對大型專案來說，可能高達數百萬美元。2015年，開拓重工和工業人工智慧與軟體公司 Uptake 合作，開始提供預測性維修服務。⑥

AI 引擎需要龐大數量的數據，才能產生成效。開拓重工之前和天寶公司的合資企業擴大了 Uptake 的 AI 演算法可取用的數據池，開拓重工推出預測性維修服務有所幫助。撇開和開拓重工有合資企業，天寶是一家獨立公司，硬體和軟體不僅銷售給開拓重工，也銷售給所有其他的建築機具製造商，包括開拓重工的競爭對手如小松及富豪。由於產品安裝在各種品牌的建築機具上，因此，天寶的機器數據池更大——數據來源不只有開拓重工的機器，還有其他品牌的機器，這能幫助強化 Uptake 時 AI 引擎及演算法。天寶不僅有必要的硬體及感測器安裝在各處建築工地操作的大資產池（大量機具），還有必要的 APIs 可以把這些機器上收集到的數據傳輸至 Uptake，當然，開拓重工和天寶必須獲得各處建築工地的機具業主的同意，才能取用這些數據。這些業主有什麼誘因願意分享這些數據呢？更大的數據池將讓預測資訊更完整，避免機器故障停工。

開拓重工的例子是使用預測性服務來減少產品的故障停工時間，保險公司可以使用預測性服務來降低風險及糟糕結果。舉例而言，透過住家中的感測器，可以預測漏水，採取行動——關閉水管，避免漏水造成的大損害，降低住屋保險公司的風險。

創造營收。新的數據驅動型服務提供益處，開拓重工之類的公司自然會想靠這種價值主張來賺錢。開拓重工以幾種管道把提供這些價值轉化為收入，其中最直接的管道是以訂閱模式提供各種服務，為此，提供幾種介面，例如 CAT Connect、Minestar、Insight，透過這些介面，開拓重工的消費者可以訂閱喜歡的服務。

在一些特定產業，例如礦業和發電廠，80% 至 90% 的使用者訂閱大量的各種數據驅動型服務，在這些產業，遠距數據驅動型監測服務提供的價值更明顯，但不是所有產業都有如此高的採用率，其他產業也沒有廣泛地使用開拓重工提供的許多數據驅動型服務。整體來說，約 70% 的開拓重工消費者使用遠距監測，有些遠距監測服務可能相當簡單，例如在每天作業結束時，讓機具資產隊的業者知道，清點後，是否所有機器都在。約 30% 的開拓重工消費者未使用任何形式的數據相關性能，儘管那些服務免費，這些消費者當中，有些消費者可能沒時間去天天分析數據提供的所有選擇，有些消費者可能是事務太多，應付不來，認為目前的實務運行得很好，不使用更多的現代數位技術也沒關係。這些是開拓重工想透過訂閱模式從數據驅動型服務提高營收時面臨的挑戰。

訂閱模式並不是創造新營收的唯一管道，還有其他的間接營收源。例如，開拓重工發現，選擇使用預測性服務的消費者也買更多的備用零件，為什麼？使用預測性服務的消費者較可能使用其他的數據驅動型服務，例如以即時數據遠距監測機器，這些服務提供警訊，例如當機器閒置時。對這類警訊作出反應，減少機器閒置時間，消費者就能使用資產更長的時間，但這麼做也讓機器磨損得較快，因而需要更多的備用零件。但總計而言，預測性服務使開拓重工的消費者的成本降低，主要是因為減少了機器停工時間，避免災難性故障，這些節省的金錢遠大於消費者可能購買更多備用零件的支出。

此外，開拓重工發現，對工地上的機具資產採取更多遠距監測的消費者也會購買更多的機具資產。例如，若消費者發現數據顯示工地上增加新的輪式鏟裝機可以進一步提高生產力，消費者更可能增購輪式鏟裝機。換言之，數據是一項很有成效的銷售工具，以及提高營收的因子。

大量客製化。互動式產品性能讓每位消費者或每次使用產品或運作情形有所不同，這裡以設計和製造智慧型床墊的思麗普床品公司（Sleep Number）為例。思麗普很早就認知到，每個人的睡眠狀態不同，該公司自 1980 年代推出創新，以改善個人睡眠品質，尤其是使用雙氣技術（DualAir Technology）。每個人擁有獨特的思麗普床墊設定，此設定根據床墊兩邊的軟硬度來調整。思麗普的床墊結合使用專有的泡綿和可調氣技術來調適每位使用者在床墊上的身體壓力點，每位睡眠者可以根據對床墊軟硬度的喜好、床墊對身體的支撐與舒適度來找到「思麗普設定」（Sleep Number Setting），也讓睡同一張床的伴侶可以獲得不同的床墊軟硬度。使用者通常會嘗試各種設定選擇，直到找到提供最大舒適度的最佳設定。任何時候都能調整設定，他們還鼓勵使用者調整設定，才會找到最舒服的設定。

以往的思麗普床墊款，因為氣流，床墊設定可能隨著睡眠者的身體移動程度、體溫、臥室氣溫、以及其他因素整個晚上都會改變。現在，思麗普的最新款床墊使用感測器數據來智慧型調整，確保思麗普設定整晚維持穩定，保持最佳舒適度。嵌入床墊裡的生物特徵感測器追蹤使用者的呼吸、心率、及翻身，感測器把這些生物特徵數據傳送到雲端基礎設施，應用程式下載下來，演算法計算出每個使用者的睡眠分數——名為「SleepIQ Score」，此分數反映一個人的睡眠品質及安寧程度，使用者可以在 SleepIQ 智慧型應用程式上看到分數。

SleepIQ 演算法根據串流的感測器數據，動態調整睡眠分數，歷經時日，在取得愈來愈多數據之下，此演算法對每個人的睡眠型態有更多了解。根據透過 SleepIQ 技術收集到的超過 130 億個有關於睡眠的生物特徵數據[7]，這些智慧型床墊能夠提供改善睡眠體驗的個人化建議。智慧型床墊提供使用者有關於睡眠型態和晝夜節律的洞察，並且提出改善睡眠的生活型態改變建議。

展望未來，思麗普期望能夠辨識出長期睡眠問題，例如睡眠呼吸中止症（sleep apnea）、不寧腿症候群（restless leg syndrome），最終能夠預測其他的健康狀況，例如心臟疾病和中風。該公司在 2020 年和梅約醫療中心（Mayo Clinic）建立合作關係，推進側重心血管藥物的睡眠科學研究，並設立專門的研發經費，用於改善健康品質。思麗普希望擴展業務範圍，從床墊設計與製造公司擴大成提供健康服務的公司。

數據不僅使思麗普能夠大量客製化床墊，還產生新的數據驅動性能，並且成為品牌差異化和競爭優勢的重要源頭。

使用生產生態系，串聯前三個層級的數位轉型

數位技術能夠以幾種方式來增進傳統企業的價值鏈網路，增加愈大，企業的生產生態系就變得愈加生氣蓬勃。有一個生氣蓬勃的生產生態系，傳統企業能以很多不同方式來釋放數據的價值。本章把釋放數據價值的管道分為兩大管道：一是改善營運效率，二是創造新的數據驅動型服務。改善營運效率可降低成本，新的數據驅動型服務可創造新營收。透過這些管道，生產生態系幫助傳統企業攀登前言的前 3 個層級數位轉型。

第 1 層級是企業必須做到的，因為所有企業都能因提升營運效率而受益。因此不意外地，大多數的數位轉型行動屬於這個層級。若營運效率是企業的策略打造力的重要部分，那麼，這個層級的數位轉型就特別重要。舉例而言，石油與天然氣公司運營油井、輸送管及煉油廠，這些需要可達數十億、數百億美元的龐大投資，錯誤的估計——例如從何處鑽採及鑽入多深的錯誤估計，可能導致損失數百萬美元。使用物聯網器材、人工智慧、以及其他的模型方法來改善探採石油與天然氣，可以節省 50% 至 60% 的作業成本。

若十分麻煩而不易取得產品與使用者互動數據的話，有些企業可能會難以超越第一層級的數位轉型，例如鋼鐵業、鋁業、純鹼業。第一層級的數位轉型面臨的主要挑戰包括：普遍地使用互動式數據來幫助利用公司資產，並打破生成及分享數據的封閉狀態。思考下列跟策略有關的疑問，或許可以幫助傳統企業：

· 是否已經用盡一切的可能從資產中獲得數據？
· 是否已經建立必要流程，適當地分享這些數據？
· 有沒有什麼創意方法可以收集產品與使用者互動數據，以便邁向下一個層級？

對於那些產品有潛力取得來自使用者互動式數據的企業而言，邁入**第 2 層級**的數位轉型是必要，若能善加利用，這潛力將帶給企業第 1 層級以外的更多策略優勢。若產品與使用者的互動式數據未能被用於建立創造營收的服務，那麼，第 2 層級就成為企業的數位轉型旅程的終點站了。許多包裝消費品公司落入這個類別，在這些企業，互動式數據主要被用來改善廣告或產品發展的效率。

第 2 層級的數位轉型面臨的主要挑戰是建立數位消費者，或是提供互動式數據的消費者。前面提到，寶僑公司的尿布業務面臨的挑戰是在網站上生成現有消費者和潛在消費者感興趣的內容，並讓參訪者活躍地參與。另一個相關的挑戰是建立數據挖礦（data mining）流程，解讀大量互動式數據，並用它來改善廣告效率。思考下列策略疑問，或可幫助傳統企業：

· 如何找到數位消費者？
· 如何對產品加裝感測器？若無法裝感測器的話，可用什麼別的方法來獲得消費者的互動式數據？
- 如何提升數據挖礦能力？
- 該如何創意發想，擴大使用互動式數據建立創造新營收的服務，邁向下一個層級的數位轉型？

對於那些可以從產品和價值鏈中創造數據驅動型服務的企業，邁向**第 3 層級**是必要。這類企業必須豐富生產生態系，把策略優勢從提升營運效率擴大到創造新的數據驅動型服務。邁入第 3 層級的數位轉型，企業就跨越了一個重要障礙——介於使用數據來提升營運效率和使用數據來創造營收，這兩者之間的障礙。不過，許多企業無法跨越下一個障礙——介於從價值鏈創造數據驅動型服務和透過數位平台來創造數據驅動型服務這兩者之間的障礙，一個可能的原因是消費生態系發展不足，第 5 章有更詳細的探討。以家電公司可茲為例，例如，安裝了感測器的洗碗機能為價值鏈提供數據驅動型服務，能在元件故障前預測，因此，廠商可以向消費者提供訂閱模式的預測性服務。但是，洗碗機難以和與互補的其他物件數位連結，無法輕易地以數位平台模式運營。

話雖如此，許多企業也因為錯失把產品延伸為平台的機會，因而使得數位轉型行動只達到第 3 層級，未能往前邁進。忽視產品的消費生態系，或是認為把產品延伸為數位平台的風險大於報酬。在健身器材業務領域，Peloton 和諾第泰（NordicTrack）這兩家公司都已經把產品延伸成數位平台，但許多競爭對手還未這麼做。

想建立有競爭力的數據驅動型服務，需要大量數據，打造許多這類服務的演算法在獲得更多數據後變得更聰明。例如，智慧型牙刷在獲得更多數據後，刷牙品質報告的準確度提高。開拓重工在獲得更多數據後，對機具的停工預測變得更好。由於網路效應，企業只要能吸引愈多的數位消費者，能提供的數據驅動型服務就愈好。不過，為了吸引數位消費者，必須建立優越的服務，因為只有在參與的數位消費者超越臨界數量後，才能建立動能。因此，第 3 層級的數位轉型面臨的重要挑戰是：如何透過數據驅動型服務來創造網路效應優勢。另一個同樣有困難度的挑戰是建立新的數據驅動型服務，因為這涉及顯著改變長久以來錨定於生產及銷售產品的業務模式。思考下列策略問題，也許可以幫助傳統企業：

- 如何為數據驅動型服務創造網路效應？
- 安裝感測器的產品應該如何訂價，以吸引更多的數位消費者？
- 如何把來自價值鏈的數據驅動型服務擴展成數位平台，才能邁入下一個層級的數位轉型？

生產生態系與營運效率：老問題的新解方

使用生產生態系來提升營運效率就像使用新解方來解決老問題，本章舉出的例子——改善採購效率，減少未能履行的訂單，改善研發的生產力，這些全都是企業主管長期致力的目標，現代數位技術為這些老問題提供新解方。舉例而言，工業工具和家用五金製造商史丹利百得公司（Stanley Black & Decker）使用現代數位技術，把產品標籤錯誤的情形減少 16%。[8] 家電製造商 Sub-Zero 的新產品問市時間縮短 20%，該公司把此歸功於連網工廠。[9] 福特汽車在車輛烤漆流程中使用自動化視覺檢測系統，使得瑕疵檢測的成效比之前的人工作業流程改善了 90%。[10]

由於傳統企業非常了解改善產品問市時間、減少錯誤、或節省精力之類的老問題，這些是更易於處理的目標，而且也很了解處理這類問題的成本與效益取捨。對許多傳統企業而言，這類營運效率提升可能是投資數位技術可回報的低垂果實，代表傳統企業投資在生產生態系首批、最容易獲得的回報。但是切記一個重點：改善營運效率只是第一步，生產生態系能夠提供的還要更多。

從生產生態系推出數據驅動型服務：新的風險與報酬取捨

對於多數聚焦在產品及產品市場策略的傳統企業而言，推出數據驅動型服務是一項新嘗試，需要取得新的數位能力，招募新人才，發展新心態（請參見第 8 章），也涉及新的風險與報酬取捨。消費者無法明顯看出數據驅動型服務的益處，必須等到生產者取得龐大數據之後——但通常，取得大量數據的先決條件是這項服務廣為使用（第 6 章將進一步討論這點）。追求如此普遍的採用，需要做出可觀的投資，有相當程度的風險，若未能深思熟慮地執行，甚至可能壓垮傳統企業。

這方面，可以對比奇異公司和開拓重工這兩家公司的經驗。這兩個標誌性的工業巨擘各自以推動重大數位轉型，這兩家公司都是踏上從「大鐵」轉型為「智慧鐵」旅程。如本章所述，開拓重工的方法說服分權化的組織相信數據驅動型服務的好處，該公司建立流程（如＜圖表 4-4＞的矩陣所示），讓利害關係人決定如何對主管的業務及產品推動數位轉型。

事後回顧，奇異公司的方法偏重由上而下，投入超過 10 億美元在新軟體能力和發展名為「Predix」的技術，提供一個共同介面，為多個業務單位（噴射引擎、火車頭、醫療器材、渦輪機）推出新的數據驅動型服務。奇異公司把各業務單位及地區的軟體人才調到位於加州聖拉蒙（San Ramon）的中央集中地，是想讓公司所有產品採用相似方法推出數據驅動型服務，全都錨定於 Predix。就如同奇異公司的噴射引擎向飛機機師建議最佳飛行方式節省燃料，該公司的火車頭也提供建議節省燃料。就如同奇異公司的渦輪機、核磁共振機器提供預測性服務。過程中，奇異也對銷售及行銷人員制定新共同指導原則。

但是，這些是早期實驗，奇異及客戶都不確定投資報酬。銷售人員也都面臨許多不確定性，他們以往接受的是銷售複雜工程產品的訓練，現在得改去銷售數據驅動型服務。也許，奇異走在時代太前面，也許轉型行動太多、推行得太快，最後數位轉型願景未能如計畫地展開。

在此同時，奇異倒是為工業界帶來寶貴的新概念、思想、以及架構數位轉型的方法。在 2012 年舉行的「心智與機器」(Minds and Machines)研討會上，當時的奇異執行長傑夫・伊梅特（Jeff Immelt)宣布奇異公司將致力於「工業網際網路」(industrial internet)，他讓這個名詞變得出名。當時，消費者網路已經引領出電商和智慧型手機革命，伊梅特把以下這個概念變得更具體：工業網際網路可以讓機器和資產做相同的事，並點燃相似的革命。同樣地，「數位分身」(digital twin)——以產品的串流互動式數據來呈現——的概念，是奇異公司的另一個重要貢獻。

這裡的重要啟示是：傳統企業也許會發現，推出數據驅動型服務遠比改善營運效率要困難得多，但是潛在的報酬更大。本書第 8 章將討論傳統企業如何建立必要的數位能力，賺取報酬。第 5 章要探討數位生態系的另一個面向：消費生態系。

第 5 章

消費生態系的數據價值

基本上，生產生態系是由傳統企業的價值鏈網路建構出來的，當價值鏈中的實體、資產、及活動在內部網路中生成與分享數據時，就形成生產生態系。多數傳統企業有相當確立的價值鏈，多數傳統企業也有在價值鏈網路內透過 IT 系統來生成與分享數據的經驗，因此，使用現代數位技術來豐富生產生態系是數位行動的自然延伸。

反觀消費生態系則是由互補者網路建構的，它們的形成是因為數位連結促成第三方實體、資產、及活動構成的網路能對產品生成的數據提供互補。幾乎所有產品都有互補品，但在傳統業務模式中，這些互補品鮮少扮演任何重要角色，不久之前，多數的互補品甚至沒有數位技術連結。此外，傳統企業並不掌控這些互補品形成消費生態系的流程，消費生態系並非傳統企業透過內部數位行動來形成的，而是外部的數位化力量打造的。數位技術的發展趨勢促成所有企業周遭出現無數相互連結的實體與資產，它們生成互補品，也為傳統企業產品生成的數據提供補充數據。

這些是新趨勢，傳統企業甚至沒有發覺這些新興消費生態系帶來的許多機會，事實上，它們太熟悉、太舒適在自己的價值鏈，這可能導致偏向注意生產生態系內的新數據驅動型商機，因而視消費生態系中的商機。所以傳統企業更可能落入數位短視症（參見前言）的陷阱。

此外，為了參與消費生態系，傳統企業必須把價值鏈延伸至數位平台，數位平台能夠促進為企業產品生成數據提供互補的各種實體、資產、及活動之間的數據交換，有效地打造企業的消費生態系朝向創造數據驅動型服務。舉例而言，製造燈泡的公司若想使用動作感測功能燈泡來提供住家保全服務，需要一個數位平台，才能有效地促成保全警訊系統和手機之間的數據交換。消費生態系需要數位平台來促進各種互補品之間的數據交換，這是消費生態系和生產生態系之間的顯著差異。

傳統企業如何建立數位平台？

多數傳統企業不在數位平台上運營，對它們而言數位平台是新東西，即使傳統企業認知到周遭新興的消費生態系帶來的新機會，即使想透過新數位平台把握新商機，也可能無法明顯地找出管道。在思考如何顯著改變現行業務模式時，可能有幾個疑問。起初，可能想知道將遇到什麼，可能會問，數位平台將跟本書第 1 章談到的數位巨頭平台相比起來，哪些方面相似？哪些方面不同？

相似點相當明顯：兩者的數位平台業務模式都倚賴平台參與者之間的數據交換。但兩者也有重要差別，傳統企業的數位平台從產品生成的數據生成，因此，這些數位平台繫連於產品及產品生成的數據。[1] 這種繫連（tethering）使得這些平台不同於第 1 章討論的許多數位巨頭的數位平台。

數位巨頭的數位平台通常從創新點子開始，數位巨頭們意識到市場需要透過網際網路來利用數據，創造價值，創造出一個業務模式：建立一個數位平台，吸引使用者，透過數據生成與分享來創造價值。第 1 章提到許多例子，例如臉書或網飛，在許多例子中，基本概念是在交易中不必實際現身，使用數據來創造價值，透過數位平台來實行業務計畫。其他知名數位平台如 Uber 或 Airbnb，則是從核心概念——透過使用數據和網際網路來促成資產共用起步，同樣地，使用數位平台來實行業務計畫。所以，這些數位平台是全新地計畫使用創意點子，服務尚未獲得滿足的需求。

繫連型數位平台（tethered digital platforms）不是這樣開始，業務概念跟產品及產品生成的數據有所繫連，平台使用者也跟這些數據有關連，這種繫連的數據開啟新市場機會，也侷限了這些機會。換個方式來說，產品與使用者互動的數據為繫連型數位平台的範圍及可行性劃下了界限。

由於產品和產品與使用者的互動數據構成繫連型數位平台的起源，有興趣轉向數位平台的傳統企業也產生了幾個疑問：產品及產品生成的數據適合用在創造數位平台嗎？企業如何評估用產品與使用者互動數據驅動商業上可生存的數位平台潛力？產品生成的數據如何打造繫連型數位平台？數位平台將因傳統企業的產品種類而不同嗎？傳統企業如何決定建立何種數位平台？如何使用這種平台來競爭？

為這些疑問找到解答，有助於了解傳統企業如何參與消費生態系，並創造價值。本章建構用於分析繫連型數位平台的架構，幫助解答這些疑問。② 在此之前先檢視一個繫連型數位平台的重要成分。

繫連型數位平台

＜圖表 5-1 ＞展示了繫連型數位平台的主要架構。

一個繫連型數位平台有四個基本組成：第一，裝有感測器的產品；

圖表 5-1 一個繫連型數位平台的主要成分

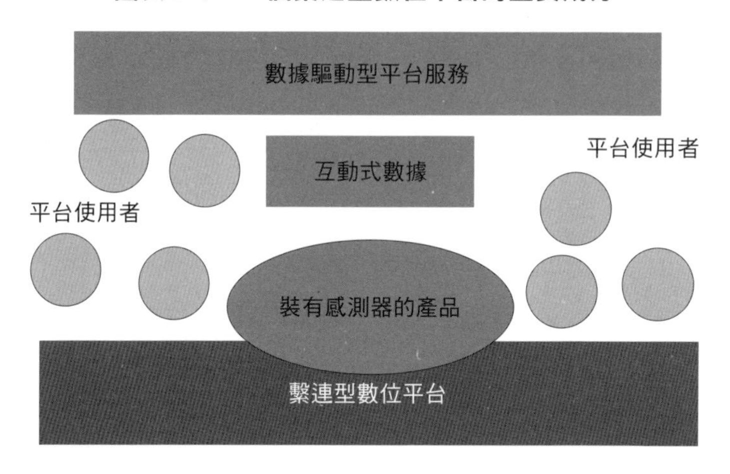

第二，來自裝了感測器產品與使用者互動數據；第三，有平台使用者，包括裝有感測器產品的直接使用者（例如智慧型牙刷的使用者），以及可以為直接使用者生成的互動式數據提供補充數據的使用者（例如牙醫）；第四，有平台服務——所有平台使用者之間分享與交換數據而形成的平台服務。由於感測器和裝有感測器的產品是繫連型數位平台的基礎，以下先討論：

感測器的興盛及裝有感測器的產品

史上最優異的網球運動員之一拉斐爾・納達爾（Rafael Nadal）自 2004 年起使用百保力（Babolat）出品的網球拍，百保力是著名的網球拍品牌。2012 年，納達爾使用內建感測器、連網的百保力球拍[③]，在練習時使用這種球拍，能夠監測揮拍情形，以為比賽做準備。他的教練（也是他的叔叔）托尼指出，在比賽中，納達爾有 70% 的揮拍是正手拍、30% 為反手拍時，贏球的可能性較高。[④] 這種智慧型球拍可以追蹤在練習時揮了多少正手拍和反手拍，此外，也可以評估揮拍的許多其他特質，例如，球上旋（或正向旋轉）多少、下旋多少、發球的強勁度、擊球點在球拍的哪個位置、每次來回對打的次數。感測器把數據傳送至手機，他們可以觀看與分析。國際網球總會（International Tennis Federation）於 2013 年批准可在比賽中使用這種連網球拍，並修改規則，准許職業網球運動員在錦標賽中收集選手、球拍和球之間的互動式數據。

現在，不僅職業網球運動員以及像納達爾的球星能取得連網的網球拍，任何業餘網球玩家也能取得。使用百保力的連網球拍，你甚至能把最佳表現拿來和納達爾的最佳表現相較（納達爾是百保力的代言人）⑤，現在，幾家頂尖公司也供應連網球拍，例如海德（Head）、優乃克（Yonex）、威盛（Wilson）、王子（Prince）。此外，索尼（Sony）和澤普互動（Zepp Labs）供應獨立的感測器，可以裝在任何的網球拍上，這些感測器是微型電子晶片，可以附加在球拍柄末端或減震器上（減震器通常附加在網拍的網線上）。也有腕帶型感測器，讓使用者享有連網的益處。

感測器可不是只應用於網球領域，舉例而言，不同種類的感測器可嵌入一種可攝取的藥丸裡，美國食品及藥物管理局（FDA）在 2017 年 11 月核准第一款內嵌可攝取感測器的藥丸。⑥ 這款名為「Abilify Mycite」的數位藥丸被核准用於精神障礙疾病如思覺失調症、躁鬱症、憂鬱症，內嵌於藥丸裡、直徑 1 毫米的感測器被稱為「可攝取事件追蹤標記」（ingestible event marker），吞入後，藥丸裡的感測器接觸胃液，觸發感測器裡的化學物質，啟動訊號，發送至穿戴式藍牙貼片上，這些數據再傳送到手機。幫助追蹤病患是否服藥。精神障礙病患的定時服藥是個棘手問題，智慧型藥丸可以幫助家人及醫生藉由監視藥物服用情形及觀察病患行為症狀，更妥善地照顧病患的健康。

除了電子晶片的化學成分製成的感測器，現在的許多感測器主要是由軟體構成的，提供電視內容推薦引擎及觀眾追蹤應用程式的聖巴公司

（Samba TV）的感測器就是一個例子。聖巴公司向索尼、TCL、夏普（Sharp）等電視機製造商供應能夠記錄觀眾在智慧型電視機上觀看內容的感測器，為使用自動內容識別（automated content recognition，簡稱 ACR）技術，需要在電視機上安裝一款演算法軟體。這軟體處理及運算在電視機上播放的影片「指紋」——每一個影片幀（video frame），這指紋被傳送到伺服器上，被拿來和影片源數據庫比對，作出內容識別。這讓聖巴公司和電視機製造商獲得觀眾觀看內容的數據，向電視娛樂內容供應商（例如 NBC、ABC）提供有關於節目熱門度的回饋資訊。也可以幫助廣告客戶（例如豐田汽車或可口可樂公司）布局廣告，因為可以知道什麼地區或家戶的哪一個人觀看什麼節目。

聖巴公司的感測器示範了傳統製造商在產品中加入軟體感測器。現在有大量軟體型感測器的形式是 APP，例如，幾乎所有銀行都提供 APP 提供線上銀行或支票存款服務，過程中，這些應用程式也執行感測器功能，記錄數據，例如用戶何時及在何處花錢、用戶對產品或銷售商的喜好、用戶的信用史。遊戲公司也使用軟體型感測器來收集使用者的互動式數據，這些數據提供種種資訊，例如這個遊戲玩家是左撇子或右撇子、玩遊戲時偏好的戰略，這有助於預測玩家接下來的行動。

從感測器數據到平台使用者及平台服務

每一種裝有感測器的產品能生成獨特的產品與使用者互動數據，在每個案例中，數據可被用來產生此產品的消費生態系中各種第三方實體、資產、及活動之間的交易，但為了促成這些交易，第三方實體、資產、及活動必須先加入成為繫連型數位平台的使用者。透過連結各種使用者，協調與安排數據交換，繫連型數位平台提供新的數據驅動型服務。

使用裝了感測器的網球拍收集到的數據，智慧型網球拍製造商可以辨識能撮合起來玩臨時拼湊賽的使用者；也以可以根據運動者的技術水準，媒介合適的教練。運動者和教練都是智慧型網球拍消費生態系的一部分，因為補齊了球拍感測器數據。當他們加入繫連型數位平台時，就成為平台使用者，透過安排這些使用者之間的數據交換與交易，網球拍生產者可以提供新的數據驅動型平台服務，包括協調臨時拼湊賽，或媒合教練與運動員。

取得遊戲玩家的互動式數據的電玩遊戲商也可以推出這種媒合服務，讓比賽更有趣，例如，它可以媒合相似技巧或遊戲戰略互補的遊戲玩家。大塚製藥公司（Otsuka Pharmaceutical Co.）為精神病患者開發出智慧型藥丸「Abilify Mycite」，推出病患、家屬、和醫生之間的數據互動服務。銀行從 APP 取得感測器數據，洞察消費者的消費型態、信用水準、生活型態、及渴望，使用這些數據與洞察，媒合消費者（在消費者同意下）和具吸引力的優惠價格滿足消費者的購買欲望商家。[7] 這麼做，銀行可以把傳統銀行服務延伸至為消費者提供購買體驗。

這些例子的基本型態相似：裝了感測器的產品就開始服務了，這些產品生成互動數據，這些感測器數據吸引互補品，當這些互補品加入平台時，他們就成為平台使用者。這些使用者之間的數據交換與交易，繫連型數位平台提供數據驅動型服務。消費生態系的遠景愈大，互補品的種類數量愈多，平台使用者的數量就愈多，這一切將擴大繫連數位平台及平台服務的範圍。

感測器的普遍可得和多功能性使各行各業公司可以推出裝有感測器的產品，辨識補充數據的互補品，想像建立一個繫連型數位平台的可能性，提供新的數據驅動型服務。這意味所有產品都能變成平台嗎？答案取決於產品的繫連型數位平台能否提供商業上可生存的服務，這可生存性主要取決於產品生成的感測器數據的種類，如下文所述，這些數據的一些重要特性影響任何一個繫連型數位平台的基本業務模式。

感測器數據的特性

產品與使用者互動的數據當然與產品的使用方式密切相關，這些數據高度依循產品的重要性能和主要意圖的用途，這些數據來自產品為使用提供的介面。智慧型牙刷和使用者的牙齒接觸，牙刷收集到的感測器數據跟牙齒的照護有關，因此，這些數據也吸引跟牙齒照護相關的互補性實體，例如牙醫或牙齒保險公司。使用者睡覺時，來自床墊的感測器數據記錄與表達使用者的睡眠特性，例如心率、呼吸型態、或睡眠中的翻身等等數據。為這些數據提供互補的明顯物件是能幫助改善睡眠的東西，例如可調式照明或柔和的音樂，睡眠專家也可透過預防睡眠呼吸中止症的藥物副作用，這些數據提供互補。同理，來自挖土機的感測器數據記錄產品在工地上做什麼事，挖土機的感測器數據跟在工地上與挖土機一起作業的其他機具資產一樣重要。

因此，產品與使用者的互動不僅打造產品生成的感測器數據種類，也決定這些數據可能吸引哪些種類的互補品，進而決定平台服務性質。因此，感測器數據大幅影響這些平台服務能否在市場上生存。基本上，繫連型數位平台要想在商業上生存且成功，平台服務應該要有堅實的市場潛力，應該少有競爭對手，應該提供無縫的數據交換，創造優異的數位體驗。評估這些考量時，應該注意因產品及產品與使用者介面而異的三個感測器數據特性：**感測器數據的範圍**（**sensor data scope**）影響企業的平台服務的市場潛力；**感測器數據的獨特性**（**sensor data uniqueness**）限制競爭對手的影響力；**感測器數據的掌控**（**sensor data control**）左右繫連型數位平台上的平台使用者之間能否無縫地數據交換，獲得優異的數位體驗。下文逐一說明這些特性。

特性 1：感測器數據的範圍

感測器數據的範圍可被用來初步估計繫連型數位平台提供的服務可望創造的價值。舉例來說，對智慧型網球拍製造商而言，這指的是初估球友媒合服務或教練媒合服務能創造多少價值。對床墊製造商而言，這指的是把睡眠數據連結至臥室內其他物件（例如照明、音樂等等）改善睡眠體驗的平台服務的訂閱營收。開拓重工這樣的公司可以用其他方式去估計感測器數據範圍，很顯然，建築工地上重做每年浪費掉數百億美元[8]，透過數據驅動的工地活動協調，哪怕只是一小比例的節省，也可以達到數千萬美元，開拓重工可以計算出為消費者做出這些節省的平台服務的潛在營收規模。

從另一方面來看，感測器數據的範圍跟即將推出的新產品的市場範圍很相似，傳統企業大多了解如何估計新產品的市場範圍，它們知道如何藉由新產品的性能、潛在消費者的素描、以及預期此產品將競爭的市場總規模來評估新產品的市場需求。在這方面，感測器數據的範圍跟新產品的範圍相似，只不過，要估計的是預期新平台服務將創造的價值。

此外，感測器數據為繫連型數位平台產生的網路效應將影響感測器數據的範圍。由於感測器數據將左右加入繫連型數位平台使用者的種類及數目，因此影響繫連型數位平台的網路效應。視感測器數據吸引的平台使用者種類而定，平台服務可能受益於直接網路效應或間接網路效應或兩者兼具。如第 2 章所述，直接網路效應來自使用者從其他相似的使用者獲得的價值，例如，當臉書上的朋友在發現或找到更多朋友時帶來的價值。這種相似的朋友形成數位平台的一面，而間接網路效應則是來自其他種類的使用者或平台的另一面，例如 LinkdIn 的專業人員因為更多的人才招募者加入而受益。

舉例而言，一個智慧型牙刷感測器數據的繫連型數位平台可能吸引其他的智慧型牙刷使用者及提供互補品的第三方實體（例如牙醫），它的平台服務可能使牙醫及時注意到使用者的牙齒問題，而獲得更好的牙齒健康。這種繫連型數位平台受益於間接網路效應，因為加入智慧型牙刷製造商的數位平台的牙醫愈多，使用者能獲得的潛在益處就愈多，反之也是如此。平台也可能受益於直接網路效應：若愈多數量的使用者和更多的使用者數據使演算法變得更聰明的話。

網球拍的感測器數據吸引其他智慧型網球拍的使用者加入一個提供球友媒合服務的繫連型數位平台，這平台服務就受益於直接網路效應：愈多網球運動者在這個平台上，就有愈多選擇可供最佳媒合，因此，每個運動者獲得的價值愈高。當這個繫連型數位平台吸引其他第三方互補者（例如教練）加入平台時，也產生間接網路效應。產品的感測器數據吸引愈多的互補實體，繫連型數位平台的直接或間接網路效應愈大。由於這些網路效應增進繫連型數位平台服務的潛在價值，它們是感測器數據範圍的重要面向。

感測器數據的獨特性

當其他種類的產品無法跟感測器數據一樣輕鬆獲得數據時，這些感測器數據就更顯得獨一無二；相反地，當幾種產品都能取得相同數據時，感測器數據就變得不獨特了。舉例來說，智慧型牙刷製造商的感測器數據生成自牙刷和牙刷使用者的互動，只有其他競爭品牌的智慧型牙刷製造商可能取得這種數據，例如，歐樂 B 可能與加裝感測器的飛利浦（Philips）或其他相似的電動牙刷製造商競爭。另一方面，仰賴感測器數據來提供繫連型數位平台服務的智慧型燈泡製造商發現，產品獲得的動作相關感測器數據，其他的智慧型燈泡製造商也能取得。不僅如此，同一個房間中的其他智慧型產品（例如恆溫器、火災警報器、或保全攝影機）也能取得這些數據，任何這類產品的製造商可能競爭相同的平台服務的消費者，換言之，感測器數據能吸引產業外的競爭對手。

此外，感測器可以因應產品而改造，吸引更多非傳統的競爭對手。第 4 章提到了開拓重工的非傳統競爭對手，新競爭來自軟體業、電信業、和 GPS 領域的公司，例如天寶和特力塔納夫曼。這些競爭對手可以用感測器來改造工地用機具及物件，提供跟開拓重工提供的、具有潛在價值的建築工程管理一樣的服務。第 8 章把這類能取得相似數據的競爭對手稱為數位競爭對手，並探討對傳統企業的數位競爭策略的影響。

當數位巨頭能取得相似的感測器數據時，是最強大的數位競爭對手。數位巨頭通常處於強大的有利地位，能夠取得傳統產品可能得透過感測器來取得的廣泛數據。舉例而言，阿里巴巴和騰訊透過多用途平台及應用程式，收集一般中國消費者的支出習慣、信用歷史、貸款需求等等數據，這些數據遠比中國的銀行透過 APP 感測器所得收集到的數據更廣泛。[9] 因此，在向消費者提供貸款方面，阿里巴巴和騰訊具有比傳統的中國銀行更強的競爭優勢。

這裡的重點是：感測器數據的獨特性能影響繫連型數位平台服務的競爭力，數據愈獨特，繫連型數位平台越可能生存下來。

掌控感測器數據

掌控感測器數據指的是製造商能夠自由、不受限地使用產品的感測器數據來促進使用者和互補品實體之間的交易程度。當產品與使用者的互動涉及到中介者時，數據的使用可能受限，這些中介者可能不准製造商自由地和外部實體分享感測器數據。

奇異公司的智慧型火車頭的感測器數據（例如特定目的地的預期抵達時間）可作為例子，這些數據可以和貨物託運人及收貨人分享，可被用於提供種種平台服務。奇異的平台可以透明化地向貨物託運人及收貨人提供貨物在任何時間點上的準確所在位置和預期遞送時間，平台可以提供精準地在出貨時開立發票、在收貨時收款的服務，也可以讓託運人及收貨人選擇最符合需求（例如最短的運送時間或最實惠的運送費率）的貨物運送路線。這類服務也可以讓託運人及收貨人在貨物運送中時，也能因應情況改變（例如需要更早或更晚遞送貨物，或是需要把貨物遞送至不同的目的地）而修改選擇。平台可以增加最後一哩路的遞送服務商（例如貨車運輸業者），擴展服務，打造消費者的整個物流計畫。

但是，託運人和收貨人不是奇異公司的直接消費者，而是奇異公司消費者的消費者，奇異的直接消費者是鐵路公司，因此，鐵路公司是奇異公司和它意圖吸引的平台使用者（託運人和收貨人）之間的中介。這些鐵路公司是購買而擁有奇異火車頭的業主，它們可能認為火車頭感測器數據是它們所有，鐵路公司可能限制奇異公司不得和消費者（託運人和收貨人）分享這些數據，以促成奇異想提供的平台服務的交易。因此，中介者可能阻礙產品公司自由地和想吸引的平台使用者分享感測器數據。

數據隱私是另一個可能限制與外部實體自由分享數據的重要因素，例如，保健業的產品可能發現，就連自己的消費者也拒絕分享他們認為敏感且隱私的感測器數據。舉例而言，亞培公司（Abbot）裝有感測器的產品、可連續使用 14 天的葡萄糖監測系統 Libre 的消費者可能限制亞培和可能的互補品實體分享即時血糖值，因為他們擔心這些數據可能被外洩，或被保險公司用來對付他們。

此外，各種監管制度可能限制不同種類的感測器數據分享。例如，幾項管制不允許任意地跨醫院分享保健相關數據；也有法規限制銀行分享消費者的財務相關數據。這類管制可能限制許多平台服務的範圍，第 9 章將進一步探討數據隱私的問題，以及關於自由分享感測器數據的監管制度。

總結而言，感測器數據的這 3 個特性——範圍、獨特性、掌控——

可能影響繫連型數位平台及服務的商業生存性。這 3 個特性可幫助傳統企業評估是否應該把產品延伸至平台，或許也能幫助傳統企業決定建立繫連型數位平台的最佳管道。換言之，視產品的感測器數據範圍、獨特性、及掌控而定，企業可以找到最佳管道來把數據潛力最大化，把產品延伸至平台。下一節提出的繫連型數位平台架構將展示如何做到。

繫連型數位平台架構

＜圖表 5-2 ＞描述了繪繫連型數位平台架構。

這個架構的橫軸代表感測器數據的範圍及獨特性，縱軸代表感測器數據的掌控。建立一個繫連型數位平台的最低門檻是裝有感測器的產品，但此架構的左下象限顯示，並非所有產品公司都能跨越這個最低門檻，自身以一個平台來競爭，但也可以做為其他平台的供應商。其他 3 個象限代表產品公司可以用繫連型平台模式來競爭的不同管道，分別是

圖表 5-2　繫連型數位平台架構

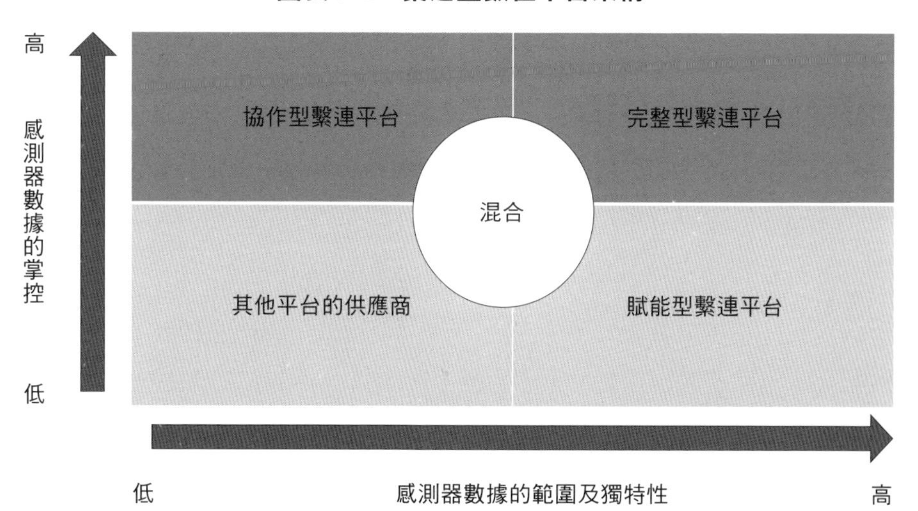

完整型繫連平台（full tethered platform）、協作型繫連平台（collaborative tethered platform）、或賦能型繫連平台（enabled tethered platform）。中心圓圈代表混合管道，公司可以選擇執行每個象限的一些特性，此為混合型繫連平台（hybrid tethered platform）。以下逐一討論。

完整型繫連數位平台

若產品的感測器數據在範圍、獨特性、及掌控這三個特性方面都很強，企業可以選擇這個管道，運營自己的平台，直接邀請平台使用者，並且完全自主地安排平台使用者之間的交易。

以必帝公司（Becton, Dickinson and Company，簡稱 BD）為例，這家醫療科技公司製造與銷售醫療器材給醫院，它的知名產品包括針、注射器、靜脈導管、胰島素針筒、局部麻醉注射器、麻醉套組。近期，在公司的傳統獨立產品之外，透過連網器材，把業務範圍拓展至數據驅動型服務，其中之一是該公司在 2014 年以 120 億美元收購的卡爾費森（CareFusion），取得幾項智慧型產品及軟體技術，包括 Alaris 智慧型輸液幫浦、護理站使用的 Pyxis 自動配藥系統、把醫院藥劑部的藥物儲存及配藥流程給自動化的 Rowa 技術。想要了解這 3 項產品與技術如何結合起來，形成一個繫連型數位平台，先來看看病床旁輸液幫浦、護理站、及醫院藥劑部的基本功能與運作。

病床旁輸液幫浦從靜脈輸液袋或注射器施打藥物或輸液，有事先設定的速率及頻率，醫生開立輸液及藥物處方後，由護理人員從設立於醫療樓層中心位置或病患恢復室的護理站施打。護理站也在病患的治療區維持所需的藥物及輸液，這些藥物及輸液由醫院藥劑部供應，這些醫院藥劑部專為所屬醫院服務，位於醫院內。

醫院藥劑部根據醫生開立的處方來準備客製化劑量，例如，醫生為病患開立每隔 8 小時透過靜脈注射施打 500 毫克安莫西林

（amoxicillin），為了準備這個處方，醫院藥劑部把 500 毫克的安莫西林混入 10 毫克的水中，再加入靜脈輸液袋裡。護理人員收到後存放在護理站，把這些輸液袋附加於病床旁輸液幫浦。醫院藥劑部針對不同處方，以不同方式準備混合了不同成分輸液袋。

對病床旁輸液幫浦而言，病患透過靜脈輸液袋施打的藥物、護理站、醫院藥劑部全都是它的互補品，是對病患執行醫療時必須連結起來的重要部分。當數位連結時，就形成一個病床旁輸液幫浦的消費生態系，病床旁輸液幫浦是完整型繫連數位平台，促進重要數據交換。我們來看看當病患以及 Pyxis 和 Rowa 技術的功能加入 Alaris 智慧型輸液幫浦這個平台，成為這個平台的數位連結互補品暨平台的使用者時，這個 Alaris 智慧型輸液幫浦如何以一個完整型繫連數位平台來運作？

Alaris 智慧型輸液幫浦做什麼事呢？這個智慧型幫浦對普通的病床旁輸液幫浦增添新性能，其中一個是病患自控式止痛（patient-controlled analgesia），止痛指的是讓身體變得對疼痛不敏感，有廣泛藥物可以做到，通常是在病患接受手術後的恢復期施打，常見的止痛藥包括嗎啡及其他麻醉劑。病患自控式止痛讓病患在需要減輕疼痛時，自行施打已事先設定劑量的止痛藥，有幫浦監測和控制醫生開立的最低施打間隔時間。不同的是，Alaris 智慧型輸液幫浦也監測病患的呼吸及二氧化碳濃度，這是因為常被用於止痛的麻醉劑可能會抑制病患的呼吸系統，若不密切監測病患，可能導致病患呼吸衰竭。換言之，當使用病患自控式止痛時，Alaris 收集病患呼吸及二氧化碳濃度狀態的即時感測器數據。

病患的即時呼吸狀態及二氧化碳濃度的感測器數據，使 Alaris 成為一個完整型繫連數位平台。第一，因為必帝的平台服務能提供的各種重要價值，使得這些數據具有強大範圍。以其中一項平台為例，幫浦能預期呼吸衰竭，向護理人員發出警訊，引起立即醫護注意及處理。這事件將被護理站的 Pyxis 系統自動記錄下來，若醫護人員疏忽，打算再對病患開刀及施打相同劑量的止痛藥時，Pyxis 系統就會發出警訊（因為這劑量之前曾引發病患呼吸衰竭現象）。這事件也被醫院藥劑部的 Rowa 系統記錄下來，當醫生疏忽而再次對此病患開立相同處方時，Rowas 系統會發出警訊。這服務的價值是：及時發出警訊以引起醫護注意，以及預防用藥錯誤。

除了強大的範圍，能夠即時地測量病患的呼吸狀態及二氧化碳濃度，並連結至藥物施打，這是 Alaris（以及其他與之競爭的智慧型幫浦）的獨特能力。雖然，病患的床邊可能有其他的監測器記錄其呼吸狀態及二氧化碳濃度，但沒有任何監測器連結到止痛藥施打系統，只有智慧型幫浦能把呼吸或二氧化碳症狀跟施打的止痛藥關連起來，這功能讓護士和醫生能夠做出更精準且快速的干預。

最後，由於 Pyxis 和 Rowa 系統也是必帝公司擁有，Alaris 在橫跨必帝的各系統間分享數據時，不會受到限制或阻礙。有強大的範圍、獨特性、及對數據分享的掌控（在此例中，數據指的是病患的呼吸狀態及二氧化碳濃度），Alaris 能夠以完整型繫連平台來運作。

必帝的傳統產品——例如注射器和導管——也可以安裝感測器，但是，很難想像來自這類產品的感測器數據能夠使它們變成平台，並像智慧型幫浦那樣提供數據驅動型服務。病患的呼吸狀態及二氧化碳濃度是 Alaris 用病患自控式止痛性能收集到的感測器數據的一種而已，Alaris 還取得許多其他種類的感測器數據，Pyxis 和 Rowa 系統有許多其他功能可以透過其他方式來互補這些其他種類的數據。例如，根據病患如何透過 Alaris 幫浦接受施藥的情形，Pyxis 系統能夠預期如何補充藥品庫存，Rowa 能夠預期如何供應。透過這類數據分享，醫院能夠無縫地管理每個病患的藥物治療。

就連病患的呼吸狀態及二氧化碳濃度也可能有上文敘述的內容以外的其他互補品；換言之，比起必帝公司的傳統產品，智慧型幫浦有更蓬勃的消費生態系。收購卡爾費森，把產品資產從注射器及導管擴展到病床旁輸液幫浦，幫助必帝公司得以用新數據驅動型服務，強力進軍數位領域。

其他數位平台的供應商

如＜圖表 5-2 ＞的架構所示，這個選擇與完整型繫連數位平台完全相反。完整型繫連數位平台這個選擇適合產品生成的感測器數據具有最強特性的情況，當感測器數據的三個特性最薄弱時，適合選擇做為其他數位平台的供應商。在此選擇中，產品裝有感測器，但感測器數據不太可能靠自身建立起可生存的平台。這些智慧型產品可能沒有明顯的互補品實體，因而消費生態系薄弱。或者，這些產品可能面臨相當大的障礙，難以靠自身形成任何的平台服務，因此可能無法以平台模式運營。不過，可以做為其他數位平台的供應商，也就是可以連結至其他的數位平台，靠那些數位平台找到使用數據連結的方式。

現在的許多家電產品如微波爐、洗衣機、烘乾機等等都裝有感測器，並且連結至其他的數位平台如 Amazon Alexa[10] 或 Google Home，使用者可以透過語音指令，啟動這些家電，例如，只需使用語音指令，使用者就能啟動微波爐烹飪特定食物（例如爆米花），啟動洗碗機開始洗衣服，啟動洗衣機和烘乾機開始工作，或是啟動水龍頭注水到碗裡。這些家電及設備都裝有感測器，但無法促使數據交換發展成一個數位平台，它們倚賴 Alexa 或 Google Home 之類的其他數位平台來協調功能和其他家電及設備的功能。

協作型繫連數位平台

這個選擇適合能有力地掌控產品的感測器數據、但這些數據可能缺乏範圍及獨特性的情況。這個選擇讓智慧型產品能自行促成一些數據交換，但也得助於其他數位平台，提供各種有規畫的平台服務。換個方式來說，這個選擇把智慧型產品從純粹的供應商提升至第三方平台，自身運營一個平台，但是，它的平台需要和其他的平台協作，才能提供想要推出的平台服務。

惠而浦供應的智慧型冰箱、智慧型蒸氣烘烤爐、智慧型微波爐等產品提供協作型繫連數位平台的例子，這些產品透過一個整合的烹飪應用程式「Yummly」來彼此交換數據[11]，以提供智慧型烹飪服務，但這項服務是透過 Alexa 的平台來提供，成為 Alexa 的智慧型住家性能之一。運作方式如下[12]：惠而浦的智慧型冰箱和蒸氣烘烤爐能透過整合的 Yummly 應用程式來彼此溝通，這項服務從惠而浦智慧型冰箱讓 Yummly 應用程式知道有哪些材料可用在某個食譜上開始，若欠缺材料，Alexa 會安排亞馬遜送來。這個應用程式提供使用者食譜步驟，透過這些步驟，蒸氣烘烤爐預知如何烹飪這道菜——預熱，烘烤、或燒烤等等，自動地調節設定。當使用者對 Alexa 下達語音指令時，Alexa 隨時可以對這些家電加入指令，例如：「停止燒烤」或「提高爐子溫度」。

透過 Yummly 應用程式，把智慧型冰箱和蒸氣烘烤爐連結起來，並提供烹飪服務，這使得惠而浦不再只是 Alexa 的一個供應商，它成為平台服務（亦即烹飪協助）的一部分數據交換。值得一提的是，蒸氣烘烤爐是冰箱的自然互補品，蒸氣烘烤爐使用冰箱裡儲存的材料來烹飪，以往這些家電並未數位連結，現在，惠而浦用 Yummly 應用程式來連結。

此外，惠而浦和 Alexa 協作，以提供種種的烹飪協助平台服務。例如，惠而浦仰賴 Alexa 和亞馬遜為冰箱運送食品及材料，惠而浦可以自行做這項服務，但這樣就會和亞馬遜競爭。亞馬遜透過「Dash」一鍵購物服務，或是透過冰箱使用者告訴 Alexa 去補哪些低庫存品項，取得相同於惠而浦從智慧型冰箱取得的數據。惠而浦選擇把平台範圍侷限在交易所需的一個子集，藉此避免和亞馬遜直接競爭。惠而浦也認知到，相比 Alexa 的更廣泛智慧型住家服務（烹飪只是其中一部分），惠而浦的感測器數據範圍能打造的烹飪協助服務有限。因此，惠而浦的最佳選擇是為智慧型冰箱和蒸氣烘烤爐發展一個協作型繫連數位平台。

在選擇相似於音樂串流平台 Spotify 及遊戲平台 Zynga 的選擇，它們和臉書協作。Spotify 透過使用更廣大的臉書朋友網路來擴大範圍，那些臉書朋友可以分享他們串流的音樂。Zynga 也倚賴臉書朋友來擴大其範圍，為推出的遊戲尋找更多玩家。這兩家公司都避免和臉書直接競爭，而臉書則是因為有 Spotify 和 Zynga 加入平台，可受益於更大的間接網路效應。Alexa 也一樣，惠而浦加入這個更廣大的住家服務平台，提供利基型烹飪協助服務，Alexa 也受益於更大的間接網路效應。

賦能型繫連數位平台

產品的感測器數據有強大的範圍與獨特性才適合，但對感測器數據的掌控力有不足的情況，這類產品的感測器數據在與互補品實體及潛在的平台使用者分享方面可能受到許多限制。

為消費者、中小型企業、及稅務專業人士提供商業及財會管理軟體的財捷公司（Intuit）可做為例子[13]，這家公司一開始是一家產品公司，供應套裝軟體，後來則是提供「軟體即服務」（SaaS）。財捷的產品之一是 QuickBooks，幫助中小型企業管理會計作業，例如薪資、發票、或帳款支付。這個軟體也作為一個感測器，收集互動視數據，例如應收帳款、發票、存貨、營運資金水位，這些數據吸引幾個互補品實體群，例如企業客戶必須付款的對象供應商、要收款的消費者、能補貨的供應商、或是能安排短期貸款的放款者。藉由連結它們，QuickBooks 成為替財捷的客戶提供服務的平台，例如讓企業客戶更方便地支付款項給供應商，即時地向消費者收款，存貨補給，維持穩定的營運資金水位。

這個平台是一個繫連型數位平台，因為它繫連於基本產品

QuickBooks；這個平台也是一個賦能型繫連數位平台，因為財捷使每個客戶能夠管理自己的平台，讓客戶選擇平台使用者（也就是選擇哪些往來的供應商、消費者、及放款者），也能根據需求自由地打造平台服務的範圍。最重要的是，決定邀請誰成為平台使用者能夠分享數據，並不是財捷，而是財捷的客戶，因為擁有這些數據的是財捷的客戶，它們可能不想讓財捷在未獲准許之下，和第三方實體分享數據。一個賦能型繫連數位平台讓財捷把 QuickBooks 這項產品延伸為一個數位平台，這個平台讓客戶保有和誰分享數據的權利，財捷提供軟體、雲端、及 AI 基礎設施，幫助多個客戶獨立地管理及運營自己的平台。

賦能型繫連數位平台適合許多 B2B 企業，產品生成的數據必須和客戶的消費者分享。前文提到的奇異公司的火車頭就屬此，這些火車頭生成感測器數據，這些數據有強大的範圍（媒合貨物託運人及收貨人可以創造好價值），有獨特性（精準的感測器數據），但這些數據的擁有人是奇異公司的客戶（鐵路公司），奇異公司想要推出的平台服務涉及和客戶的消費者（貨物託運人及收貨人）分享這些數據，但可能受到客戶（鐵路公司）的限制。因此，奇異公司若想把產品（火車頭）延伸為數位平台，賦能型繫連數位平台是最佳選擇。

混合法

上述四個象限分別代表一個單純形式的策略選擇，但有些產品可以混合這些選擇，以平衡不同的優勢及弱點，並據以調整繫連型數位平台。在奇異火車頭這個例子中，奇異公司可以透過和一些客戶達成協議，讓奇異能夠運營自己的完整型平台，至於其他客戶，奇異則是為它們運營賦能型繫連數位平台。在一些家電方面（例如洗衣機和烘乾機）惠而浦是 Alexa 平台的供應商，但在冰箱和蒸氣烘烤爐方面，惠而浦是 Alexa 的協作平台。混合法幫助企業嘗試不同的選擇，視公司的情況及業務目標，策略性地從一個選擇轉換至另一個選擇。＜圖表 5-3 ＞摘要繫連型數位平台的不同選擇。

三個問題思考策略

消費生態系為傳統企業提供用新的數據驅動型平台服務來拓展策略遠景的機會。在消費生態系中，產品生成的數據可以演進成產品的策略夥伴，共同去發掘新的價值主張和新的生財之道，本章探討傳統企業可以這麼做的種種管道。但是，企業的行動需要繫連型數位平台作為定

圖表 5-3　繫連型數位平台的不同種米

類型	其他平台的供應商	協作型繫連平台	賦能型繫連平台	完整型繫連平台	混合型繫連平台
基本原理	以供應商身分參與第三方平台	在一個更大或更強的第三方平台上以子平台運營	為消費者運營平台	自己直接運營平台	結合二或多種平台類型
例子	得爾達水龍頭公司（Delta Faucet）連結至Alexa或Google Home	惠而浦透過冰箱和蒸氣烘烤爐，在Alexa平台上提供烹飪協助服務	財捷公司賦能客戶透過會計平台，和銀行及供應商交換數據	必帝公司為其Alaris智慧型輸液幫浦運營一個完整型繫連平台，提供安全且快速的醫療服務	惠而浦是Alexa的供應商，也在Alexa平台上運營子平台
平台所有權	還不是一個平台	由產品公司擁有，但和一個更強大的平台共享	由產品公司的客戶擁有	完全由產品公司擁有	擁有與共享
感測器數據所有權	交給母平台	由產品公司擁有	由產品公司的客戶擁有	由產品公司擁有	擁有與共享

錨，透過這種平台，傳統企業才能把策略範圍從產品擴大到數據驅動型服務，讓它們能利用消費生態系裡的新機會。

當企業考慮繫連型數位平台管道時，以下 3 個問題能幫助思考策略：

1. 我們的感測器策略是什麼？感測器數據左右一個繫連型數位平台的商業可生存性及競爭範圍，感測器數據的三個特性——範圍、獨特性、及數據掌控力——是決定產品能用這些數據來做什麼的重要因子。這三個特性也主要取決於產品性質、產品核心功能、以及產品與使用者介面，但企業可以透過創新、能夠強化數據特性的產品與使用者介面來讓產品生成感測器數據。這種產品與使用者介面未必得和產品的核心功能綁在一起。

這裡舉一個例子：iRobot 的掃地機器人倫巴（Roomba）的核心功能是掃地，它裝有感測器，幫助倫巴預期障礙物、導航，更有成效地清潔地板。想像若倫巴的感測器在掃描地板時，也能偵察到老鼠屎、白蟻、或黴菌，這種感測器將使倫巴的產品與使用者介面的範圍擴大到掃地之外。有了這類感測器數據，iRobot 可以發展一個繫連型數位平台，把使用者連結至除蟲服務商各住屋清潔服務承包商，以解決蟲害或黴菌問題。這麼一來，iRobot 可以把策略範圍從銷售掃地機器人擴展至新的數據驅動型服務，幫助屋主預期及保護住屋免於蟲害及黴菌。

iRobot 目前是 Alexa 平台的供應商（使用者可以透過語音指令來啟動倫巴工作），以平台模式來擴展角色。[14] 藉由增加新類型的感測器，iRobot 可以提升成一個協作型繫連平台，在更大的 Alexa 住家服務平台上，以子平台模式提供住家蟲害與黴菌防治服務。

2. 吸引平台使用者的策略是什麼？感測器數據的三個特性——範圍、獨特性、及掌控力——反映感測器數據作為發展商業上可生存的繫連數位平台的潛力，但是想實現這個，平台得吸引使用者。首先是吸引消費者開始使用裝有感測器的產品，生成可用來和其他互補品及其他平台使用者交換的數據。第 6 章把這些消費者定義為數位消費者，並探討傳統企業如何吸引他們。一旦數位消費者開始生成與產品互動的數據，下一步是吸引補充這些數據的實體，也就是其他平台使用者。

舉例而言，床墊製造商丹普席伊麗（Tempur Sealy）裝有感測器的床墊系列，感測器偵測使用者睡眠時的心率、呼吸型態、以及打鼾。起初可能想使用現有的行銷及通路來吸引消費者，銷售這系列裝有感測器的床墊[15]，也可能決定在已賣出的床墊上安裝感測器。下一步是辨識其他平台使用者，尤其是那些能對使用者數據互補以幫助改善睡眠體驗的使用者，這些平台使用者包括幫助改善睡眠體驗的智慧型可調節照明或智慧型音樂播放器的供應商，以及幫助監測使用者的睡眠障礙的睡眠呼吸中止症專家。

數位巨頭向來擅長吸引平台使用者的策略[16]，尤其是透過開放的 APIs（參見第 3 章）[17]。開放的 APIs 能吸引應用程式開發者，讓他們去尋找能夠彼此互補以服務平台消費者的第三方實體。[18] 數位巨頭也使用訂價策略來吸引及受益於平台使用者，如第 2 章所述，臉書讓使用者免費使用，但從廣告客戶和應用程式開發者那裡賺錢。傳統企業可以用類似做法，補貼一些使用者，但從其他使用者那裡生財，不過，這些選擇涉及可觀的前置成本，需要毅力才能成功。第 6 章將提供一些例子，說明傳統企業如何依循這些最佳實務。

3. 最佳繫連型平台策略是什麼？最後，企業必須決定要如何妥善利用感測器數據和平台使用者來提供新的數據驅動型服務，為公司創造競爭優勢。除了評估公司的感測器數據、平台使用者、及平台服務的優勢，傳統企業也必須考慮現有產品的優勢如何幫助支撐提出的平台優點。

舉例而言，運動鞋製造商若想得出以繫連型數位平台來競爭的最佳管道，有以下兩個步驟。第一個步驟是評估產品感測器數據的特性，設想建立的平台服務以及平台的商業生存力。先評估運動鞋感測器數據的三個特性，跑步的感測器數據有蠻大的範圍——把跑步者連結至其他跑步者或運動訓練師的商業價值。這些感測器數據的獨特性或許普通，因為存在其他潛在的競爭對手如蘋果、Garmin、Fitbit，能取得相似數據。假設多數運動鞋的使用者願意分享感測器數據以獲得附加價值服務，那麼運動鞋製造商對這些數據的掌控力就很高。在這些數據特性下，這家運動鞋製造商可能覺得，提供平台服務，把跑步者連結至其他跑步者或運動訓練師的價值主張值得考慮，接下來選擇一個最佳的繫連型數位平台模式。

這就進入第二個步驟，這一步要考慮現有優勢和核心產品的競爭定位。像耐吉這樣的市場領先者，可以在以健身服務為中心的業務中凸顯強勢品牌及營運規模，因此對耐吉來說，建立一個完整型繫連平台可能是最佳選擇。但對二級廠商來說，在想像的平台服務領域裡，潛在競爭對手構成的威脅可能就更大，因此對它們而言，協作型繫連平台可能是一個較佳選擇。或者可以嘗試混合法，對較小的運動鞋製造商而言，成為強大運動服務平台的供應商可能更佳。

結論

傳統企業若要釋放來自消費生態系的數據價值，需要大幅改變現在的業務模式，參與消費生態系的數位轉型行動也將更艱難，因此，這代表數位轉型的第 4 層級，也是最高層級。在涉及生產生態系的數位轉型方面，傳統企業可能選擇主要聚焦於改善營運效率（也就是停留於第 1 或第 2 層級的數位轉型），但利用消費生態系的價值主張主要是來自新的數據驅動型平台服務，這必須邁入第 4 層級的數位轉型。

對於產品正面臨新興消費生態系的企業，建立第 4 層級的存在度具有策略重要性，因為在這種情境下，仍然繼續停留在生產生態系裡的企業變得很商品化。在燈泡生成各種新平台服務的世界，那些仍然只提供照明功能的燈泡將失去重要地位。第 4 層級數位轉型的一個重要挑戰是學習以數位平台模式運營，這需要吸引第三方實體來補充產品的感測器數據，並透過 APIs 來連結產品與服務。思考下列策略問題，或許可以幫助傳統企業：

- 我們的消費生態系是什麼模樣？
- 我們的產品感測器數據的重要數位互補品是什麼？
- 如何讓它們使用我們的 APIs，利用它們的產品與服務，創造新的消費者體驗？

為了參與消費生態系，企業也必須取得數位消費者以生成感測器數據，必須和新數位競爭對手競爭以維持感測器數據的獨特性，必須建立新的數位能力以運營繫連型數位平台。後續各章將討論這些挑戰。

第 6 章

數位消費者

在數位經濟中，數據及數位生態系是新的價值打造因子，前面幾章中看到傳統企業可以如何建立及利用數位生態系，參與新經濟。數位生態系讓傳統企業利用數據，不僅可以用數據來提升營運效率，還可以用數據來創造價值範圍擴大的服務，因此，數位生態系是傳統企業從數據到數位策略的旅程中第一個而且最重要的推力。前面三章（第 3、4、5 章）探討完數位生態系，接下來要探討的是旅程中的其他重要推力，它們是數位消費者、數位競爭對手、以及數位能力，它們每一個都在打造傳統企業的數位競爭策略中扮演重要角色，本章聚焦於數位消費者的角色。

數位消費者是那些使用裝了感測器的產品、為企業提供產品與使用者互動數據的消費者。互動式以數據提供對消費者的深度洞察，作為企業提供獨特數位體驗的基礎。在生產生態系方面，數位消費者能幫助改善營運效率，他們也是智慧型互動式產品性能的重要推手，是促成預測性服務和大量客製化的重要力量。在消費生態系方面，數位消費者是繫連型數位平台的主要使用者，他們提供吸引其他平台使用者的基礎。

對於亞馬遜、臉書、或谷歌之類的數位巨頭而言，所有消費者都是數位消費者，這些公司的所有消費者在使用數位平台時，都提供互動式數據。反觀還未供應裝有感測器產品的傳統企業，消費者全都不是數位消費者，這些消費者全都沒有提供互動式數據。本章討論當傳統企業把現有的傳統消費者轉化為裝有感測器的產品、並提供互動式數據的數位消費者時，將面臨特殊策略挑戰。本章也建議一些方法，幫助傳統企業克服這些挑戰。

更廣泛地說，從數位消費者這個概念，本章為傳統企業提供一個收集產品與使用者互動的數據架構。取得這類數據對多數傳統企業而言是新活動，但這類數據也幫助從提供現有產品性能帶來的體驗擴展到提供新數據驅動型數位體驗。事實上，從數位消費者那裡收集到的互動式數據是一個強大的槓桿，如同第 3、4、5 章所述，傳統企業可以利用這個槓桿，透過提供新的數據驅動型服務，擴展價值主張。現今存在這一切可能性是因為有大量適合用於各種產品的感測器，舉凡噴射引擎、醫療服務、運動產品、銀行，幾乎所有產品都有適用的感測器。雖然，第 5 章已詳細探討過感測器，為了本章目的，有必要在此談論傳統企業如何在產品中擴大使用感測器，因為感測器是企業吸引數位消費者的基礎。

在產品中擴大使用感測器

現在感測器無所不在，也開啟了機會，讓各種產品能夠加裝感測器，但不是所有傳統企業都同樣見到這些機會。有些產品可能比其他產品更易於加裝感測器，例如，在網球拍上加裝感測器比在清涼飲料上加裝感測器更容易。這種差異性需要傳統企業在採用感測器時發揮創意，利用廣泛可得的各種形式感測器。

傳統企業也必須以寬廣的視野來看待及思考感測器能為業務做的

事。有時候，企業會假設加裝感測器的產品生成的互動式數據僅跟產品的主要功能有關，例如，認為網球拍上的感測器提供跟網球有關的數據，牙刷上的感測器提供有關於牙齒健康狀態的數據。但感測器是多功能，能夠記錄各種數據，若廠商善加利用這種多功能性，產品的感測器可以生成的互動式數據性質可能跟產品的主要功能沒有太大關連。第 5 章曾提到，iRobot 掃地機器人可以安裝能偵察到黴菌、白蟻、或老鼠屎的感測器。以這種創新方式去看待感測器，能幫助拓展傳統企業的現有業務模式範圍。

感測器的持續創新也將進一步擴展選擇的範圍。舉例而言，奈米技術型感測器[①]進步擴展了感測器能做的事，例如監測食物安全性（感測食物是否腐壞了），幫助早期發現癌症（感測腫瘤的成長）。技術的快速進步和種類的擴增讓感測器具有影響每個產業發展情形的潛力，這意味的是，傳統企業應該注意感測器技術新發展，應該把監視這些發展視為商業環境的重要層面，同時也是策略規畫流程必須包含的一部分。

因此，在企業的新產品發展策略中，如何對產品加裝感測器這個議題佔有重要的一席之地。傳統企業創新流程的目標必須從供應新產品性能擴展到提供新數據相關性能，使數據相關性能吸引人，有助於吸引數位消費者使用加裝感測器的產品。不過在這項行動中，感測器只不過是達成目標的一種工具，加裝感測器產品的最終目的是收集產品與使用者互動的數據，但企業必須成功吸引數位消費者，才可能做到。

為何數位消費者不同於傳統消費者？

乍看之下，傳統企業的現有產品的數位消費者和傳統消費者（或稱為「非數位消費者」）似乎相同，而且，事實上往往是相同的個人或公司。使用耐吉運動鞋的消費者，當他使用耐吉加裝感測器的運動鞋時，也是數位消費者，他可能購買這兩種鞋交替使用。同理，英國航空公司（British Airways）可能在飛機上使用奇異噴射引擎（在此情況下，英國航空公司是傳統消費者），其他飛機則使用感測器的奇異引擎（在此，英國航空公司變成了數位消費者）。[②] 你可能會問——數位消費者跟傳統消費者有何不同呢？

吸入器的例子

想要了解為何數位消費者跟傳統消費者不一樣，我們可以看看阿斯特捷利康、葛蘭素史克（GlaxoSmithKline）、及諾華（Novartis）等製藥公司近期推出的智慧型吸入器。吸入器是以噴霧形式把藥劑直接送進肺部和呼吸道的器材，常用於呼吸類疾病，例如慢性阻塞性肺病和哮喘。一般的吸入器構造包含一個供裝入藥劑的藥罐，一個塑膠推進器（actuator），以及一個可以按出正確劑量藥劑的蓋子，參見。病患把吸入器放進嘴裡，擠壓容器，吸入藥劑。這些常規產品的消費者是傳統消費者。

智慧型吸入器的塑膠推進器上有感測器（一片電子晶片），能收集各種數據，透過藍牙連線和行動電話或穿戴式器材通訊。

現今市場上的許多智慧型吸入器，背後是製藥公司和科技公司之間合作，這些合作互補優勢的協力合作：製藥公司有專利藥物、品牌名稱、以及現有消費者群，科技公司有感測器技術訣竅、分析感測器生成數據的技能。舉例而言，阿斯特捷利康和 Adherium 合作，葛蘭素史克和普洛佩健康科技（Propeller Health）合作，諾華和高通生命（Qualcomm Life）合作。[③]

一般吸入器的性能：來看看一般吸入器如何用於治療哮喘。哮喘是一種肺部發炎性疾病，美國疾病防治中心估計，光在美國，哮喘病患就達 2,500 萬人，在美國，平均每 12 名孩童就有 1 人哮喘。[④] 全球的哮喘病患數目當然更多，超過 3 億 3,900 萬人。[5] 哮喘的常見症狀包括喘息、呼吸短促、咳嗽、胸悶、說話困難，病患之所以出現這些症狀是因為肺部氣道發炎和腫脹，再加上氣道周邊肌肉收縮，使得氣道變窄。當症狀惡化時，病患可能哮喘發作，難以呼吸。導致哮喘惡化的因子包括各種過敏原，以及病患呼吸空氣中的污染物質，例如灰塵、花粉、寵物皮屑、黴菌。

哮喘沒有根治方法，醫生通常開立兩類藥物，兩類藥物是透過兩類吸入器給藥。一類藥物是吸入型類固醇，經常性施用，抑制發炎，預防肺部氣道腫脹；這類藥物使用保養型或預防型吸入器材。另一類藥物是支氣管擴張劑，用於病患急性哮喘發作時減輕肌肉收縮，此時，光使用吸入型類固醇無法有效控制。病患通常會保存這兩類藥物，一類是每天使用，另一類是急性哮喘發作時使用。一般吸入器能透過塑膠容器上的機械計數器，為病患提供類比數據，計數器顯示病患已吸入的劑量，以及吸入器藥罐中還剩下的劑量。

智慧型吸入器的性能：智慧型吸入器在病患每次使用時生成數位互動式數據，例如，記錄病患每次使用時間與日期、吸入劑量、到達肺部的藥物量（病患噴入嘴裡的劑量和實際到達肺部的量通常不同）。感測器記錄當吸入器的藥罐釋出藥物時，病患手持吸入器的角度，若藥罐角度未接近理想角度，智慧型吸入器將推測藥物沒有適當地噴入肺部。感測器也追蹤吸入器所在位置。所有這些數據透過藍牙連線，傳送到 APP。此外，智慧型吸入器能收集與使用環境數據，透過 APIs，連結至家中偵測黴菌或塵蟎其他物聯網器材，Foobot 就是這種器材的例子。[6] 智慧型吸入器使用者外出時，若感測器有位置追蹤功能，感測器也會接收來自其他環境數據源頭的數據，那些環境數據源頭提供吸入器使用者所在位置的即時更新環境數據，例如花粉及溼度、污染情況、以及其他可能導致哮喘發作的刺激物。

透過這些數據，智慧型吸入器能對數位消費者提供廣泛的性能。位於印度班加羅爾（Bangalore）的新創公司個人空氣品質系統（Personal Air Quality Systems Pvt. Ltd.）[7] 是智慧型吸入器的感測器製造商，公司創辦人暨常務董事魏亞納生（A. Vaidyanathan）說這些性能：「既基本又先進」。這些基本性能包括：追蹤預防性藥物的劑量使用情形；提醒使用者施用預防性藥物；追蹤救援吸入器何時被使用及使用的頻率；提醒使用者外出時攜帶吸入器（尤其是救援吸入器）；發生緊急狀況時，追蹤救援吸入器的擺放位置。這些基本性能的重要益處是改善病患的使用方式，更妥善的控制哮喘。研究顯示，智慧型吸入器明顯改善哮喘控制，減少需要救援吸入器的急性發作。智慧型吸入器提醒使用者總是隨身攜帶一個救援吸入器，並且能夠在發生緊急狀況時，追蹤到救援吸入器的擺放位置，這可以幫助救命。

智慧型吸入器之所以能發展出各種先進性能，靠的是深入分析來自大量使用者的檔案數據。這些先進性能的例子包括：藉由偵察已知的哮喘刺激物（例如灰塵、花粉、或黴菌），預防急性哮喘發作；知道哪些刺激物較可能觸發每個病患哮喘發作，可幫助微調預測；追蹤藥物療效，幫醫生調整每個病患的用藥劑量。這背後的基本概念類似亞馬遜或網飛，使用檔案數據，預測使用者可能想要什麼產品（參見第 1 及第 2 章）。亞馬遜及網飛使用先進的演算法及人工智慧，找出各種使用者行為和購買機率之間的關連，作出預測。智慧型吸入器也可查詢數據檔案，找出救援吸入器的使用和各種環境觸發因子之間的關連性，預測哮喘發作。[8]

現今市場上的智慧型吸入器大多提供基本性能，智慧型吸入器最早於 2014 年問市，目前仍處於早期採用階段，僅佔吸入器市場不到 1%。[9] 智慧型吸入器目前的市場規模估計為 3,400 萬美元，但在 2025 年時將成長為 15 億美元（吸入器的總市場為 220 億美元左右）。[10] 若廠商能把智慧型吸入器的基本數位性能擴展到更先進的性能，利用這個潛力，可能會有更高的成長。這些先進的性能使智慧型吸入器對病患來說更不可或缺，因為在不斷使用之下，智慧型吸入器能學到觸發每個病患哮喘發作的刺激因子，預防哮喘發作。分析及人工智慧讓功能更進步，例如預測哮喘發作，為每個使用者個別進行預測，但是，為了更可靠，廠商需要大量的智慧型吸入器數據。所以想讓所有數位消費者體驗到功能的話，就需要成千上萬的數位消費者。

智慧型產品需要大量感測器數據，才能使產品變得更聰明，想要了解箇中道理，來看看金沙健康科技公司（Kinsa Health）供應的物聯網恆溫器。[11] 這種恆溫器能追蹤所有使用者體溫，偵測某區域中是否有多人發燒，可以提供感染（例如新冠肺炎）熱區警訊。但是，唯有當使用者的大多數社區或多數人都使用物聯網恆溫器之下，數位消費者才能獲得這項功能的價值。此外，若產品成功地獲得數位消費者的大規模採用，可以預期將有更多的數位消費者受到品性能吸引，加入使用的行列。數據驅動型性能的特性隱含的是，想獲得數位消費者可能有「贏家通吃」的結果，這讓數位消費者跟傳統消費者截然不同。數位消費者具有改變現有產品（例如恆溫器）市場面貌的潛力，因此，當傳統企業想迎合數位消費者時，必須重新思考現在的消費者並想出策略，因為現在策略適用於傳統消費者，但很可能不適用於爭取數位消費者。

數位消費者的策略意義

數位消費者和傳統消費者的基本差異跟購買的產品及生成的數據有關。傳統消費者購買常規產品，不提供如何使用產品的互動式數據；數位消費者購買裝有感測器的產品，生成互動式數據，讓廠商取得這些資訊。了解及處理基本差異，對傳統企業有許多重要含義。

設計、生產、行銷、及銷售裝有感測器的產品，對傳統企業來說，不是尋常之事；同樣地，使用裝有感測器的產品，對傳統消費者而言，也不是尋常之事。為了迎合數位消費者，需要改變傳統企業的現行業務流程；同樣地，加入數位消費者行列時，傳統消費者也必須改變對熟悉產品的期望。新的數位性能的價值必須更吸引人，提供的新好處必須更有說服力。

不過，裝有感測器產品的價值主張隨著愈多人的採用而擴大，這是因為網路效應。傳統企業同樣也能因為數位消費者帶來的網路效應優勢而獲利，為了獲得這種效益，當傳統企業從長久以來的價值鏈移向新的數位生態系時，必須改變向消費者傳遞價值主張的方法。也需要修改長久以來假設的營收與獲利創造方式。

＜圖表 6-1 ＞比較數位消費者與傳統消費者的主要差異，以及這些差異的策略含義。以下詳細討論這些差異性及策略含義。

改變傳統業務流程

首先，為了讓數位消費者購買裝有感測器的產品，傳統企業需要新流程來設計加裝感測器的產品，以智慧型吸入器為例，為了對吸入器加裝感測器，製藥公司和科技公司建立企業聯盟。並非所有公司都需要如此重大的行動，但所有公司需要對產品如何生成互動式數據有新的了解，也需要新能力去整合感測器和現有產品。

傳統企業也需要建立新流程去利用感測器數據，提供新的數位服務。就智慧型吸入器來說，新流程包括：建立新的 APIs，讓感測器數據能傳輸到個別使用者的檔案裡；使用人工智慧及其他分析法來根據種種潛在的環境觸發因子，辨識個別使用者的哮喘發作風險；建立流程，伴隨消費者與產品互動，發展及管理新的數位性能。第 3、4、及 5 章討論過傳統企業可以如何發展這類流程，有效率地產生這種新的數位服務，

圖表 6-1　傳統消費者與數位消費者的差異及策略含義

活動類別	傳統消費者與數位消費者之間的差異		數位消費者對傳統企業的策略含義
	傳統消費者	數位消費者	
購買	購買及使用常規產品	購買及使用裝有感測器的產品；容許使用互動式數據	改變現在的業務流程
一開始的消費者價值主張	享受常規產品性能	享受常規產品性能及透過互動式數據賦能的性能	確立新的數位服務提供的益處
壯大產品消費者群的益處	擴增消費者群能為產品產生規模效益	擴增消費者群能為產品產生規模及網路效應等效益	擴展策略性思維：從規模經濟到網路效應
當產品採用者增加時的消費者價值主張	更多的消費者採用並不會改變常規產品性能的益處	更多的消費者採用將改善數據性能的益處	為未來的益處建立可信度
向消費者遞送價值主張	價值鏈活動遞送產品性能	價值鏈繼續傳送常規產品性能；此外，數位生態系傳送數據性能，擴大帶給消費者的益處	改變現在的業務模式：參與數位生態系
創造營收與獲利	訂價策略與價值鏈業務模式一致	訂價策略調整跟平台業務模式一致	改變創造營收與獲利方式的原則

第 8 章探討數位能力時，也將進一步討論。

數位消費者也對企業的許多部門有重要影響，例如研發、產品發展、行銷、銷售、售後服務。第 4 章敘述開拓重工如何使用來自數位消費者的數據，發展出新的、具成本效率的平地機，公司必須改變研發及產品發展流程，才能使用數位消費者提供更精細的互動數據。

同樣地，和數位消費者往來時，傳統企業必須改變現在的行銷、銷售、以及售後服務流程，這都是因為必須以新方式去確立提供許多數位服務的益處。

確立新的數位服務提供的益處

傳統消費者習慣於常用的產品性能，這些常規性能形成產品的基本價值主張，以吸入器來說，核心性能是藥物施用的成效。智慧型吸入器的數位性能提供額外的、不同的價值主張，例如提醒病患施用藥物，或警告可能哮喘發作。傳統企業必須做出別的努力，以確立新的數位性能的益處，進而確立產品的新價值主張。

葛蘭素史克是智慧型吸入器的製造商之一，該公司贊助的研究指出，證據顯示，智慧型吸入器提高病患對治療的遵守程度，改善哮喘控制。[12] 這種行動把智慧型吸入器的新數位性能跟常規產品的既有醫療性能關連起來，亦即智慧型吸入器幫助哮喘的治療。有了這項研究證據，葛蘭素史克就能獲得來自保險公司及醫生的支持，向病患推薦智慧型吸入器。產品也可以在這種「推力」（保險公司或醫生向病患推薦）之外，佐以「拉力」（病患主動要求使用智慧型吸入器），例如，透過創意廣告，使病患及家屬得知產品的特殊數位性能，例如能夠追蹤救援吸入器的擺放位置，或提醒病患隨身攜帶它們。為了讓數位服務成功，企業必須縝密考慮如何向潛在的數位消費者確立新數位性能的益處，也必須細心建構新的價值主張，以提高效果。

擴展策略性思維：從規模經濟到網路效應

裝有感測器的產品採用者愈多，就越能改善數位服務，增加的數位消費者群也將產生網路效應的益處。舉例而言，葛蘭素史克贏得的數位消費者比競爭對手多，它的數據資料庫就愈大，產生的分析數據力就愈大。最終將產生更優越的數位性能，這種優越又會進一步吸引更多的數位消費者。

反觀傳統企業的消費者群增大，帶來的是規模經濟的效益，效益之一是降低單位成本。舉例而言，葛蘭素史克的常規吸入器吸引更多消費者，就能把常規吸入器的產品發展、生產、及行銷的固定成本分攤到更大數量的已銷售吸入器身上，於是，常規吸入器的單位成本降低。

必須一提的是，即使在企業開拓數位消費者群時，這種規模經濟效益依然存在，畢竟，常規產品和智慧型產品的大部分元件是相同的，例如，智慧型吸入器的元件相同於常規吸入器，只是加裝了感測器。因此，數位消費者群擴增，也會使智慧型產品的單位成本降低，但擴增的數位消費者群也產生網路效應。如第 1 章所述，數據及軟體打造的交易能以實體產品無法做到的方式去連結無數消費者，網飛就是這樣壯大成為影片龍頭供應商，數位消費者透過網路和感測器連結至公司，讓公司能夠同時獲得規模及網路效應的效益。這點很重要，因為需要傳統企業改變長久以來的假設——認為規模經濟是競爭優勢的基石，必須認知到網路效應扮演同樣重要角色。從以往把規模經濟視為競爭優勢的基石改變成把網路效應視為競爭優勢的基石，這種心態轉變也隱含傳統企業必須改變現在的業務模式，向數位消費者傳達新價值主張。

為未來的益處建立可信度

一般的產品向傳統消費者遞送的基本價值主張不會因為使用者增加而有所改變，例如，不論常規吸入器的使用者數量有多少，常規吸入器的醫療功能保持不變。但是，智慧型產品不同，隨著產品採用者增加，智慧型產品的數位價值主張將大幅增進，例如，隨著智慧型吸入器的使用者增加，預測哮喘發作的能力將提高。在此之下，企業必須在**還未能展示產品的數位性能益處之前**，就要先確定這些益處。

方法之一是「以成果為基礎的銷售」（outcome-based sales）概念。奇異公司推出裝有感測器的產品時（例如噴射引擎、火車頭、渦輪機），採用此方法來建立產品的新數據驅動型服務的可信度。該公司預期，使用奇異產品生成的感測器數據，為消費者提供各種益處，例如更好的燃料效率、更高的營運效率、以及透過預測元件故障來減少停工時間。在產品推出之時，這些益處只是一個假設，只有在收集到足夠的數據之後，才有望實現這些益處。但奇異公司深信，不僅能實現這些益處，而且，伴隨愈來愈多奇異的消費者採用感測器產品，讓公司能夠取用數據，這些益處將更多。為了凸顯這信心，奇異更改商業條款，把使用產品和使用數據驅動型服務分開收費，有感測器的產品降低價格，使用數位服務而獲得的燃料及改善營運效率收取比例費用，以彌補營收損失。所以說，這是「以成果為基準的銷售」，因為奇異的營收取決於預期數位服務的利益實現，利益實現了，奇異才收費。

各種原因導致奇異公司的數位行動遭遇艱難，但不該因這些數位行動目前的遭遇而否定基本力量。事實上，如第 4 章所述，奇異公司的創新努力幫助釐清與架構許多有用的概念，例如工業網際網路、數位分身，以成果為基準的銷售也是一個創新概念。

改變現有的業務模式：參與數位生態系

當企業向數位消費者供應智慧型產品時，有什麼改變呢？向數位消費者供應智慧型產品，涉及兩個部分：其一，有感測器的基本產品；其二，感測器產生的數據驅動型服務。在基本產品部分，沒有多大改變，企業現有的價值鏈及規模優勢依然重要，例如，葛蘭素史克需要價值鏈來為消費者供應基本產品。但是，當企業向數位消費者提供智慧型產品的數位服務時，就不能只靠價值鏈了。為了提供數位服務，需要建立新的數位生態系，以有效利用數據潛力，釋放網路效應的力量。

為了提供數位服務，智慧型吸入器的製造商需要生產生態系在內部傳輸感測器數據，生成數位服務，例如追蹤救援吸入器的擺放位置，或提醒病患施用藥物。此外，它還需要一個消費生態系，這個消費生態系構成份子，包括提供有關於引發哮喘的環境觸發因子（例如溼度、黴菌、污染物質、或花粉）的即時數據。

生產生態系和消費生態系結合起來，幫助擴增吸入器的感測器數據的價值。愈多數據源頭和數據接收者（例如數位消費者及哮喘觸發因子的數據源），數據的價值愈多，網路效應的優勢就愈強。就如同規模經由價值鏈來擴大常規產品在產業中的力量，網路效應透過智慧型產品的數位生態系來擴大智慧型產品的數據力量。

如第 5 章所述，參與新建立的消費生態系時，企業也需要把價值鏈延伸至數位平台。以智慧型吸入器為例，若要提供警告性能——當數位消費者進入有黴菌或花粉的區域時，會發出可能引起哮喘發作的警訊，這必須透過一個橫跨各種數據源——例如消費者所處位置的即時數據源，以及提供即時更新空氣品質數據的源頭——交換數據的數位平台，才有可能做到。使用數位平台來服務數位消費者，這將改變現有創造營收與獲利的管道。

改變營收與獲利的原則

對於透過價值鏈來服務消費者的傳統企業，營收與利潤策略通常受到產品如何跨越損益平衡點的影響。在損益平衡點上，公司既不賺錢，也不虧損，損益平衡分析的基本變數包括公司的固定及變動成本、產品創造的邊際貢獻。損益平衡點的公式是 $FC = Q (P - VC)$，FC 是固定成本，Q 是銷售量，P 是價格，VC 是變動成本。產品的邊際貢獻等於價格減去變動成本，固定及變動成本通常由產品及其技術決定。在這些假設的既定條件下，公司研擬影響銷售量及邊際貢獻（視市場情況而定）的訂價策略，以產生高於固定成本的報酬。

另一方面，回收固定成本雖然重要，但通常不是數位平台的主要焦點，數位平台的焦點擺在透過提高平台使用量來產生網路效應。第 2 章提到，谷歌前執行長暨董事會執行主席艾力克．施密特曾言：「先變得無所不在，再來創造營收」——所謂的「URL 策略」，說的就是這個論點。事實上，許多數位巨頭免費提供核心平台服務，其實就是抱著一個長期目標：建立網路效應。為了創造營收，它們找平台的「另一邊使用者」，例如，臉書及谷歌從廣告客戶賺得豐厚收入，而非從主要使用者（臉書的朋友或谷歌的搜尋者）賺錢。

對於追求數位消費者的傳統企業，這意味什麼？對它們來說，免費供應產品顯然是不切實際，正如同傳統消費者理應為常規產品付費，期望數位消費者為基本產品付費也是合理的。對傳統企業而言，關鍵疑問是：裝有感測器的產品應如何訂價？數據驅動型服務應該如何訂價？

來看看提供電視內容推薦引擎及觀眾追蹤應用程式的聖巴公司（Samba TV）採行的方法，第 5 章曾提到，它向索尼、TCL、夏普等電視機製造商供應感測器，幫助把傳統消費者轉變為數位消費者。有趣的是，聖巴非但沒有對這些感測器索價，反而付錢給電視機製造商，讓它們在電視機上安裝聖巴出產的感測器。聖巴如何支付成本呢？它提供感測器數據（例如誰觀看什麼節目）給電視內容生產者和廣告客戶，向它們收費。電視機製造商則是透過優惠價格，把聖巴支付的錢轉移給消費者（電視機使用者）。鼓勵使用有感測器的電視機，把傳統消費者轉變成數位消費者，並得到使用數據的允許。電視機製造商希望，在有更多人使用裝有感測器的電視機之下，可以改善數據驅動型服務，例如推薦電視節目（類似網飛），也能為品牌建立網路效應。

消費者受益於優惠價格之外，也可因電視機製造商提供的數據驅動型服務而受益。不過，這些數據驅動型服務的益處可能得歷經時日才能實現，因為高度仰賴大量數據。優惠價格是一項立即的利益，能加快感測器電視機被採用，並吸引數位消費者。這方法的確奏效，聖巴

（Samba）公司執行長暨共同創辦人艾許溫・納文（Ashwin Navin）表示，全球已有超過 3,000 萬台電視機裝有聖巴出產的感測器（創立於 2008 年，於 2011 年出售首批電視機）。納文也指出，現在的智慧型電視機幾乎全都有感測能力。

反觀智慧型吸入器的製造商則是選擇不同的訂價策略，截至目前為止，有感測器的產品定價較高，它們把數位服務視為附加價值主張，期望消費者因此而付費。但結果是，智慧型吸入器的採用率成長緩慢，雖然智慧型吸入器已於 2014 年問市，但只佔吸入器市場不到 1%。

只在數位服務利益實現後才收費，或許是鼓勵傳統消費者嘗試的好方法，避免了進退兩難困境。廠商需要傳統消費者變成數位消費者，這樣才能確立數位服務的益處；但傳統消費者想先看到好處後，才變成數位消費者。在這種情況下，前文談到的「以成果為基準的銷售」可以提供雙贏情境。若數位服務未能實現承諾，消費者就不需付費；若數位服務實現承諾，廠商可以和消費者共享這些好處。廠商下的賭注是，若成功地把傳統消費者轉化為數位消費者，數據能幫助實現承諾。不過這種方法更適用於 B2B，相較於 B2C，B2B 可能更易於建立「以成果為基準」的契約。就 B2C 來說，傳統企業必須找到創意方法來補貼新的數位價值主張，提高採用率。

在追求數位消費者時，傳統企業必須在優先順序取得平衡：一方面是回收固定成本，另一方面是想讓感測器產品廣泛被採用，這樣才能產生網路效應。傳統企業必須找到創意方法來吸引數位消費者，數位消費者不僅幫助產生網路效應，也會帶來營收。總之，傳統企業必須認真考慮為了獲得數位消費者所運用的種種新策略。

結論：關於數位消費者

數位消費者是互動式數據的最重要來源之一，來自數位消費者的數據能幫助傳統企業把銷售常規產品擴展到新的數據驅動型服務。這樣才能取得數位消費者，但工廠裡的機器加裝感測器完全不一樣，機器不會反對在身上加裝感測器，機器也不會反對提供感測器數據，可是，消費者需要明顯的誘因，才會接受裝感測器的產品，並允許記錄與使用他們的數據。如本章所述，把傳統消費者群轉化為數位消費者群，既有策略性優勢，也有策略性挑戰。

雖然，數位消費者對數位策略是非常重要的資源，但傳統企業在激勵傳統消費者提供互動式數據時，務必謹慎，必須道德地收集與使用這些數據。在運用這些數據時，千萬不可侵犯隱私。這些是重大挑戰，第 9 章將進一步討論。

面對傳統消費者時，企業透過常規產品的創新來加大差異化。面對數位消費者時，企業必須透過數據驅動型服務的創新性能與特色來使自己差異化。網路效應往往推升這類數據服務的力量，但我必須指出，不是所有數位服務都跟網路效應有關，例如，智慧型吸入器的許多基本性能——例如提醒使用者施用預防性藥物，或追蹤救援吸入器的擺放位置——並不會隨著更高的採用率而改善。不過，在缺乏網路效應的效益之下，這類性能也可能很容易被競爭對手模仿。智慧型吸入器的先進性能會隨著採用率提高而改善的性能，因此具有網路效應，這些性能難以被那些數位消費者足跡較小的競爭對手模仿，因沒有可以匹敵的數據量。在這種情況下，網路效應代表競爭優勢的重要源頭。

身為互動式數據的最重要來源之一，數位消費者代表企業的生產與消費生態系基礎建設的一個要素，第 8 章及第 10 章將探討數位消費者如何幫助傳統企業訓練出新數位能力以打造數位競爭策略，因此，數位消費者是傳統企業「從數據到數位」策略旅程中重要推力之一。第 7 章討論另一股重要推力：數位競爭對手。

第 7 章

數位競爭對手

許多人因為阿里巴巴的數位電子商務平台而認識這家公司，其實以營收額來看，阿里巴巴是世界第三大零售及電子商務公司，僅次於亞馬遜和沃爾瑪（Walmart）。[①] 自 2017 年起，阿里巴巴線上獲利已超越亞馬遜及沃爾瑪。[②] 同樣地，許多人知道騰訊是舉世最大的社交媒體公司之一，在中國制霸即時通訊市場，該公司的服務包括線上社交遊戲、音樂、電影及購物，它的網站是全球造訪人次最多的前五大網站之一。[③] 微信具有多用途，包括通訊、社交媒體、及行動支付應用程式，每月活躍使用者超過 12 億人[④]，因為有許多功能，它被稱為「超級應用程式」[⑤]。中國的數位巨頭阿里巴巴和騰訊如今躋身世界最大的科技公司之列。

為了比較，來看看另外三家也很出名的中國公司——中國工商銀行、中國農業銀行、以及中國銀行，全都是中國的國有商業銀行，它們的資本由中國財政部提供。2019 年時，以總資產來看，中國工商銀行排名全球第一[⑥]，中國銀行排名第四[⑦]。2020 年，在富比士（Forbes）年度全球 2000 大上市公司排名中，中國農業銀行名列第五。[⑧]

不久前，這些傳統中國銀行的業務及消費者跟阿里巴巴和騰訊是兩個完全不同的世界，但此情此景不再，過去幾年，在消費者及中小型企業存放款市場上，這些傳統銀行和阿里巴巴及騰訊直接競爭。它們呈現出全球傳統企業面臨的競爭新面貌：遭遇到新類型的數位競爭對手。

在中國，數位巨頭阿里巴巴及騰訊是歷史悠久的銀行不可能忽略的存在。它們率先進入「第三方支付領域」，讓商家及消費者在平台上交易時可以繞過對銀行的現金需求，這種支付服務是必要的，因為在中國，信用卡的持有及使用率低，使得電子商務交易困難。建立在第三方支付領域的領先地位後，阿里巴巴和騰訊把注意力轉向銀行業務，阿里巴巴的網商銀行（MYBank）和騰訊的微眾銀行（WeBank）在 2015 年進軍銀行業務。[9] 截至 2018 年，網商銀行已經透過線上平台，對將近 1,000 萬家中小型企業提供超過 1.19 兆人民幣（相當於 1,770 億美元）的貸款，這幾乎是中國最大的中小型企業放款者中國工商銀行提供貸款的 67%[10]。[11] 同一期間，騰訊的微眾銀行承辦的貸款額為 1,630 億人民幣（相當於 240 億美元）。[12] 同樣值得一提的是，中國的數位巨頭也進軍傳統銀行的存款業務領域，截至 2017 年，阿里巴巴已吸引約 1.7 兆人民幣（相當於 2,630 億美元）的存款[13]，這金額約為同一年中國銀行的存款餘額的 12%[14]。

傳統銀行一直是市場上的大老哥，但阿里巴巴和騰訊怎能在幾年內這麼快就打出一片天？答案很簡單：靠數據！

阿里巴巴和騰訊是現代經濟中挑戰傳統企業的新勢力。它們之所以厲害，不是因為賣的東西和傳統企業很像，而是會用數據來競爭。對傳統企業來說，最大的壓力不是產品，而是靠數據能做到的事情。

接下來，先看看這些數位新玩家是如何改變整個市場，然後再聊聊阿里巴巴和騰訊的成功祕訣。之所以說是數位競爭對手，是因為主要靠資料來競爭，而非靠相似產品來競爭；它們對傳統企業帶來的競爭衝擊源於能用資料，而非能用相似產品來做的事。下面先來進一步了解競爭場的面貌如何因為新數位競爭對手加入而改變，稍後再回頭繼續講述阿里巴巴和騰訊的故事。

並非所有傳統企業都會面臨中國的銀行遭遇到的數位巨頭競爭，但所有傳統企業都必須準備各種數位競爭對手的來襲。有些數位競爭對手可能是產品型競爭對手，有些數位競爭對手可能是新創公司，從更廣大的數位生態系開始茁壯，甚至有些新創公司根本超越了既有的產業界線，讓原本的競爭規則完全不管用。要在這種情況下保持競爭力，傳統企業得搞清楚這些數位競爭對手的特長在哪裡，還有它們那些特別的經營手法。

這一章會介紹什麼是數位競爭對手，說明它們為什麼和傳統競爭對手不一樣。還會提供一個架構，幫助傳統企業應對這些數位競爭帶來的威脅。

數位生態系3種常見的競爭動態

數位生態系使傳統企業的價值創造範疇從其現有產品拓展至新的資料驅動型服務，在擴大的新價值中，傳統企業也吸引到新數位競爭對手，想要戰勝新競爭對手，不只需要優越的產品或市場定位，還需要利用數據。想贏靠得不僅是性能，還要靠數據驅動型服務。因此，數位生態系中的競爭動態不同於傳統企業。

為了解這些差異，先討論數位生態系中的三種競爭模式，產業型競爭中也有類似這三種競爭模式的情形。這三種模式把傳統企業在新數位世界中面臨的常見競爭分類，認識這三種競爭模式也對傳統企業應付數位競爭對手有幫助。可以看到新數位競爭模式和舊的、熟悉的產業競爭模式比較，幫助傳統企業適當調整面對競爭的方法，研擬在數位世界的新策略。

模式 1：生態系均勢，競爭平衡

寶僑、飛利浦、及高露潔都是電動牙刷的傳統競爭對手，現在，寶僑旗下的歐樂 B、飛利浦旗下的 Sonicare、以及高露潔旗下的 Hum 供應相互競爭的智慧型牙刷品牌。這些傳統競爭對手已經轉變為數位競爭對手，不僅以產品競爭，也以產品生成的資料來競爭。

目前，它們全都提供資料驅動型性能。歐樂 B 牙刷上的感測器評估刷牙時施加的力道，監測每一個點刷多長時間[15]，演算法把實際刷牙情形拿來和理想情形相較，透過 APP，提供回饋意見。飛利浦的 Sonicare[16] 和高露潔的 Hum[17] 也一樣，透過產品的感測器、演算法、以及 APP，通知使用者需要多注意哪些牙齒點，以及是否遺漏了哪些點。在傳統業務中，這些公司以價值鏈上的產品、品牌行銷、及通路等勢均力敵的優勢（symmetric strengths）來競爭；但在數位業務中，歐樂 B、Sonicare、及 Hum 也有勢均力敵的數位優勢，每一個都使用數據和演算法來傳送相似的資料驅動型性能。

這些是智慧型牙刷及性能的早期情形，它們的競爭動態演進成品牌的競爭平衡，但要能發生這種情形，每個品牌必須在利用數據方面維持勢均力敵，每個品牌必須在新的智慧型性能上與其他品牌匹敵，每個品牌必須提供相似的數位體驗。換言之，它們需要**生態系均勢（ecosystem parity）**，以維持競爭力。**生態系均勢指的是數位競爭對手在生產及消費生態系中保持勢均力敵的優勢。**

目前，這些數位競爭對手都在生產生態系中供應相似的智慧性能，展現勢均力敵，這種態勢可能持續。若其中任何一個品牌升級演算法，其他品牌也會跟進升級；任何一個品牌推出任何新的智慧性能，其他品牌也跟進。例如，一個品牌推出預測蛀牙的性能，其他品牌也會推出，因此，它們將在產品感測器及演算法方面發展越來越相似。這種生產生態系的勢均力敵也必須延伸至消費生態系，才能維持競爭平衡。若歐樂B 把業務模式延伸成一個緊連型數位平台，讓使用者和牙醫之間交換資料，那麼，Sonicare 和 Hum 也必須跟進。若不這麼做，數位平台的贏家通吃特性可能把歐樂 B 推至一個難以匹敵的競爭地位。生態系均勢讓數位競爭對手保持同等的數據利用和相等的競爭地位。

和產業型競爭的相似處：價值鏈均勢。在產業型競爭中，也有相似的模式，不含酒精飲料產業中的可口可樂和百事可樂就是一例，兩者維持競爭平衡是因為透過**價值鏈均勢（value chain parity）**，達到一樣的產品優點。每家公司都擁有獨特的濃縮液配方，每家公司都有相互匹敵的瓶裝廠網絡和相似的供應商（罐子製造商、糖供應商、代糖生產商），也有相似通路，包括飲料機型供應商〔麥當勞、漢堡王（Burger King）、肯德基（KFC）〕、零售商（雜貨店 / 超市）、販賣機。他們的價值鏈勢均力敵是因為從濃縮液的生產到品牌行銷及通路，全都很像：兩者都有很強的濃縮液；在和共同供應商往來時，兩家談判力相當；在通路及品牌行銷方面，也都旗鼓相當。

可口可樂和百事可樂在廣告與通路之戰立起路障，兩者在行銷不分上下，各自投入營收的 8% 至 10% 於廣告上，兩者都大幅投資在廣大通路上。結果是，品牌行銷與通路的規模成為在市場生存的必要條件，這讓它們擁有絕大部分市占，也令任何想進入市場的新競爭對手斷念。

寶僑、飛利浦、及高露潔在發展演算法及感測器和吸引牙醫加入平台之戰也可能樹立障礙，這些門檻來自於數據驅動型服務的網路效應。

網路效應與生態系均勢。寶僑（歐樂 B）、飛利浦（Sonicare）、和高露潔（Hum）互爭更多使用者的同時，也促進了直接網路效應：使用者增加帶來的資料量增加使得演算法變得更強了，更強的演算法改善資料驅動型性能，使每個使用者更受益。換言之，當品牌有更多使用者時，每一個使用者都能因此得到好處。寶僑、飛利浦、和高露潔若把產品延伸成繫連型平台，吸引更多的平台使用者，這也會形成間接網路效應。舉例而言，若平台吸引更多牙醫，使用者將受益於有更多牙醫可以選擇，牙醫則受益於可接觸更多的使用者。平台甚至可以邀請願意向有較健康刷牙習慣者提供較低保費的保險公司。經年累月下來，這些網路效應變成新進者的巨大進入障礙。可口可樂和百事可樂靠著勢均力敵的供應鏈優勢來維持競爭平衡，寶僑、飛利浦、和高露潔能夠靠著勢均力敵的生產與消費生態系力量——換言之，就是透過生態系均勢——來達到相似結果，＜圖表 7-1 ＞描繪這些關係。

模式2：因為對稱的生態系障礙而達到競爭平衡

海克斯康大地測量系統（Hexagon Geosystems）是一家以數位方式勘測和收集地表地形數據的科技公司，在建築業具實用的應用性。透過地理空間定位，以及 3D 雷射掃描建築工地，可以評估挖掘或移動泥土的最佳方法。從數據得出工程計畫，指導各種建築工程機具如何執行在建築專案中的作業，例如，規畫挖土機移動多少泥土，推土機整平多少地。也能幫包商找到方法讓各種建築機具一前一後地執行工作，例如，挖土機一完成工作，推土機就緊接著開始整平作業。

由於這些計畫是數位生成的，是軟體打造的，可以上傳至各種建築機具，這麼一來，就能即時指引作業員如何調動機具。也指引和監督每台機器的進度，並在機器完成工作時通知作業員。海克斯康大地測量系統的行銷副總赫格．皮茨希（Holger Pietzsch）解釋：「挖土機不須挖不該挖的土，推土機不須整平不該整平的地。這項性能減少尋找老手作業員的困難，改用數據來補齊不足。」

海克斯康大地測量系統公司與互補建築機具製造商的角色互補，開拓重工之類的業務是製造與銷售建築機具，海克斯康的業務是幫助開拓重工的消費者使用機具。這兩家公司都使用現代數位技術，但使用方式

圖表 7-1　透過勢均力敵的生產及消費生態系而形成競爭平衡

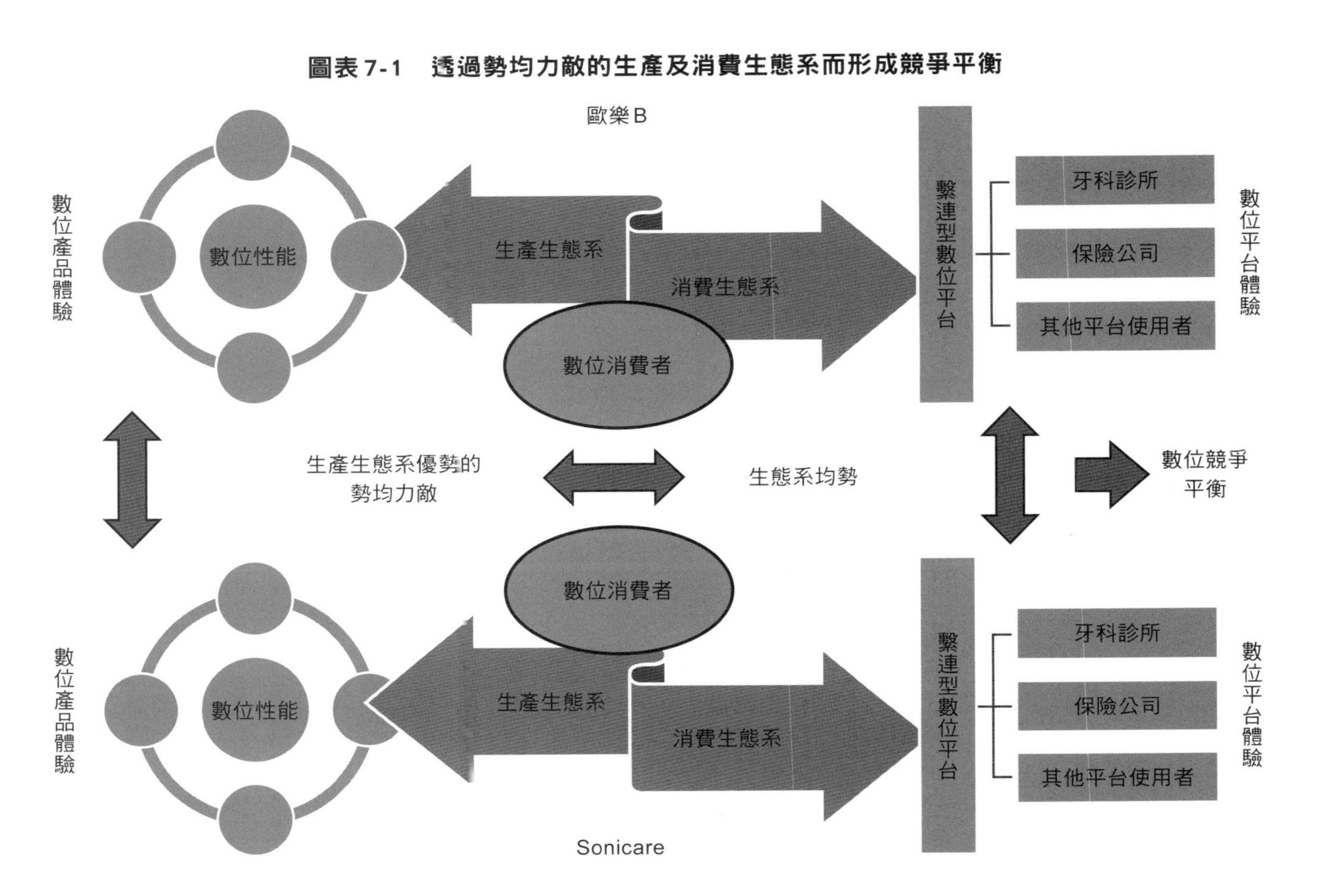

不同，如第 4 章所述，開拓重工把感測器和車載資通系統數據用在互動式產品性能及預測性服務，幫助減少產品停工時間。海克斯康大地測量系統的技術也有不同功用，它指引開拓重工的機具執行工作，也透過收集與分析數據，幫助把開拓重工的機具連結至工地，協調工作。這些不同的商業活動讓開拓重工歸在生產生態系，海克斯康大地測量系統公司則歸在建築機具業務的消費生態系。

開拓重工應該把海克斯康視為競爭對手嗎？是的——若開拓重工認為市場不只是銷售產品，也需要數據驅動型服務的話；若開拓重工認為業務範圍已經遠遠超過現在的產業，應該盡快進入數位生態系的話；若打算把策略範圍從生產生態系擴展至消費生態系的話。在這些情況下，海克斯康就是開拓重工的數位競爭對手，虎視眈眈開拓重工的數據驅動型服務的潛在收入。雖然海克斯康沒有相似的產品，它以數據業務展開競爭，但開拓重工也能取得這些數據。

目前開拓重工選擇留在生產生態系，傳統產品競爭對手如小松及富豪公司也是。海克斯康則是立足於消費生態系，一些相似的數位地形測量、車載資通、和 GPS 領域的公司也是，例如天寶（Trimble）及拓普康（Topcon）。因此，主要的數位競爭對手選擇不同的領域，它們著重在生產及消費生態系，但因為面臨**對稱的生態系障礙（symmetric ecosystem barriers）**，因而達到競爭平衡。

何謂「對稱的生態系障礙」？生態系障礙指的是當公司想從生產生態系移向消費生態系或從消費生態系移向生產生態系時面臨的障礙。我們來看看海克斯康面臨的生態系障礙，該公司不具備製造與銷售建築機具能力，無法在這個領域和開拓重工競爭。它是一家數據及軟體打造型技術公司，不是一家產品型公司，因此，它想用產品進軍這個產業的生產生態系領域，相當困難，因為海克斯康必須有產品研發、設計、大規模製造、龐大的經銷商網路、及售後服務等基礎優勢，以建立一個堅實的價值鏈網路，然後把這個網路變成一個蓬勃的生產生態系。

此外，海克斯康的消費者——擁有建築機具、執行建築計畫的包商——看出海克斯康的數位計畫能上傳至任何機具的價值。海克斯康的行銷副總皮茨希在開拓重工服務 23 年，是開拓重工的數位轉型行動的重要領導人之一，他說明海克斯康的理念：「我們的多數消費者同時擁有開拓重工、小松、富豪、及其他類似公司出產的建築機具，我們想採取中立立場及方法，強調我們的軟體能和所有品牌的機具相容。」移向生產生態系將稀釋海克斯康的中立性，進入開拓重工的生產生態系領域顯得沒什麼吸引力。

開拓重工同樣面臨從生產生態系移向消費生態系的生態系障礙。開拓重工本身生產產品，以製造規模為基礎，它的高效率銷售與維修流程是歷經數十年磨鍊出來的核心能力，要在數據驅動型服務建立相似的效率與規模很困難。不過並不是開拓重工沒考慮進軍消費生態系領域，他們和天寶有合夥關係，但在開拓重工的消費生態系裡，天寶是海克斯康的競爭對手。開拓重工大可以利用天寶公司的合夥關係來發展完整型繫連數位平台，大舉進軍消費生態系領域。它可以提供種種新服務，透過讓建築工程的參與者分享數據，協調執行建築工程。但開拓重工不這麼做，它選擇不進軍消費生態系領域，而是在生產生態系中發展優勢。

吉姆·安普爾比（Jim Umpleby）取代道格·歐柏海爾曼，成為開拓重工的現任執行長後，改變公司的策略願景，從這點也可以看出開拓重工不願意進軍消費生態系領域。在安普爾比的領導之下，開拓重工投資相當可觀的資源在改造無數建築工地上一百萬台機具，加裝感測器和車載資通系統。歐柏海爾曼掌舵時就已開始確保所有新機具都裝有連網設備，甚至也對之前出售、未裝有連網設備的機具加裝連網。來自工地的機器使用及磨損情況的數據可以讓開拓重工知道哪些客戶需要新機具，或哪些客戶需要更多的維修服務，使用這些數據，可以更妥善地分配銷售及維修資源，改善營運效率。換言之，安普爾比的策略妥善地利用了生產生態系數據的價值。開拓重工遭遇來自消費生態系的攻擊（例如來自海克斯康的攻擊）可能性低，這讓它們以風險報酬觀點評估後更偏向留在生產生態系裡。管理高層認為，擴張進軍消費生態系領域的報酬不值得冒此風險，至少到目前為止，仍然這麼認為。

由於海克斯康和開拓重工都面臨從一個生態系移向另一個生態系的障礙，因此，它們都面臨對稱的生態系障礙：海克斯康面臨從消費生態系移向生產生態系的障礙，開拓重工面臨從生產生態系移向消費生態系的障礙。這種對稱的生態系障礙使這些數位競爭對手之間得以維持競爭平衡。

和產業型競爭的相似處：對稱的移動障礙。鋼琴製造商史坦威（Steinway）和山葉（Yamaha）在長達一百年間維持競爭平衡，如同開拓重工和海克斯康在生態系地位方面的不同，史坦威和山葉也因為不同的價值鏈結構而有市場定位方面的差異。就如同開拓重工和海克斯康面臨對稱的生態系障礙，史坦威和山葉也面臨**對稱的移動障礙（symmetric mobility barriers）**——導致無法從一個市場定位移向另一個市場定位的障礙。⑱

史坦威的平台式鋼琴是競爭對手既羨慕又嫉妒的對象，也是鋼琴演奏家的首選，超過 98% 的音樂會鋼琴演奏家在表演中使用史坦威平台式鋼琴。⑲ 這是因為每一架史坦威鋼琴都使用極少自動化的製造流程獨特打造，因為史坦威有技術高超的工匠團隊，才能打造出如此獨特的鋼琴，經驗豐富的工匠花多年時間和較少經驗的同事分享在挑選及組裝材料以打造出高品質性能的心得。每一架出廠的史坦威鋼琴上都有技能卓越的工匠簽章，每一架史坦威平台式鋼琴都有獨特的聲音和感覺。音樂會鋼琴演奏家可從史坦威鋼琴中找到一架符合風格、且能夠把創作之心、手、及手指展現出來的鋼琴，選擇史坦威鋼琴遠比其他品牌鋼琴還要能完美詮釋樂譜。

反觀山葉則是直立式鋼琴市場與品牌的龍頭。直立式鋼琴的琴弦是垂直豎起，體積較小，較不佔空間，而且價格比平台式鋼琴便宜很多。由於買直立式鋼琴的人比買平台式鋼琴的人多，因此，直立式鋼琴以更大的量生產及銷售。山葉也製造平台式鋼琴，與史坦威競爭，但不同於史坦威，山葉更重視自動化作業，因此產出的鋼琴完全相同，事實上，一致性產品是山葉的特色。人員熟練度來自於重複作業的效率、集體注意細節，這樣才能減少瑕疵、遵從一致性的整齊劃一工作型態。

史坦威和山葉都面臨一樣的移動障礙。史坦威上百年來精進手工打造鋼琴的能力，培養數個世代的員工，學習打造優質鋼琴所需要的技能。長久以來，也和鋼琴演奏家培養密切關係。換言之，史坦威歷經很長時間，建立了護城河策略，山葉難以匹敵史坦威的優勢，以護城河立於不敗之地。同樣地，歷經數十年之後，山葉已發展出精湛的自動化，山葉直立式鋼琴的銷售量強化了自動化規模生產優勢。史坦威既沒有資源、也沒有足夠的銷售量可以產生規模優勢，攻入山葉的市場。因此這兩個競爭對手得以維持各地的市場定位，在產業中達到競爭平衡。

現今，建築業已吸引各種數位競爭對手進入生產生態系和消費生態系，不過仍處於競爭平衡，沒有一個競爭對手有力量去克服各自面臨的生態系障礙。＜圖表 7-2 ＞描繪因為一樣的生態系障礙而達到競爭平衡，或者說，因為不勢均力敵的市場及消費生態系而形成的競爭平衡。

但是這種均衡未必持久，當生態系障礙變得不對稱而無法令數位競爭對手退卻時，這種均衡就有可能被打破。

模式 3：不對稱的生態系障礙促使數位顛覆

對稱的生態系障礙對數位競爭對手的跨越生產生態系或消費生態系構成相同的障礙，但生態系障礙也可能不對稱，本書再次回到阿里巴巴

圖表 7-2 透過不勢均力敵的生產及消費生態系而形成競爭平衡

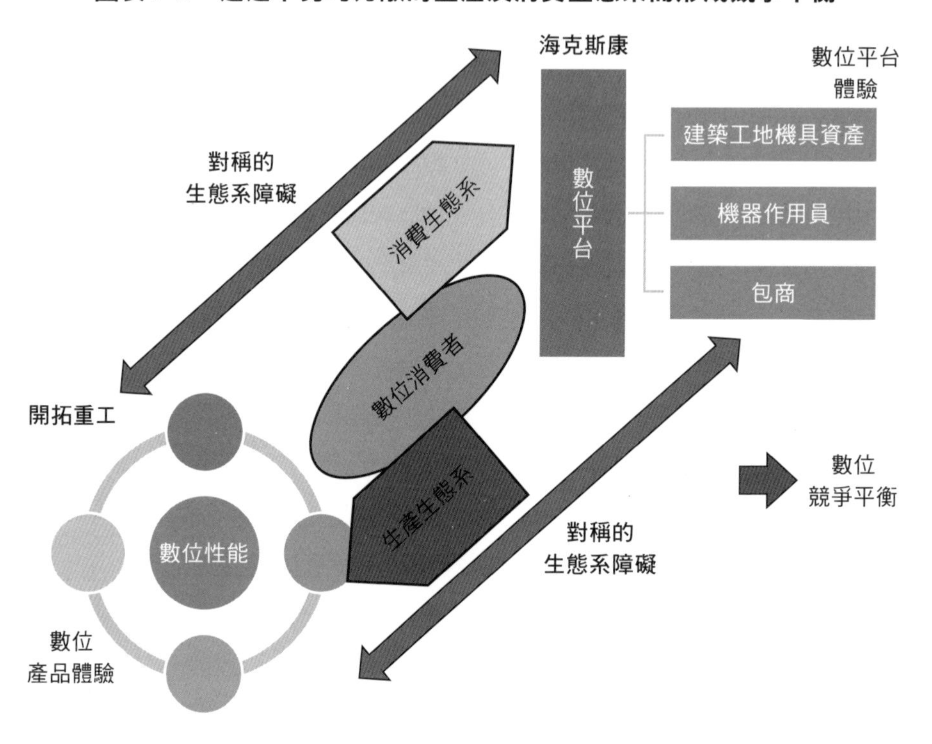

和騰訊的例子，來解釋不對稱的生態系障礙如何影響數位競爭。

阿里巴巴和騰訊有 5 大相互連結的產業打造數位平台：搜尋、電子商務、支付服務、社交網路、娛樂。[20] 透過結合這 5 大產業，阿里巴巴和騰訊在消費者使用服務時，取得大量且寶貴的消費者興趣及需求的互動式數據。

舉例來說，某人想要買車，想尋求推薦，使用這些平台的搜尋或聊天服務，這讓阿里巴巴及騰訊很早就得到訊號：此人可能需要購車貸款。電子商務和支付服務平台提供此人的支出習慣、借款能力、信用等方面的其他數據。透過消費者在數位平台上的互動歷史，阿里巴巴和騰訊精確地得知幾億名消費者需求，知道消費者居住何處，他們可能想要怎樣的車子，哪些汽車經銷商能以合適價格提供符合喜好的車子。不論房貸、大學助學貸款、購買家電、渡假用短期貸款，全都廣泛運用中。

對於中小型企業，阿里巴巴和騰訊提供種種服務，包括數位支付處理服務及數位店面（在電子商務平台上）、數位行銷及物流服務。透過這些服務，這些中國的數位巨頭取得中小企業業主的營運資金需求、信用等數據，跟個人消費者的數據非常像。阿里巴巴和騰訊很積極利用數據能力獲得有貸款需求的早期訊號，這些數據也提供了相當可靠的信用評估，才能提供具有競爭力、及時貸款，根據報導指出，放款僅有 1% 是逾期放款。[21] 反觀傳統銀行只在消費者及中小型企業申請貸款時，才會知道貸款需求。只在消費者提出貸款申請後，經過許多書面作業之後，才會開始處理消費者的信用數據。不僅大大延遲了放款決策，也引起消費者惱怒。

放款業務成功之後，阿里巴巴和騰訊很快地進軍存款業務，此舉強化了放款業務：不僅增加的存款能放款更多現金，而且銀行業法規也能以存款餘額的數倍放款。此外，阿里巴巴和騰訊利用放款業務來提高存款業務的吸引力。使用阿里巴巴及騰訊平台服務的消費者看出，把錢存在那裡更方便。那些日常花費有 80% 在阿里巴巴的生態系中消費、也在阿里巴巴存款的消費者，在阿里巴巴貸款時，審核速度更快。這是因為阿里巴巴在放款業務中使用從消費者的交易數據中得到的洞察，幫助加快數位貸款審核流程，使用更少的文件作業，並且用智慧型演算法計算出更優惠貸款利率。只要在阿里巴巴和騰訊的數位生態系中使用更多，消費者在貸款及存款時就能享受更多好處。

阿里巴巴和騰訊擁有消費者如何花錢的數據，平台提供搜尋、電子商務、支付服務、聊天、社交網路及娛樂服務，從這些取得大量消費數據。任何使用這些服務的消費者等於是自動告知平台他在搜尋什麼、想買什麼、詢問朋友什麼建議，因此，阿里巴巴和騰訊是銀行業務的消費生態系的中樞神經。

反觀中國的傳統銀行主要是吸引存款、提供放款、及提供現金提領等業務，業務模式錨定於生產生態系，生產生態系的各種活動是透過分行來辦理存款與放款。由於只聚焦在生產生態系上，缺乏數據及能見度偵察消費者的貸款需求，或無法詳細知道如何使用這筆貸款。導致傳統銀行受到阿里巴巴和騰訊攻擊，這兩個數位巨頭知道如何善用在銀行消費生態系的強大存在。

此外，阿里巴巴和騰訊不需要擔心像海克斯康和開拓重工面臨的生態系障礙，這兩個中國數位巨頭一開始存在銀行的消費生態系中，但能從消費生態系轉進銀行的生產生態系。首先透過數據，建立在放款業務領域的優勢，接著快速擴展至存款業務。吸引幾家小型金融科技公司（運營數位銀行流程的公司）作為平台服務供應商，阿里巴巴和騰訊委託這些金融科技公司執行生產生態系後端流程——以數位方式管理存款及放款作業。中國的傳統銀行既無法隔絕這些攻擊，也沒有數據驅動型優勢可和阿里巴巴及騰訊抗衡。這是數位生態系的競爭動態的重要面向：競爭對手可以在傳統企業的消費生態系中鞏固自己，再對傳統企業的生產生態系發動攻擊。這種改變表示了來自新數位競爭對手的強大威脅。

和產業型競爭的相似之處：不對稱的移動障礙。傳統企業也可能遭遇數位競爭對手直接攻擊生產生態系的顛覆威脅，例如，自網際網路問世以來，已有多家金融科技公司嘗試以數位型存款及放款業務與傳統銀行競爭。在產業型競爭中也存在著類似的顛覆威脅：在位者因為價值鏈建立的市場地位遭到攻擊，這些攻擊具革命顛覆破壞作用，因為在位者原本仰賴的障礙起不了防禦作用。全錄（Xerox）和佳能（Canon）可作為例子。

全錄公司稱霸影印機產業直到 1980 年代初期稱霸，靠的是專利技術、品牌行銷、強大的售後服務網路、和大公司客戶之間的堅實關係。但是 1980 年代初期，日本的公司——尤以佳能公司最顯著——以小型影印機進軍市場，此時，全錄的專利已經過期，那些日本競爭對手趁此進入市場，它們瞄準不需要大型影印機的小型公司行號，例如牙科診所或律師事務所。因為體積較小，價格也比大型全錄影印機更有競爭力。此外，有基本必要的備用零件和簡單指南，讓消費者能自行處理大多數的維修問題，就不需要龐大的維修中心網路了。總而言之，這些新進者找到管道，避開全錄的策略堡壘，產品快速受到歡迎，大幅開拓影印機市場，成為強勁的競爭對手。

全錄發現自己陷入困境，主力消費者——大公司——持續要求大型、更快速的影印機，滿足大量影印需求，但佳能和其他的日本公司在小型影印機市場變得更強壯，而小型影印機市場的規模持續成長。繼續迎合主力消費者的話，全錄就必須忽視一個更大、持續成長的市場；另一方面，若要迎合這個新市場，全錄就得重新建立現有的價值鏈優勢。已故哈佛大學教授克雷頓．克里斯汀生（Clayton Christensen）稱此為「創新者的兩難」（Innovator's Dilemma）[22]：處境與全錄一樣面臨著相似的困難選擇，一方面，若繼續堅守主力消費者，就意味全錄堅守的是不斷萎縮的市場；另一方面，若改變跑道，迎合更新的、更大的市場，就得冒險且艱難地改變公司的現行實務。換言之，全錄面臨的是**不對稱的移動障礙（asymmetric mobility barriers）**：佳能可以攻擊全錄的現有市場定位，但全錄無法適當地報復，攻擊佳能的新市場定位。

為何全錄很難用小型影印機來回應佳能的競爭攻擊？並不是全錄不了解或不知道如何製造小型影印機，大型影印機和小型影印機的基本技術並無大差異，重點在於生產及銷售流程——也就是價值鏈。若要推出小型影印機來競爭，全錄必須重新架構產品發展流程、製造及組裝線，也必須重新架構銷售人員服務的方式，因為銷售對象是大公司和小公司，需要完全不同的銷售方法。換言之，全錄得重新架構現有的價值鏈，要做到不是不可能，但會非常困難。

之所以困難，是因為大型組織中的流程和例行作業已經僵化，員工被訓練成習慣現在的工作流程；員工和消費者之間的溝通管道已經根深柢固；捍衛現行技術與流程的力量結構很堅固。結果是，組織抗拒做出任何改變，尤其是當過去非常成功。理論上看起來淺顯明瞭、很有道理的變革，實際執行起來卻很困難。

哈佛商學院教授瑞貝卡・韓德森（Rebecca Henderson）和金・克拉克（Kim Clark）把像小型影印機這樣的創新稱為「結構創新」（architectural innovation）[23]，這類創新並未大大改變現有的產品技術，只是重新安排產品的各元件互連方式，這些創新改變的是產品結構。小型影印機的基本技術與大型影印機一樣，但重新設計元件，重新安排元件之間的連結。這類創新需要在位者重新架構價值鏈，在產品中作出相似的結構改變，但在位的大公司卻難以做到，因此被創新顛覆破壞。

多數的競爭攻擊不需要在位者重新架構價值鏈，但若需要這麼做的話，競爭攻擊帶來的結果就是顛覆破壞。全錄歷經幾年才回應，並從小型影印機公司的猛烈攻擊中復原。其他公司可就沒這麼幸運了，例如迪吉多（Digital Equipment Corporation，簡稱 DEC）曾是主機型電腦和迷你電腦產業中的佼佼者，1990 年代遭到桌上型電腦的競爭衝擊，從未能復原。迪吉多的價值鏈僵化，導致了企業殞落。

數位世界也有著類似的僵化，傳統企業未能改變業務流程，提升價值鏈網路，進入生產生態系。換言之，傳統企業可能看到生產生態系中出現顛覆性競爭動態。但發生在消費生態系的顛覆性競爭動態卻不一樣，它們對此也不熟悉。

消費生態系出現新類型的競爭威脅。來自消費生態系的攻擊構成另一種不同的顛覆威脅。由於消費生態系的概念對許多傳統企業而言是相當新的東西，領導者可能沒注意到新數位競爭對手在生態系中立足，沒注意到這些競爭對手在消費生態系中建立了不對稱的優勢，之後能對傳統企業的生產生態系發動攻擊。這種攻擊可能削弱在位者和消費者的關係，甚至可能導致消費者疏離。這些新的數位競爭對手利用及時且優越的數據，推出更聰敏、更豐富、更個人化的服務來吸引消費者，拉下在位者。也可能把價值從產品轉向消費型服務，導致在位者的產品變得更商品化。

曾在相機產業寫下傳奇的柯達公司（Eastman Kodak）在 2012 年申請破產，並退出相機業務。[24] 柯達的殞落是消費生態系中興起的強大新數位競爭對手所導致，它們改變了相片被觀看及分享的方式——在螢幕上觀看，透過 APP（例如 Instagram）分享。蘋果、谷歌及臉書之類的公司統治了消費生態系領域，建立強大的不對稱生態系障礙，把相機貶為手機的元件。現今的柯達甚至不是手機相機供應商。

本書前言曾談到，在無人駕駛車的潛在攻擊下，傳統汽車製造公司面臨相似的商品化威脅。若消費者喜好從買車變成在乘車平台購買訂閱服務，優勢就會轉向主宰汽車消費生態系的數位競爭對手，這類競爭對手——很可能是谷歌、蘋果、或 Uber——可能更了解消費者如何使用車子，而傳統汽車製造公司懂得如何生產車子。谷歌、蘋果、及 Uber 是強大的數位競爭對手，它們能從平台介面收集到的消費者檔案取得關於消費者對汽車駕乘需求的數據，而非只是從乘車平台的智慧型汽車上取得這類數據。手法類似於阿里巴巴和騰訊跟傳統銀行競爭的手法，阿里巴巴和騰訊從多元平台上收集到的消費者數據將遠多於傳統銀行從自身銀行應用程式收集到的數據。谷歌、蘋果、或 Uber 也有這樣的數據優勢，更了解使用者需求，在駕乘過程中提供優越的數位體驗更具優勢。到最後，使用者變得不在意車子品牌，而是在意能提供更優越數位使用體驗的平台。在這情境中，作為產品的車子變得更加商品化。傳統企業必須對具有不對稱優勢的數位競爭對手帶來的威脅更警覺，不對稱優勢能讓它們克服生態系障礙。＜圖表 7-3 ＞不對稱的生態系障礙促成的數位競爭顛覆。

與數位競爭對手競爭的架構

上文提供的 3 種情境——消費性產品如電動牙刷、建築機具、銀行業務，例示數位生態系的競爭動態，以及傳統企業可以預期來自數位競

圖表 7-3　不對稱的生態系障礙促成的競爭顛覆

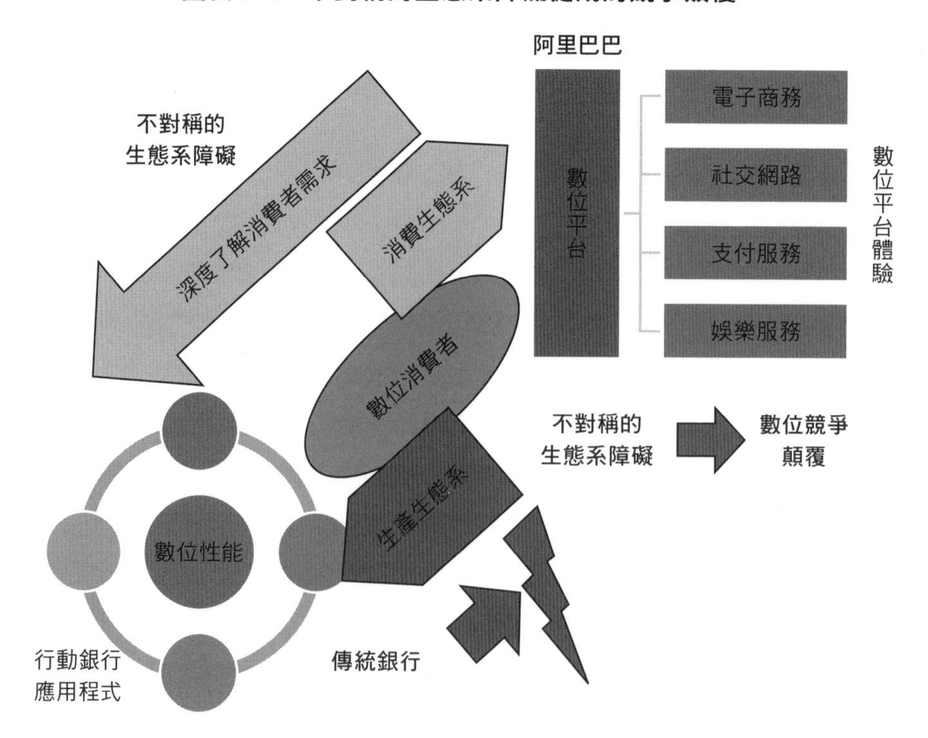

爭對手的行動，也幫助產業型競爭的競爭動態和數位生態系的競爭動態。這三個例子未必描繪了數位生態系競爭的所有細節，但引起注意一些新的重要概念，在此簡要敘述這些重要概念：**生態系均勢**（當數位競爭對手有對稱或勢均力敵的生態系和生態系優勢時）；**對稱的生態系障礙**（當鞏固於生產生態系中的數位競爭對手難以移向消費生態系時；或鞏固於消費生態系的數位競爭對手難以移向生產生態系時）；**不對稱的生態系障礙**（當一群數位競爭對手面臨生態系障礙、但另一群數位競爭對手未面臨生態系障礙時）。使用這些概念，傳統企業能找到適當方法來應付數位競爭對手，＜圖表 7-4 ＞呈現了這個架構。

傳統企業可能遭遇兩類數位競爭對手：其一，那些以相似產品的智慧型版本競爭的公司；其二，以不同的智慧型產品或數位平台競爭的公司。寶僑的主要數位競爭對手高露潔和飛利浦以相似的智慧型產品競

圖表 7-4　數位與傳統競爭對手的差異

競爭特性	數位競爭對手	傳統競爭對手
市場目標	建立數據服務的市占率	建立產品的市占率
競爭基礎	相似的數據	相似的產品
競爭推力	數據驅動型服務的性能；數位體驗	產品性能
競爭場域	數位生態系	產業
競爭資源	來自生產與消費生態系的網路效應	來自價值鏈的規模經濟
促成競爭平衡的力量	生態系均勢；生態系障礙	價值鏈均勢；移動障礙
促成競爭顛覆的力量	不對稱的生態系障礙；無法防禦來自生產與消費生態系或在這些生態系中的競爭攻擊	不對稱的移動障礙；無法重新架構價值鏈以因應創新或對抗新進者

爭；反觀中國的傳統銀行遇到的數位競爭對手——阿里巴巴及騰訊——則是以電子商務及社交網路平台來競爭，而不是以銀行競爭。開拓重工不僅遇到推出相似的智慧型產品的數位競爭對手（例如小松），也遇到以軟體及車載資通系統的競爭對手（例如海克斯康）。

傳統企業也可以預期數位競爭對手出現在不同的競爭場域。數位競爭對手可以在在位者的生產生態系中跟在位者競爭（高露潔或飛利浦或歐樂B），或在在位者的消費生態系中與之競爭（例如中國的銀行消費生態系裡的阿里巴巴及騰訊）。這裡提出的架構根據這些因素區分為4種競爭情況（見圖表7-5），這些情況幫助傳統企業評估何時及如何建立領先地位或維持競爭平衡，也幫助傳統企業覺察可能到來的數位顛覆。

左下象限：在智慧型產品領域取得領先或維持均勢。此架構的左下象限代表的情況是在位者遇到供應相似的智慧型產品的數位競爭對手，

圖表 7-5　應付數位競爭對手的 4 種競爭狀況

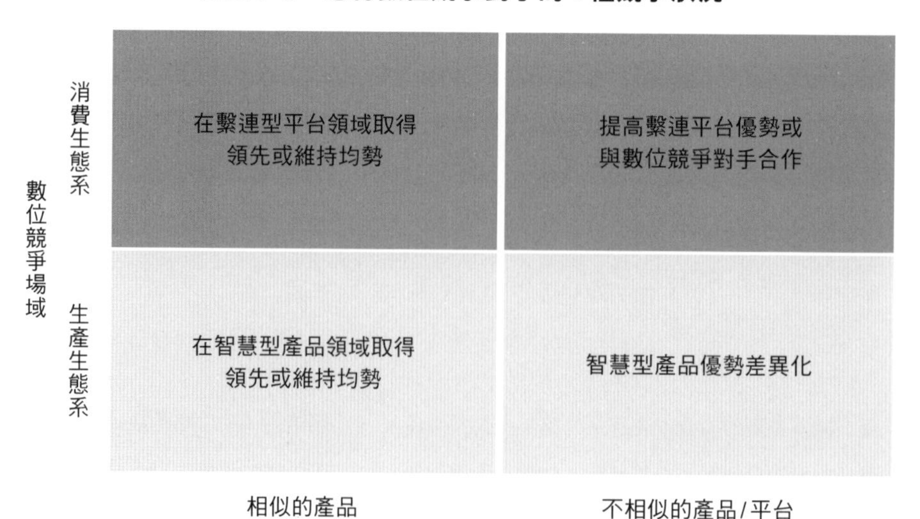

而且在生產生態系裡彼此競爭。在智慧型牙刷例子中，歐樂 B 遇到的數位競爭對手是該公司熟悉的產品競爭對手，而且，目前生產生態系是它們的競爭場域。在這種情況下，想要取得領先的話，歐樂 B 這樣的在位者可以透過網路效應來利用先發者優勢，這需要非常積極地吸引數位消費者（參見第 6 章）。取得更大的市占率將能獲得更多的消費者數據，使歐樂 B 的演算法變得更聰明，它的數據驅動型性能更精細複雜。擁有較多使用者的品牌將吸引更多使用者，因為其產品性能變得更聰明。為防止歐樂 B 快速搶走市場，Sonicare 和 Hum 必須快速反應，想保持競爭力，必須在生產生態系優勢上和歐樂 B 保持均勢，這意味著，必須一樣積極地吸引數位消費者，匹敵歐樂 B 推出的每一項產品性能。這就是它們目前的手法。

左上象限：在繫連型平台領域取得領先或維持均勢。此架構的左上象限代表的是競爭對手在消費生態系中以相似產品競爭。繼續以智慧型牙刷為例，歐樂 B 若想在這競爭場域（消費生態系）中取得領先，必須率先推出繫連型數位平台，它必須先把數位消費者連結到牙醫或牙齒保險公司。在此情況下，歐樂 B 同樣能藉由增強平台的網路效應（從更多數位消費者、牙醫、及保險公司取得更多數據），利用先發者優勢。為了保持競爭力，Sonicare 和 Hum 以自己的、同等強力的繫連平台來與歐樂 B 抗衡，並且發展出同樣強大的網路效應。必須在消費生態系中維持均勢。

右下象限：智慧型產品優勢差異化。傳統企業可能也會遇到不生產相似的產品、但在生產生態系領域競爭的新數位競爭對手，此架構的右下象限代表這種情況。最常見的這類數位競爭對手是在在位者的產品上加入感測器的軟體公司，這些數位競爭對手本身不生產及銷售產品，但能取得相似的數據。舉例而言，海克斯康可以在開拓重工出產的機器上加裝感測器，以相同的預測性維修服務來和開拓重工競爭。在這種情況下，開拓重工的最佳選擇是用智慧型產品創造護城河，畢竟，該公司比任何其他公司更了解自家產品，它應該利用這事實，為數據驅動型服務打造更高的可信度。換言之，開拓重工必須提高生態系障礙，捍衛生產生態系領域。為此，該公司可以利用價值鏈優勢來增強生產生態系，例如，可以利用對產品工程的了解，更好地解讀機器數據，發展更好的數據驅動型互動式性能。開拓重工也可以更有效地把幫助減少機器停工時間的新數據驅動型預測服務和管理備用零件及產品維修人員的傳統能力結合起來，第 8 章探討數位能力將更詳細地說明。

右上象限：提高繫連平台的優勢。最後，此架構的右上象限代表的情況是傳統企業在消費生態系中遭遇新的數位競爭對手，開拓重工與海克斯康就是一個例子，耐吉與 Fitbit 和蘋果手錶（Apple Watch）也是。若 Fitbit 和蘋果進入耐吉的消費生態系領域，例如透過各自公司版本的繫連型數位平台，把跑步者或運動員社群和教練連結起來，就會發生這種情況，Fitbit 和蘋果能提供相似的平台服務，和耐吉一起競爭，它們不需要生產及銷售運動鞋。

落在此象限的傳統企業有許多不同選擇。消費生態系是多數傳統企業不熟悉的競爭場所，在這領域的數位競爭對手能構成顯著威脅，但難以準確預測它們帶來的競爭衝擊，這主要取決於生態系障礙的強度，以及數位競爭對手跨越這些障礙的相對力量。傳統企業面臨的挑戰是權衡進軍一個不熟悉的消費生態系的風險和數位競爭對手想把傳統企業的產品商品化的危險。此外，傳統企業還必須評估進軍消費生態系的風險與報酬，第 10 章在總結各種數位競爭策略選擇時，會進一步討論。

根據這些評估，傳統企業的選擇之一是發展及強化自己的繫連平台，和數位競爭對手正面競爭。例如，銀行自行開發發應用程式，打造了解消費者習慣的窗口。或者，傳統企業可以選擇避開直接競爭，在消費生態系領域和新的數位競爭對手合作，開拓重工和天寶公司合作就是一個案例。不論哪個選擇，都勝過忽視消費生態系領域中的數位競爭對手，忽視可能造成的數位顛覆。

數位競爭對手情報

最後，為了應付數位競爭，傳統企業必須發展新競爭對手情報。情報工作應該能回答以下 3 大提問：

「誰可能是數位競爭對手？」
「將在哪個生態系中與數位競爭對手強碰？」
「數位競爭對手會構成什麼樣的威脅如何？」

以下將逐一討論。

提問 1：誰可能是數位競爭對手，熟悉的對手或新對手？

若只能從價值鏈中生成感測器及物聯網數據，無法從產品生成數據，那麼，數位競爭對手可能是熟悉的產業對手。想想石油及天然氣業務，不太可能在產品中嵌入感測器，但這個業務有價值數十億或數百億美元的資產生成有用的數據，光是石油探勘作業，使用現代數位工具如人工智慧來改善發現石油的可能性，公司的營運成本就能節省高達 50% 至 60%（參見第 10 章討論關於石油及其業務更多細節）。在這種情境下，當所有競爭對手都有相似的誘因利用數據力時，所有競爭對手都會轉變成數位競爭對手，沒有相似資產的公司不太可能成為數位競爭對手。

當數據是產品類別的獨家數據時，數位競爭對手也可能是熟悉的產業對手，歐樂 B 或 Sonicare 可能發現，數位競爭對手僅限於牙刷製造商，因為若不直接銷售牙刷給消費者的話，就難以獲得關於牙齒衛生的數據。

另一方面，若企業取得的產品數據並非獨家數據時，將遭遇新的、不熟悉的對手。裝有感測器的燈泡製造商使用燈泡收集到的動作數據（例如，無人在家時，感測到有人在動作）來進軍保全服務業，但住家中的許多其他產品也可以收集到這種數據，包括攝影機供應商或 Alexa 之類的器材。在這種情境下，數位競爭對手將是各種能夠取得相同數據、但不以相似產品競爭的公司。若產品能夠被改造加裝感測器，也可能出現這種新數位競爭對手，例如有相當歷史的營建改進製造商喜利得公司（Hilti Corporation）提供數據驅動型服務，幫助包商及時找到執行工作的合適工具，避免工程延遲。但不製造與喜利得的工具相似的新數位競爭對手現在也透過追蹤工具的應用程式，提供相似服務。

提問2：數位競爭場域：生產生態系抑或消費生態系？

生產生態系已經成為重要的競爭場域，企業找到使用現代技術來改善營運效率或提供新的數據驅動型服務的機會。在石油與天然氣產業，埃克森美孚（Exxon Mobil）、雪佛龍（Chevron）、及英國石油（British Petroleum）等公司投入很多錢充實自家的生產生態系，它們競相提高石油探勘效率，改善輸油輸氣管維修，改善煉油廠作業安全。噴射引擎業的主要競爭對手奇異、普惠（Pratt & Whitney）、及勞斯萊斯（Rolls-Royce）全都已經把競爭範圍從傳統製造產品擴大至數據驅動型服務，例如預測性維修服務。

當一家企業的產品有愈來愈多的互補品時，消費生態系就變成活躍的數位競爭場域。以近年登場的電信 5G 技術為例，5G 行動網路能高速且非常可靠地傳輸大量數據，因此這項技術很適合物聯網的應用，讓資產分享大量數據，例如在智慧型城市應用，或是管理連網車隊。這類應用也為電信服務商開啟活躍的新消費生態系，它們的業務模式不侷限於銷售數位連結，也可以促進和參與數位連結的消費生態系，競爭自然也就轉移到這個生態系領域。威訊通訊（Verizon）近年花數十億美元在多件收購案，包括為智慧型城市服務提供物聯網平台的感知系統公司（Sensity Systems）、提供車隊管理及行動人力解決方案的富力邁（Fleetmatics）。AT&T 和辛克羅斯科技公司（Synchronoss Technologies）合作，提供物聯網平台服務，幫助辦公大樓節省能源。關於 5G 技術的介紹與延伸，可以參見第 10 章有更多討論。

提問3：威脅程度：一般威脅或顛覆性威脅？

競爭情報其中一個重要成分是推測新競爭威脅的嚴重程度。競爭不會如你所願地消失，但你可以控制它們，把競爭當成一般業務經營來管理。為了應付持續的數位競爭動態，注意公司的生態系障礙是必要的一環，企業必須盡所能地致力維持生態系均勢，也必須密切注意生態系障礙強度，適當地提高難以克服的生態系障礙。

數位競爭對手甚至可能勝過傳統競爭對手，主要原因是傳統企業還未發展完整的生態系均勢。Peloton 健康科技公司的健身腳踏車價格能比傳統競爭對手高出許多，是因為它率先發展出消費生態系，由活躍的 Peloton 使用者和教練構成。截至目前為止，Peloton 的許多傳統競爭對手選擇採用既有的、以價值鏈為基礎的業務模式。若生態系障礙不對稱，數位競爭就可能造成顛覆，例如阿里巴巴和騰訊顛覆中國的傳統銀行，而且在這種情況之下，傳統企業想建立起生態系障礙並不容易。〈圖表 7-6〉摘要了數位競爭對手情報。

圖表 7-6 數位競爭對手情報

誰可能是數位競爭對手？		數位競爭場所在何處？		構成的威脅程度	
熟悉的競爭對手	新競爭對手	來自生產生態系	來自消費生態系	低	高
條件 ・只能從價值鏈資產中生成感測器及物聯網數據 ・產業多少有相同的誘因去改善資產利用 ・感測器數據是產品類別的獨家數據	・感測器數據不是產品類別的獨家數據 ・產品能夠被改造加裝感測器	情況 ・出現可以使用現代技術去改善營運效率或提供數據驅動型服務的機會	・產品有愈來愈多的數位互補品時	原因 ・有效發展出生態系均勢 ・生態系障礙大而難以克服	・未能有效發展出生態系均勢 ・難以建立生態系障礙

結論：關於數位競爭對手

當傳統企業把策略範圍從產業擴大到數位生態系時，將遇上數位競爭對手，有些數位競爭對手可能是老產業對手，以勢均力敵的數位優勢相互抗衡；有些數位競爭對手可能是不熟悉的對手，它們以不對稱的數位優勢來競爭，成為傳統企業不熟悉的威脅。來自老對手和新對手的挑戰結合起來形成的競爭動態不同於傳統企業習慣的競爭動態，以往以價值鏈結構為基礎的競爭，現在擴展成以生產及消費生態系的競爭。

傳統企業必須了解這些新的競爭動態，在此同時，也不能忽視在產業型競爭中的傳統優勢，畢竟，數位生態系是建立於產業網路的基礎之上。為了在數位生態系中競爭而發展的新優勢將取決於在傳統產業中競爭時建立的優勢，即使現在已經變成數位競爭對手，仍然得仰賴長期以來鍛鍊出來的競爭優勢。當遇到的數位競爭對手是以前的夙敵時，這些老優勢將維持生態系均勢。當遇到的是新數位競爭對手時，這些老優勢將增強生態系障礙。

雖然，老優勢很重要，但傳統企業也需要發展新優勢。想在數位生態系中成功競爭，必須建立新的數位能力，第 8 章將討論數位能力，以及如何建立數位能力。

第 8 章

數位能力

企業的能力是競爭策略不可或缺的要素，能力是企業的策略引擎的燃料，有了能力，企業才有可能達成策略目的，也在市場上區分出贏家與輸家。同樣地，數位能力也是企業的數位競爭策略的重要層面，有數位能力，企業才可能有效地釋放數據價值。在數據的競技場上，數位能力決定輸贏。本章探討數位能力：什麼是數位能力？以及傳統企業如何建立數位能力。

不同於市場、消費者、及競爭對手，能力是不易觀察到的東西，能力藏在企業內部，我們或許能看到能力的成果，但難以看到能力本身。舉例而言，從各汽車製造公司出產的車子的故障情形分析，可以看出豐田汽車公司的產品可靠，但種種背後因素更難觀察到。能力是內隱的東西，你知道它們存在，但你無法直接看到，具體情形難以捉摸。

能力源自公司內部的資源和流程的複雜結合，當企業把資源及流程投入於特定的策略目標時，它們創造價值。這章繼續以豐田汽車為例，豐田汽車的資源包括資產、廠房、研發、龐大的供應商網路、專業員工、以及堅實財力，流程包含大量部門及跨部門活動，這些活動有效地利用資源，朝向達成特定的策略目標，例如產品可靠程度。

豐田汽車打造可靠的產品流程來自於全公司奉行的原則，例如全面品質管理（total quality management，簡稱 TQM）[①]、精實製造（lean manufacturing）[②]、及 6 個標準差（Six Sigma）[③]。全面品質管理幫助聚焦和校準所有部門的活動，包括供應鏈管理、作業、產品設計、消費者服務，朝向達成消費者滿意度的目標。精實製造和 6 個標準差是跨部門努力，目的是校準公司流程，確保品質。豐田的資源實力，結合跨部門的流程校準，建立產品很可靠的競爭優勢。豐田的許多資源——例如其工廠、策略及其他資產——或許明顯可見，或是可以從公司資產負債表推論，但把這些資源混合搭配起來以形成特定能力——例如產品可靠性——的流程則不明顯。

跟傳統能力一樣，數位能力源自公司的資源與流程的結合，但數位能力跟多數傳統企業熟悉的能力大不相同，而且，數位能力能夠達成不同策略目標。傳統能力可以提高產品的競爭力，但數位能力主要是增加數據的價值，因此，數位能力需要使用各種資源，需要不同的流程，可以創造不同種類的價值。

跟傳統能力一樣，數位能力很難觀察到，但可以從比較熟悉的傳統能力推論出什麼是數位能力。比較、了解傳統能力和數位能力的差別之後，企業就能評估如何把傳統能力延伸成為新數位能力。本章探討數位能力與傳統能力的差別，再以這些不同來說明傳統企業如何把傳統能力擴展為新的數位能力。

了解數位能力

傳統能力主要是幫助企業改善在產業中的競爭力，而數位能力則是提升傳統企業在數位生態系中的競爭力。傳統能力和數位能力在 4 個層面都不太一樣，這 4 個層面是：策略目標，資源，流程，策略範圍，<圖表 8-1 >傳統能力和數位能力在這 4 個層面上的差別。以下逐一討論每個層面的重要性。

策略目標

傳統能力希望能把產品的市占率最大化，增進產品優勢，這些優勢表現在產品設計、品質、以及高競爭力的價格上。基本上，傳統能力使傳統企業高效生產與銷售，雖然，數據也扮演了角色，但主要是支援產品的生產與銷售，以及創造商品價值。

數位能力聚焦數據，把數據的角色從支援產品改成跟產品一起創造價值。數位能力的重要策略目標是增進數據的優勢，擴大數據的價值範圍。數位能力幫助傳統企業透過數據來產生新的營收來源，這是傳統企業無法光靠產品增加的營收來源。

第 1 章討論到數位巨頭如何把數據的角色從早期數位平台，擴展到創造價值的重要引擎。舉例來說，在臉書上，數據在早期扮演的角色是讓使用者在無需實際接觸下就能互動，臉書一開始只是想做數位社交的互動。但是過了這麼久，這項功能幫助了臉書提升數位能力，深入洞察

圖表 8-1　傳統能力和數位能力不同之處

屬性	傳統能力	數位能力
策略目標	增進產品的優勢	增進數據的優勢
資源	價值鏈資源	數位生態系資源
流程	部門及跨部門的價值鏈工作流程	數據分享及整合 API 網路
策略範圍	公司範圍、多樣化程度	數據驅動型服務的廣度

用戶，建立強大實用的用戶檔案。這些數位能力變強大之後，數據在臉書的業務模式中扮演的角色也增加了，在增加的角色中，數據繼續改善臉書的主力產品──社交網路平台──的功能，吸引更多用戶，形成強大的網路效應。此外，數據也開啟創造價值的新管道，最顯著的就是廣告收入，臉書的數據透過數位廣告，創造上千億美元的年營收。換言之，臉書的數位能力讓數據變成搖錢樹，數據從一開始只是支持臉書的原始產品角色，變成一樣重要、甚至變得更重要的策略性資產。

數位能力也為傳統企業促成這種從「產品」轉向「數據」的策略性轉變。數據讓思麗普床墊製造商透過智慧型演算法和感測器數據，大量客製化床墊（參見第4章），數據使思麗普的主力產品──床墊──變得更強。數據驅動思麗普產品的新性能，例如床墊泡綿能夠調整形狀，改善每個人的睡眠體驗。數據促成的數位能力也讓思麗普的業務領域從床墊擴展至保健服務，在傳統的床墊業務之外，開闢新營收來源。

數位能力使州立農業保險公司（State Farm Insurance）能夠追蹤個別消費者的實際駕駛行為，從這些數據得到的觀察得以改善重要業務的準確度：推算個人的汽車保險風險，提供針對個別駕駛人量身打造的保險單。這些數位能力也透過應用程式，在駕駛人超速或闖紅燈時發出警訊，正面影響個人的駕駛行為。根據即時駕駛數據來提供的這類新性能幫助減少車禍，因而降低公司的總理賠成本，改善保單獲利力。新數位能力促成的這些獲利力降低風險，也增補傳統上用來預測風險的精算及核保流程。

傳統企業開始發展數位能力時，無法立刻清楚看出數據能創造的新營收機會，例如，臉書剛創立社交網路平台時，並未預期到數位廣告能創造上千億美元的廣告收入。但是，臉書的成功展現數據驅動型能力的潛力，每家公司──縱使沒有臉書的規模，都能靠著汲取數據的價值而獲利，數位能力幫助達成這種策略目標。

資源

由於基本的策略目標不同，使得傳統能力和數位能力利用的資源不同。傳統能力的策略目標是增進產品的優勢，因此利用的是價值鏈資源，價值鏈資源包含生產與銷售產品的活動涉及的所有單位、資產及實體。就製造業而言，包括材料及供應鏈。資源包括把材料轉化為產品和幫助銷售產品的各種資產，如品牌、通路網路、售後服務；資源也包括產品及消費者群，能夠在營運中形成規模優勢。就服務業而言，例如保險公司，價值鏈資源包括投保人的種類與涵蓋範圍、精算及核保人才的深度、銷售保單的保險經紀人網路、創造營收金流的保單。不論是製造業或服務業公司，所有價值鏈都需要人力資源來管理，它們的資源也包括嵌入價值鏈、目的是支援生產與銷售產品、服務作業的各種 IT 系統。

另一方面，數位能力的策略目標是增進數據的優勢，因此，利用的是數位生態系資源，數位生態系資源包含貢獻建立及使用傳統企業的生產與消費生態系的所有資源。數位能力利用的生產生態系資源種類不同於利用的消費生態系資源種類，為了深入了解差異，應該討論這兩種生態系資源的兩個面向：第一個面向是**基礎設施資源（infrastructural resources）**，這類資源充實傳統企業的生產生態系，讓消費生態系蓬勃發展；第二個面向是**數據資源（data resources）**，生產及消費生態系生成、分享、及加大創造價值的資源。

生產生態系的基礎設施資源

如第 3 章及第 4 章所述，生產生態系源自價值鏈網路，企業的價值鏈資源也是生產生態系基礎設施的基礎資源。更確切地說，當企業的基礎價值鏈資源（例如價值鏈實體、單位、及資產）被數位連結起來，形成生成與接收數據的網路時，就形成了生產生態系的基礎設施資源。換言之，當數位技術利用價值鏈的內部能力來促成數據連結時，原先的價值鏈就轉變成生產生態系資源。

把現有的基礎設施轉變成數位基礎設施。這種轉變以幾種方式發生，首先，需要整個價值鏈的實體、單位、及資產普遍地裝上感測器及物聯網路賦能，因此，第一步通常是把現有的價值鏈資產裝上感測器，並且變成物聯網賦能。基本機器公司（Elemental Machines）把各種原本各自為政的研發實驗室設備變成一個相互連結的網路，就是這個步驟的例子（參見第 4 章），研發實驗室裡的價值鏈資產如離心機、冷凍櫃、光譜儀等等，在裝上感測器、並且變成物聯網賦能後，成為一個連結網路的智慧型元件，就轉變成一個生產生態系的基礎設施了。

增添新的數位基礎設施。傳統企業也可以用新類型的數位資產來取代未連結的現有資產，例如，總部位於波士頓的運動鞋製造商 New Balance 正在實驗有可能取代傳統鞋模的 3D 列印機。鞋模是用以生產鞋底的規模密集性資產，有標準尺寸，一個尺寸（例如 7 號尺寸）的鞋模製作出來後，就可以大規模製造這個尺寸的鞋底。通常，一個鞋模得在一個月內生產出至少 2,000 個鞋底，打造這個鞋模的投資才划算，像 New Balance 這樣有名氣的製鞋公司，產量遠大於最低門檻數量。

反觀 3D 列印機，可以根據感測器數據來大量客製化鞋底，感測器數據包括使用者腳的實際尺寸及輪廓的掃描，以及體重和步態的記錄。New Balance 在一些零售店裝了這種掃描器，「3D 列印機可以更精細地設計鞋底」，New Balance 的全球鞋類業務資深副總馬克．克林納德（Mark Clinard）說。一般製鞋，尺寸只能規格化地增量（例如 7 號，7.5 號，8 號），使用不同的鞋模，但使用 3D 列印機的話，可以按照任何一個使用者的感測器數據來生產非常細密的連續尺寸。3D 列印機甚至可為使用者提供左右腳尺寸些微差異的一雙鞋子（許多人的左右腳尺寸些微不同）。

智慧型產品及數位消費者也是數位基礎設施。除了生產產品的智慧型資產，當產品加裝了感測器後，這些產品本身也成為傳統企業的生產生態系的基礎設施了，被感測器產品吸引的數位消費者也是。這類智慧型產品和數位消費者因為增加企業生成數據的能力，也成為生產生態系的基礎設施。隨著思麗普的智慧型床墊大賣，和這種床墊互動的數位消費者數增加，公司生成互動式數據的能力也提高。同樣地，愈多州立農業保險公司的消費者使用駕駛安全應用程式，從消費者端生成數據數據的能力愈強。智慧型產品和數位消費者是思麗普及州立農業保險公司的生產生態系的基礎設施，幫助傳統企業提供更多的互動式產品性能。

把 IT 系統擴展到新數位基礎設施裡。價值鏈中嵌入的 IT 系統也成為生產生態系基礎設施的重要基石。IT 系統——例如第 3 章談到的企業資源規畫（ERP）系統——通常是在跟特定價值鏈活動相關的數據源頭和數據接收者內運作，以著名的吉他製造商芬達（Fender）的 ERP 系統為例，這個系統收到來自客戶、美國最大的樂器零售連鎖店吉他中心（Guitar Center 戶）的數據——例如吉他中心請求芬達出貨各種款式、型號的吉他數量，芬達的 ERP 系統把這些數據跟價值鏈上的一些特定實體分享，這讓芬達把工作流程自動化。來自吉他中心的訂單提醒芬達準備和供應必要的元件，安排生產時程，通知有關的配送中心處理送貨，生成必要的發票、發貨單，申報付款收據。

這種系統是很有用的基礎設備，可用在擴大的數據整合基礎設施，和新種類的軟體、機器學習演算法、及人工智慧等新數位基礎設施整合在一起。把傳統的 IT 系統擴大整併到這種新的基礎設施裡，這是很重要的工作，因為企業可以預期將會使用到更廣泛的數據來源——來自更廣大的各種感測器及物聯網賦能資產。此外，企業也必須準備處理大量來自數位消費者的即時數據流，這類數據有可能來自數百萬個別數位消費者，想像所有芬達製造的吉他都加裝了感測器，或州立農業保險公司的所有消費者都使用駕駛安全應用程式的話，這些數據量將會有多少。新數據源也可能包括非結構化數據（unstructured data），例如來自社交媒體的數據。舉例而言，搖滾明星布魯斯·史普林斯汀（Bruce Springsteen）在演唱會或訪談中提到芬達的吉他[4]，這可能引發市場對芬達吉他的需求突然大增，而吉他中心連鎖店還沒來得及下單增加進貨。想要解讀這類數據、並開始行動，就需要新軟體、新演算法、及 AI 引擎，這些全都是企業的生產生態系基礎設施的必要成分。

最後，就如同價值鏈的管理需要人力資源，公司也需要人才來管理及營運生產生態系，因此，人力資源是企業的生產生態系基礎設施的另一個重要部分。生產生態系的管理需要具備軟體及數據分析專業技能的人才，本章後文將討論如何建立數位能力，將提到需要哪些新類型的人力資源。

生產生態系的數據資源

生產生態系的基礎設施幫助傳統企業生成、分享、及處理新種類的數據，這些數據在「量」與「質」方面都不同於傳統上用來支援價值鏈經營的數據，新種類的數據也是企業的生產生態系資源的重要層面。

打造生產生態系資源的數據在「量」方面不同於傳統能力使用的數據，這是因為在生產生態系中有更多來自更多源頭的數據。在「質」方面，這些數據也跟傳統能力使用的數據大不同，因為它們是互動式數據，不是事件型數據。一台機器故障時發送的訊息是事件型數據；持續監視機器以預測何時會故障的數據是互動式數據。一筆銷售發生時呈報的數據是事件型數據；產品與使用者互動情形的即時串流數據是互動式數據的生成。互動式數據也來自精確的定點源，例如個別消費者或個別機器元件。第 1 章曾以數位巨頭為例，說明這類互動式數據提供的潛在價值遠多於事件型數據，互動式數據讓各種實體（如供應商或經銷商）

及資產（如機器或機器人）彼此即時交談，追蹤記錄每個資產或產品與使用者互動情形的互動式數據能產生深度洞察。

這類數據，以及生成數據的基礎設施，代表生產生態系資源和價值鏈資源有重要區別。＜圖表 8-2 ＞摘要生產生態系資源的討論，如圖表所示，生產生態系資源是以各種傳統價值鏈資產和互連的資產為基礎，建立起能夠生成數據、並在這些互連的資產間分享數據的基礎設施，再

圖表 8-2　生產生態系資源

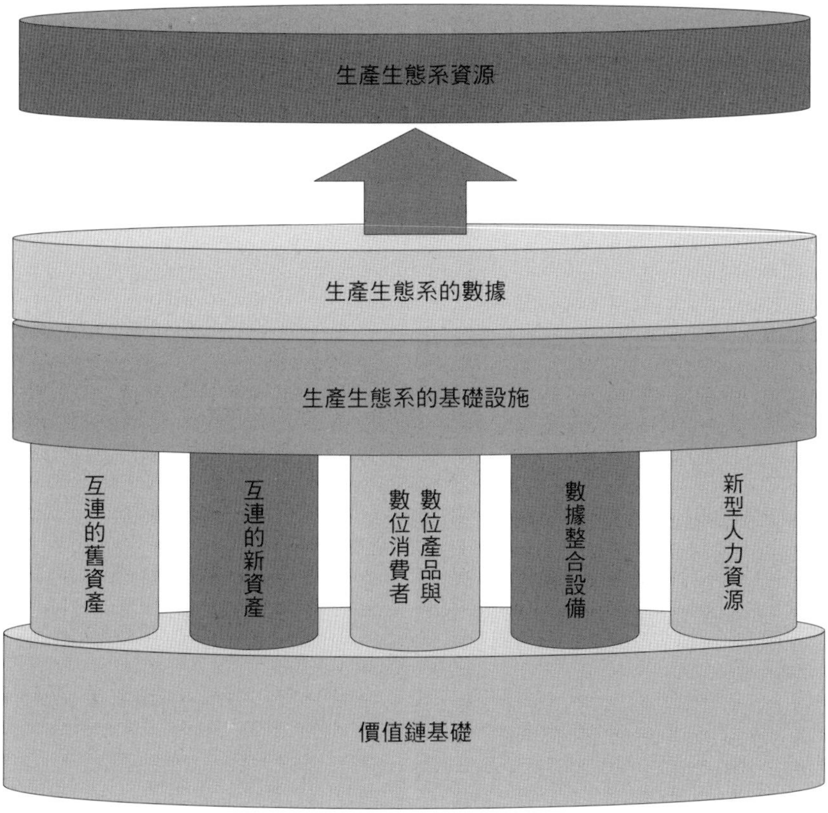

生產生態系資源
生產生態系的數據
生產生態系的基礎設施
互連的舊資產
互連的新資產
數位產品與數位消費者
數據整合設備
新型人力資源
價值鏈基礎

加上生態系中生成及分享的數據。

消費生態系的基礎設施資源

如第 3、4、5 章所述，消費生態系是以互補者網路為基礎建立起來的，互補者網路是補充產品及感測器數據的第三方實體構成的網路。不同於價值鏈，互補者並未在傳統企業的傳統業務模式中扮演任何重要角色，因此，傳統企業必須往價值鏈以外去為消費生態系基礎設施尋求支持。當企業把業務範圍從價值鏈延伸成一個繫連型數位平台時，就形成了消費生態系的基礎設施。如第 5 章所述，繫連型數位平台是傳統企業在消費生態系中競爭的首要手段，因此繫連型數位平台就是企業的消費生態系基礎設施的體現。

外部投入要素和內部投入要素結合起來，貢獻於消費生態系的基礎設施——繫連型數位平台。外部投入要素指的是一群開發者使用現代技術，打造出一個物聯網賦能的實體與資產環境，讓企業能連結至這個環境。內部投入要素包括一個企業的數位消費者、新軟體資產、具備新技能的人力資源。為了建立強力的繫連型數位平台，作為堅實的消費生態系基礎設施，外部要素和內部要素都不可或缺。

舉例而言，歐樂 B 受益於無所不在的感測器、物聯網賦能的資產增生、智慧型手機應用程式的普及、高速 5G 行動網路的建立等等（參見第 7 章），這些外部要素能幫助歐樂 B 建立一個繫連型數位平台，這些外部力量能提供連結至牙科診所（提供牙齒健康服務）及保險公司（幫助降低保費）之類的實體，成為歐樂 B 的繫連型數位平台的使用者，提供新的數據驅動型服務。此外，歐樂 B 可以倚賴上百萬個開發者中的一個子集去編輯歐樂 B 的繫連數位平台的對外 APIs，連結至這些牙科診所及保險公司的行動應用程式或網站。

除了這些外部特色要素，歐樂 B 在建立一個繫連型數位平台時，也受益於內部。數位消費者是最重要的內部貢獻者，他們是吸引其他平台使用者的基礎，歐樂 B 需要數位消費者生成感測器數據，吸引牙科診所及保險公司到歐樂 B 的繫連型數位平台。此外，歐樂 B 也需要更先進的新軟體和數據處理設備，用於管理及營運繫連型數位平台。想要建立這些設備，傳統企業投資布局生產生態系基礎設施之外，也必須做出新的或更多的投資。最後，具有數位平台管理經驗與技能的新人力資源也是消費生態系基礎設施的重要內部投入要素。

消費生態系的數據資源

除了基礎設施，數據也在消費生態系資源中扮演重要角色，就如同在生產生態系資源中扮演重要角色。構成消費生態系資源的數據不同於企業以傳統能力去支持產品時使用的數據，跟生產生態系的數據一樣，消費生態系的數據是互動式數據，不是事件型數據，這些數據來自企業的數位消費者，也來自外部實體以平台使用者身份補充的數據。為了打造一個繫連型數位平台上的使用者之間的交易，需要互動式數據，舉例來說，消費者刷牙時生成的互動式數據傳輸至牙科診所時，能促成更佳的牙齒保健。互動式數據能洞察產品使用的情形以及消費者行為，公司根據這些洞察，向消費者提供新服務。＜圖表 8-3 ＞描繪消費生態系資源，這些資源是各種內部及外部數位資產、數位平台基礎設施、及數位平台生成的數據所組成的。

流程

基本的策略目標不同，讓傳統能力和數位能力利用的資源有所不同，也讓傳統能力和數位能力仰賴的流程有所不同。傳統能力仰賴的流程目的在於增加產品的優勢，這些流程的形式是部門及跨部門的常規工

圖表8-3　消費生態系資源

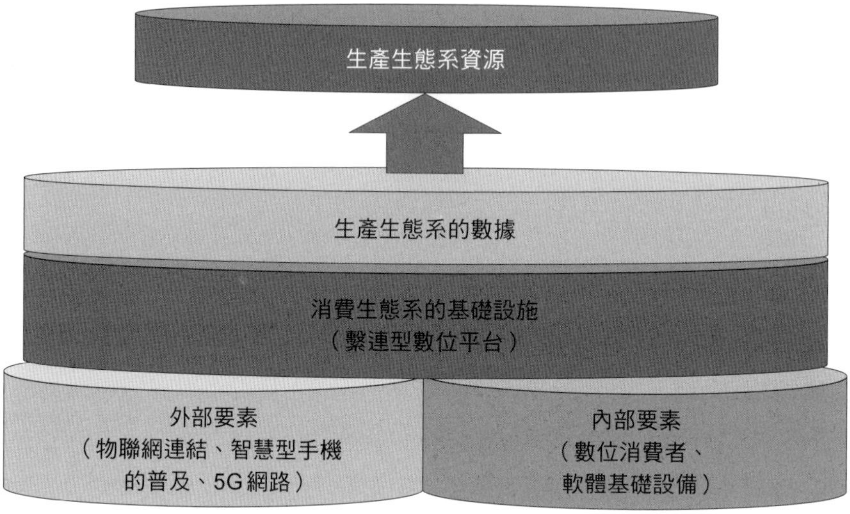

生產生態系資源

生產生態系的數據

消費生態系的基礎設施
（繫連型數位平台）

外部要素
（物聯網連結、智慧型手機
的普及、5G網路）

內部要素
（數位消費者、
軟體基礎設備）

作流程，它們管理各種價值鏈活動以及互相依賴。

流程打造傳統能力：部門及跨部門常規工作流程

部門的常規工作流程是用於管理特定部門的流程，它們是「常規」，因為一旦確立，就會重複很多次。銷售人員被規定進行銷售業務拜訪，就是銷售部門的常規流程。跨部門常規工作流程是規定的跨部門互動方式，包括跨部門產品發展或客服團隊會議，以及其他如跨部門協調工作的確立常規。公司的價值鏈中有許多這類部門及跨部門常規工作流程，幫助強化生產與銷售產品的傳統能力。

常規工作流程如何打造傳統能力

部門及跨部門的常規工作流程以許多方式貢獻企業的傳統能力。部門的常規工作流程強化部門的技能，例如，製藥公司的藥品業務代表定期和醫生及醫院往來，有條理地強化銷售部門的技能。例行地調查供應商，有系統地使用科學方法推估材料成本及品質，可幫助強化採購部門的技能。當有豐富的資源支持常規工作流程時，這些技能將進一步增強，舉例而言，製藥公司若有堅實品牌、優質產品、以及有知識與幹勁的藥品業務代表支持，銷售常規工作流程將變得更有效率。同理，營運規模及大量採購將改善採購部門的常規工作流程。

跨部門的常規工作流程管理公司內部門與單位之間的互相依賴，因為多部門必須結合起來管理公司的價值鏈，因此需要跨部門常規工作流程，沒有任何一個部門是孤島。豐田汽車必須協調幾個部門，才能運送可靠的產品，豐田透過多年磨練出的全面品質管理原則之下的跨部門常規工作流程來達成產品的可靠度。

跨部門的常規工作流程比部門的常規工作流程更複雜，更難以建立及管理，也更難解開跨部門的常規工作流程和能力之間的因果關係或關連性，策略文獻稱此困難度為「因果模糊性」（causal ambiguity）。[5] 例如，銷售常規工作流程和銷售能力之間的關連性比較容易了解，全面品質管理常規流程和產品可靠性之間的關連性比較難懂。因果模糊性也使得跨部門常規工作流程難以被競爭對手模仿，這是因為競爭對手無法複製不了解的流程，因此，跨部門的成功工作流程不僅能強化企業的傳統能力，也能幫助維持企業的競爭優勢，嚇阻競爭對手。[6]

常規工作流程也會與日增強，因為企業可以漸進式改善，經驗也幫助強化常規工作流程，增強企業的現有能力，第 7 章提到，史坦威生產優質鋼琴的能力與時日進。但是從反面來看，常規工作流程也可能導致僵化，部門及跨部門的常規工作流程一旦根深柢固，就難以改造，如第 7 章所述，這種僵化是全錄之類的公司殞落的主要原因之一。事實上，在常規工作流程僵化衍生出種種問題之下，專門推行流程改造之類變革的顧問業應運而生，而且這類顧問業的規模相當大。[7] 流程改造指導企業持續評估常規工作流程，移除不必要的常規流程，改造舊的常規工作流程，增加新的常規工作流程，全都是為了增加機動、彈性。但是流程改造並不容易，不少企業投資數百萬美元推動流程改造，但不確定這些投資的報酬有多少。

總結而言，傳統能力仰賴部門及跨部門常規工作流程來管理價值鏈活動及這些活動的互相依賴程度，它們運用各種價值鏈資源達成更好的成果——生產與銷售產品。這十分符合傳統能力的核心目標：增加產品的優勢。

流程打造數位能力：API網路

數位能力仰賴的是運用數位生態系資源增進數據優勢的流程，這類流程有許多目的。運用生產生態系資源的流程能幫助改善營運效率，也能提供新的數據驅動型產品性能、預測性服務、以及創新的大量客製化方法。運用消費生態系資源的流程則是產生新的數位平台服務，這些流程的核心是 APIs 網路促成的數據分享和數據整合機制。如第 2 章所述，APIs 形成以軟體來連結各種數據源的管道，API 網路打造數據分享與整合，才能促成更強的數據成果。

回顧第 4 章談到的開拓重工的各種數據驅動型方案，加裝感測器和車載資通系統後，每一台開拓重工機器就成為一個數據來源，這些機器生成各種作業層面的數據，例如機器閒置時間、燃料效率、一天移動多少泥土、機器所在位置等等。開拓重工的合資企業夥伴天寶公司為開拓重工建立一個複雜的 API 網路，把來自每一台開拓重工機器的數據連結至不同的實體，這些實體把數據用在不同用途。這些實體包括舉世最大的工程與建築商之一貝泰公司（Bechtel），該公司擁有無數的開拓重工機具在全球各地的工地上作業；這些實體也包括 165 個開拓重工經銷商，而開拓重工的各地辦公據點也接收這些數據。天寶公司執行長羅伯・潘特（Robert Painter）表示：「在非 B2C 領域，公司尋求和具有相關技術領域知識及深度垂直領域知識的公司合作，這點再加上過程中納入整個生態系的做法，是企業在數位轉型旅程中想要做到的成果。」

天寶的 API 網路使相關實體能夠收到想要的形式的適合數據，例如，貝泰公司可能想要整個機具隊的作業數據；經銷商可能想要關於某個消費者的機器需要立刻補給備用零件的數據；開拓重工可能想要這些數據來幫助改善產品設計，提供預測性維修服務，或知道哪個消費者可能需要更多機器或更多服務。因此，一個 API 網路讓開拓重工得以用各種方式創造價值，它可以建立一個新收入源——來自那些受益於開拓重工的數據賦能型產品性能與服務的消費者的新營收，它可以改善自家內部的營運效率。

這是 API 網路運用生產生態系資源來產生數據驅動型效益的例子，第 2 章把這類 API 網路稱為「對內導向的 API 網路」，構成傳統企業的內部及供應鏈介面。API 網路也可以運用消費生態系資源來產生數據驅動型效益，把惠而浦消費者家中的冰箱及烤箱跟烹飪應用程式「Yummly」[8] 連結起來的一個 API 網路幫助惠而浦提供繫連型數位平台服務（參見第 5 章）。這類 API 網路是「對外導向的 API 網路」，構成傳統企業的互補者介面。總的來說，API 網路——不論是對內導向抑或對外導向，反映企業的生產生態系及消費生態系裡的所有數據分享與數據整合流程的藍圖。

API網路的資訊透明

由於 API 網路是用軟體來編纂，有明顯可見的藍圖，數據分享及數據整合流程比跨部門流程更透明。API 網路也讓整合數據比跨部門整合更容易，這是因為跨部門整合仰賴建立程序，並期望人員遵循這些程序，相較之下，讓軟體去遵循程序指令比要求人員去遵循更容易。但另一方面，API 網路的透明性也使競爭對手更容易效仿，例如，亞馬遜的電子商務平台上的訂單履行 APIs 可能被其他平台仿效。較難仿效的是亞馬遜的數據儲存庫和數位生態系基礎設施的其他層面。最終，傳統企業將必須倚賴結合數位資源及流程來建立和維持獨特性。

API 網路十分彈性

相較於部門及跨部門常規流程，透過 API 網路打造的數據分享與數據整合流程不會那麼僵化，只要軟體更新，就能重新配置。事實上，公司經常更新軟體來修改 APIs，重新安排內部數據。雲端通訊軟體供應商 Twilio 的成功，背後原因就是 APIs 很容易重新配置，如第 2 章所述，Twilio 的 APIs 讓客戶能根據業務需求來分配置簡訊、語音、及相片通訊能力。[9] 包括 Uber、Airbnb、家得寶（Home Depot）、及沃爾瑪在內的各種公司都能根據個別需求來配置 Twilio 提供的軟體，由此可證明 APIs 的固有彈性。API 網路可以連結各種資產或功能的極細微層面，只要是 API 網路的軟體能做到的範圍，多細微的程度都行。API 網路能夠建立各種架構來連結各種數據源，也能透過更新軟體來重新配置這些架構，這使它們成為數據分享與整合流程有高度彈性的工具。基於這點，傳統的部門及跨部門流程必須融入 API 網路。

API 網路也為傳統流程增添彈性

因為 APIs 在重新配置網路方面具有高度的固有彈性，因此可以對傳統流程注入新的機動性。這裡以一家運動鞋公司打造鞋幫（編按：鞋子的側面）的新產品發展流程為例，鞋幫建於鞋底之上，打造一個鞋幫時，必須敏銳了解流行趨勢，必須有能力調整設計才能迎合不同的消費者品味，這需要跨部門團隊整合各方意見，得出可被用來打造原型的幾種設計選擇。設計師取得來自銷售與行銷部門的流行趨勢意見；採購部門及供應鏈夥伴提供即時、合理成本的意見；自家及海外的製造廠提供製造的訊息；財務部門計算成本，哪種預算切合實際。整個傳統流程可能得花 4 到 5 個月。

現在，來看看已經改成 API 網路的現在，傳統的產品發展流程將如何改變。關於市場趨勢的數據將從專門追蹤市場趨勢的公司端匯入 APIs，有些 APIs 提供各地區的鞋子顏色及時尚的趨勢數據，其他 APIs 提供鄰接產業（例如汽車或成衣業）的顏色趨勢數據。有些 APIs 為設計團隊提供有關於材料特性、可靠供應商、可能價格、設計團隊可能考慮的任何織品等數據。這些 API 數據為負責協調鞋幫設計的跨部門團隊提供增補作業，整個流程變得更機動了。當有新的數據源加入或有數據源退出時，這些數據傳輸可以重新配置。設計團隊可以考慮更多選擇，「若……，會怎樣？」的情境將更快速得到答案，設計點子更多，而且，由於設計團隊可以更快地對時尚趨勢反應，調整設計加快，可以用更短時間得出更好的設計。紐巴倫的全球 IT 副總拉維．尚卡瓦藍姆（Ravi Shankavaram）說：「把 API 網路整合到傳統流程裡，起初看似會減緩工作速度，因為提供更多選擇，但最終將顯著改善速度和敏捷度。」加入 API 網路後，整個新產品發展流程可以在幾天或幾週內完成，不須再花上數月時間。

策略文獻對於「機動能力」（dynamic capabilities）的概念相當感興趣，「機動能力」指的是公司隨著市場與技術變化而重新組合和重新配置資產及組織流程的能力。[10] 傳統能力很難有什麼彈性，因為傳統企業的流程固有僵化，而且很難追蹤市場動態變化。數位能力可以更機動，因為 API 網路為企業的流程注入更多彈性，而且，API 網路可以更容易且快速地重新配置數據資產的生成及分享方式。

策略範圍

「策略範圍」指的是公司能夠涉入的創造價值機會的範圍。傳統企業的策略範圍在公司的範圍之內，或是立足的產業數目，例如，嬌生公司（Johnson & Johnson）的策略範圍跨及醫療器材、製藥、及包裝消費品產業。理論上，只要公司有夠多錢，可以收購任何數量的公司，立足於它選擇的任何產業。[11] 但是，現今大多數的看法是，公司不能多角化進入「不相關」的產業，必須維持在「相關」的產業領域，才能成功。大量有關於企業多角化的文獻支持這個論點。[12]

「相關業務」指的是跟公司的傳統能力相關的業務，在這些業務中，不僅公司的能力可以派上用場，還能更進一步強化，這取決於打造公司的傳統能力的價值鏈資源和其他業務的價值鏈資源是否能形成綜效。舉例而言，迪士尼公司（Disney Corporation）的策略範圍包括主題遊樂園、飯店、電影製片廠、電視與有線電視公司、遊輪、及零售店等業務，迪士尼有能力在這些業務領域競爭是因為這些業務的資源彼此互補性和具有綜效。迪士尼飯店的房客能以 VIP 身份進入迪士尼主題遊樂園，迪士尼主題遊樂園受益於迪士尼飯店吸引的忠誠消費者，結果，位於奧蘭多（Orlando）的迪士尼飯店住房率高於競爭對手，儘管房間價格比較高。同樣地，迪士尼遊輪業務與主題遊樂園業務之間有綜效，迪士尼的電影業務也和遊樂園業務有綜效，讓遊樂園發展出一些熱門旅程（例如小飛象、白雪公主）。主題遊樂園增強了迪士尼的親子品牌，親子品牌又使得許多自家電影受到歡迎。這種綜效也發生在迪士尼的電視與有線電視業務和迪士尼商店零售業務。

一些價值鏈資源的用途比其他的價值鏈資源的用途更廣，能在更廣泛的業務中創造綜效，在競爭中提供更寬廣的能力圈（capability bandwidths），已故密西根大學教授普哈拉（C. K. Prahalad）和策略大師蓋瑞・哈默爾（Gary Hamel）把這種能力圈稱為「核心能力」（core competencies）[13]，例如，迪士尼的資源提供在許多產業的競爭力。其他的價值鏈提供的能力圈較窄，例如航空公司的價值鏈，價值鏈資源包括飛機、機場樞紐、以及專業人力資源（例如機師和飛機維修人員），這些價值鏈資源是航空業務專用，較少和其他業務形成綜效。這類資源打造較窄的策略範圍，許多企業是單一產業型企業，美國的企業有大約半數是單一產業型企業，就是此因。[14]

現在來看看數位能力。打造數位能力的主要資源是「數位生態系」，跟價值鏈資源一樣，數位能力影響傳統企業的策略範圍，把價值鏈機會從產品領域擴展到數據驅動型服務領域，擴大了傳統企業的策略範圍。在此過程中，生產及消費生態系資源以獨特方式擴展策略範圍。

生產生態系資源把傳統企業的策略範圍從產品領域擴展到數據驅動型服務領域，維持在現有業務領域的存在。例如，開拓重工的生產生態系資源幫助擴展至供應新的數據驅動型產品性能，以及為建築工地上的開拓重工機具提供預測維修服務，這種擴展雖然擴大了價值創造源頭，但也能一併維持在現有的建築器材業務領域。

另一方面，消費生態系資源可以把傳統企業的策略範圍擴展至主業務領域之外，這是因為消費生態系資源透過數位平台型服務，拓展創造營收的機會。視數據以及數據吸引的平台使用者種類而定，平台服務可以朝各種方向擴展產品的範圍，如本書前文所述，一個與智慧型燈泡及數據繫連的數位平台能把燈泡的範圍擴展至住家保全、倉儲物流、街道保安系統等業務領域。

跟價值鏈資源一樣，消費生態系資源拓展傳統企業的策略範圍的能力不同，主要取決於當產品參與繫連型數位平台時所生成的感測器數據的性質（參見第 5 章）。繫連於智慧型牙刷或建築機具的數位平台可能只產生原產品領域內的新服務；另一方面，繫連於智慧型燈泡的數位平台可以生成的新服務類別遠超過原產品領域。

消費生態系資源擴展策略範圍的潛力有兩個明顯特徵：其一，傳統企業可能發現，比起價值鏈資源，透過消費生態系資源來擴展策略範圍的「選擇」更多；其二，透過消費生態系資源來擴展策略範圍，「風險」低於透過價值鏈資源來擴展策略範圍。下文舉例解釋這兩點。

當通用磨坊（General Mills）尋求在歐洲擴展業務時，它選擇和雀巢公司聯盟，成立一個合資企業，名為全球穀物合作夥伴（Cereal Partners Worldwide），兩家公司透過這個聯盟來擴展策略，以價值鏈資源形成的綜效為擴張行動的基礎。通用磨坊受益於雀巢在歐洲的通路，雀巢受益於在包裝中加入通用磨坊品牌。就綜效而言，通用磨坊和雀巢是少數適合建立這種聯盟的公司，因為只有少數公司能夠透過品牌和通路形成綜效。儘管價值鏈資源能產生這些綜效，它們的聯盟還是有點風險，因為各自的範圍擴張需要可觀的投資。

接著來看雀巢公司使用消費生態系來擴展策略範圍的例子[15]，在此例中的消費生態系涉及數位平台把消費者連結至各種第三方服務供應商，這些服務第三方服務供應商包括建議食譜及美食選擇的新創業務或公司、提醒食物過敏症或卡路里倡導健康飲食意識的公司。跟應用程式經濟一樣，不是所有這些夥伴關係都能開花結果，但有一些可能很成功。雀巢可以和數千個潛在的第三方實體建立夥伴關係，不像透過價值鏈資源擴展策略範圍時，選項較少。也可以把這些夥伴關係的業務風險轉嫁給平台夥伴，若有任何一個服務失敗，大部分的負擔落在第三方服務供應商，而非落在雀巢公司身上，不像透過價值鏈資源擴展策略範圍時，價值鏈聯盟夥伴更接近失敗風險。雀巢公司的數位平台可以專心吸引各種夥伴，無需擔心創造營收的風險或綜效。

建立數位能力

一個傳統企業的數位能力不是憑空發展出來的，是以企業的傳統能力為基礎而發展出來的，這些傳統資源及流程被擴大成數位能力的新資源及流程。當傳統及數位資源和傳統及數位流程結合，無縫接軌遞送新成果時，數位能力就能進一步強化。價值鏈流程因豐富的價值鏈資源而受益，同理，數位生態系流程也因數位生態系資源而受益。舉例來說，傳統企業有愈多的實體連結，API 網路就變得愈複雜精細，數據分享和數據整合流程也會變得更強大。

舉例來說，開拓重工提供數據驅動型預測性服務的數位能力有賴於此，開拓重工需要：生產生態系資源（安裝感測器的機具、這些機具生成的數據）；消費生態系資源（工地上機具連結物聯網）；API 網路把各種機具的磨損數據傳輸給開拓重工、經銷商、備用零件倉儲中心、維修技師；執行服務及維修工作和收取費用的跨部門流程（銷售部門、維修部門、帳務部門、及經銷商之間的跨部門流程）。所有這些傳統及數位的資源和流程都必須同步，才能發展出堅實的數位能力，達成更好的成果，這裡所謂更好的成果包括，減少工地上的機具因故障導致的停工時間，若沒有新的數位能力，就不可能達成這些成果。＜圖表 8-4 ＞描繪傳統資源、傳統流程、數位資源、以及數位流程如何結合，建立數位能力。傳統資源和數位資源結合形成生產及消費生態系資源；部門及跨部門流程（也就是傳統流程）和對內導向及對外導向 API 網路（也就是數位流程）結合，形成新的數位能力。

建立培養數位能力的組織環境

為了創造價值，傳統企業也必須把這些新融合的資源及流程導向達

圖表 8-4　結合傳統與數位資源及流程

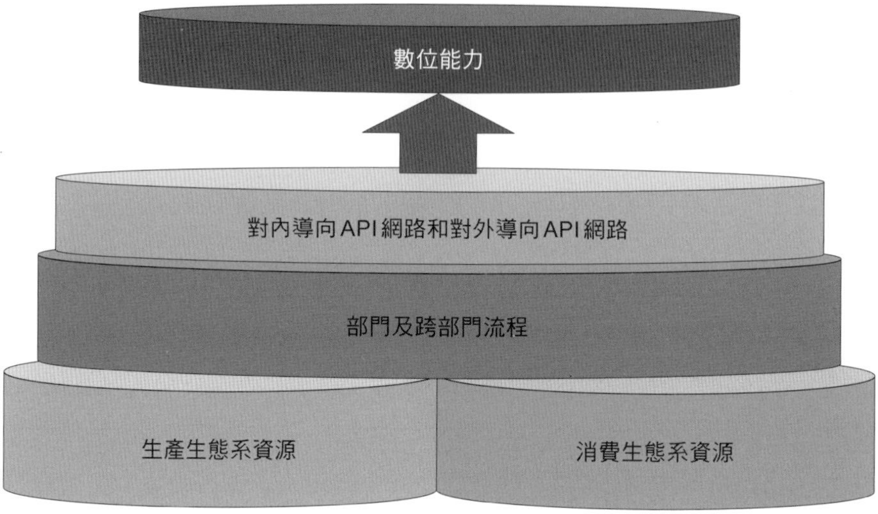

數位能力

對內導向API網路和對外導向API網路

部門及跨部門流程

生產生態系資源

消費生態系資源

成新的數位策略目標，需要培養能讓數位能力萌芽與茁壯的組織環境。以下 3 種組織屬性為組織環境提供環境：領導階層願景、員工技能、員工接受數位轉型，參見＜圖表 8-5 ＞。

領導階層的願景

發展數位能力從領導階層的願景開始，有願景做為基礎，公司才能訂定新的數位策略目標。有願景為根據，才會投資，建立新的數位生態系基礎設施，建立設備以生成新數據，建立必要的流程以分享和整合數據。有遠見的領導人了解數據有尚待開發的價值，他們能看出數據能釋放的新機會，他們向全組織闡明新的策略目標——不論策略目標是改善營運效率，或是透過新數據驅動型服務來推動更具雄心壯志的策略。他們認知到，在數位世界持續演進的特質下，實驗是必要的，因此，他們創造一個鼓勵經理人冒險的文化。他們敏銳覺察新的數位競爭對手，並

圖表 8-5　培養數位能力的環境

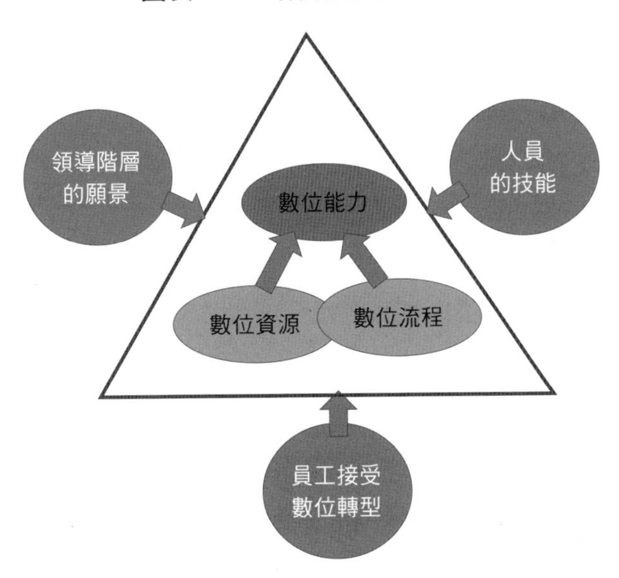

且準備建立能力來對抗。

很多的數位轉型就是要建立新的數位能力，這涉及全面改造傳統資源及流程，規畫一個新的策略方向。任何的業務轉型都是困難的，數位轉型的困難度更高，因為達成數位策略目標有更多不確定性。根據麥肯錫調查，業務轉型成功的企業不到 30%，這項調查的受訪者中只有 16% 表示數位轉型有某種程度成功。這類挑戰對領導人及策略決策形成更沉重的擔子，從產品轉向數據，這對高層主管構成很大的負擔，企業必須把領導願景做對。

人員的技能

新的數位資源及流程也衍生出對員工的新技能需求。數位生態系需要員工有更高的數位素養，這數位素養的其中之一是專業軟體技能，軟體技能使傳統企業的員工產出具有不同於以往的特質，例如設計彈性、友善使用者的介面、快速的發展週期、敏捷與迭代的發展流程，為那些更傳統的員工技能（例如一致與可靠）。軟體方面的技能、設計 APIs 的能力、撰寫機器學習及人工智慧演算法，這些是高度專業的技能，福特、寶僑、及沃爾瑪之類的傳統企業跟臉書、谷歌、及亞馬遜之類的數位巨頭競爭具有這類專業技能的人才。

但是，並非只有專業人員才需要數位素養，當公司以新的數位基礎設施取代舊的基礎設施後，所有員工都必須熟悉新數位工具和軟體。軟體及人工智慧也將導致許多舊技能不再被需要，例如，能夠交談、指揮自己的作業、並且自我修正錯誤的智慧型機器人可能取代人工。這些操作員將需要學習新技能，從以往的操作機器工作變成解讀數據做出決策。同理適用於其他部門的人員，例如，行銷人員必須擅長管理社交媒體，會計人員必須了解最新的軟體工具。幾乎每一個部門的舊流程都將混合新的數位流程，若工作流程技能不足，傳統企業建立新數位能力的動力將會熄火停止不前。

人員接受數位轉型

當新數位風潮橫掃傳統企業時，將無可避免地破壞舊的權力結構，對員工帶來新的不安全感。前奇異執行長傑夫．伊梅特本著一個宏大的策略願景，宣布推動奇異公司從工業公司轉型為軟體公司，但這也對員工帶來幾個不確定性，導致許多員工對未來感到焦慮。這是一家幾十年來由工程師主宰一切的公司，現在，軟體專業人員成為新竄起的精英，許多人不清楚舊工程技能如何和新軟體技能結合。習慣銷售產品的行銷業務不知道要如何銷售「以成果為基準」的服務，而且也不容易說服消費者，因為比起熟悉的產品性能，消費者難以理解數據的好處在哪。奇異遇到這些挑戰，或許是因為它是工業公司中的數位先鋒，在當時，大家並不清楚數位策略需要哪些基礎。現在不同了，建立新的數位能力時，組織可承受不起陷入癱瘓。

當傳統企業試圖把傳統能力和新的數位能力結合起來，為了避免組織陷入癱瘓，員工能不能接受數位轉型是其中的重要關鍵。領導高層釐清關鍵是一個好的開始，必須向下推及員工。讓全體員工都開心或相信其必要性，並不容易，但起碼得說服多數員工，這是企業在建立新的數位能力時必須克服的重要挑戰。公司需要推出新的員工訓練方案，需要用新方法來獎勵與激勵員工朝向新的策略目標。

結論：關於數位能力

傳統企業想在現代數位世界中競爭，數位能力是不可或缺的要素，對它們而言，這些是新能力，但可以在舊能力的基礎上建立。本章說明了傳統能力和數位能力的差別，但現實中，數位能力不是和傳統能力分開來存在，傳統能力背後的資源和數位能力需要的新資源混合起來，舊資產變成連網的資產，傳統產品變成數位產品，傳統消費者變成數位消費者。它們共存，相互補強。

同樣地，跟傳統能力有關的流程和新流程結合起來，幫助建立數位能力，傳統流程受益於新的 API 網路。傳統企業必須設法無縫地結合傳統能力和數位能力，如此一來才能成功。

最後，企業可以精進數位能力，達成特定的策略目標。例如，公司可以提供互動式產品性能，或是在數據的幫助下做到智慧型產品的大量客製化，為此，公司得投資在生產生態系基礎設施、數據來源、以及對內導向的 API 網路，發展出所需的數位能力。或者，公司可以聚焦於把價值鏈延伸成一個繫連型數位平台，為此，公司得投資發展消費生態系基礎設施、數據來源、以及對外導向的 API 網路，以發展另一組不同的數位能力。公司也可以上述兩者都做，均衡地用新的數位能力來利用生產生態系和消費生態系。第 10 章將使用這些概念，為數位競爭策略提供一個總架構。不過，在探討這些概念如何打造傳統企業的數位競爭策略之前，必須先討論道德使用數據的重要議題，這是下一章的主題。

第9章

關於數據的爭議

行文至此，本書已經把對數據的了解轉化成一個研擬數位競爭策略的架構。我們已經了解數位生態系、數位消費者、數位競爭對手、及數位能力等重要概念，這些概念提供重要基礎，讓我們了解在各種情況下，傳統企業如何釋放來自數據的價值，發展競爭優勢的新源頭。這些概念為我們提供建構研擬數位競爭策略的總架構所需要的工具，但在進入最後一步之前，需要認知及了解數據引發爭議的面向。

截至目前為止，我們只把數據視為一個價值生成器，這個生成器能把業務的可能擴展至數位領域。從這個角度來看，數據對傳統企業而言是新的靈丹妙藥，數據的主要角色是為企業創造新財富，為企業的策略目標注入振奮劑。但這不是全部的故事，不是所有人都這麼看待數據，也不是所有人都懷抱這種振奮感，許多人認為，企業肆無忌憚地使用數據可能對社會造成嚴重危害，事實上，企業利用數據可能導致幾種負面效果。

未來數十年間，我們將看到消費者團體、監管機關、以及公司等等各種利害關係人為了誰控管數據而爭論不休，各方勢力將致力於求取平衡——一方面是擴大運用數據的價值，另一方面是限制取用數據，避免有害的後果，包括那些掌控數據者壯大市場力量，以及使用數據者侵害個人隱私等等。現在還無法對這些持續爭論的議題以及呈現的苦惱疑問提出明確的解答，本書不選邊站，不過本章將對數據的爭議力量衍生的問題以及支持與反對勢力提出觀點。傳統企業在展開數位轉型行動之前，必須了解這些爭議，因此，在從數據到數位策略的這趟流程抵達最終目的地之前，本章是必要的討論。

首先為本章內容建立脈絡背景，我們來看麻州 2020 年的公投案「問題 1」（Question 1），這項公投案反映的是傳統企業在使用數據時可能遭遇到的抗議。

【麻州 2020 年公投案：問題 1】

你是否支持以下這條法律摘要，註：此法在 2020 年 5 月 5 日或之前尚未在參議院或眾議院舉行投票表決。這條法律提議：要求車主及獨立維修廠可擴大取得有關車輛保養與維修之數據。

這「問題 1」公投案在 2020 年 11 月大選前吸引大量關注，支持與反對陣營投入數千萬美元的廣告宣傳，佔據電視長達數星期。若公投結果，支持者佔多數，車輛製造商就有義務把車輛元件感測器數據開放給車主指定的任何一個獨立維修廠，這將強化車主選擇維修廠的權利。若反對者佔多數，那就是車輛製造商可以只提供感測器數據給他們選擇的第三方實體——通常是自己的經銷商以及特約維修廠，這將限制車主只能在製造商的特約維修廠進行維修。「維修權」（right to repair）成為一個籠統概括詞彙，涵蓋了讓消費者選擇在何時及何處維修產品的一系列立法行動。

那些投支持票的消費者理由很簡單：他們是車主，有權在喜歡的維修廠修車，限制維修權等同把汽車製造商的市場力量施加在車主身上。他們認為，維修車子時有更多的選擇，也將降低維修成本。同理，獨立維修廠的選擇也相當直接了當，支持這項立法將取得維修車輛時需要的數據，投反對票就是無法取得必要數據，難以維修。許多小型及獨立維修廠聯合起來推動投票支持這項提案，因為現在的車子變得愈來愈數位化，它們怕失去生計。[①] 根據全球車輛 OEM 車載資通系統市場報告（Global Automotive OEM Telematics Market Report），2018 年全球出售的所有新車中有 41% 裝有車載資通系統，在北美地區，比例則為 53%。[②]

對汽車製造商來說，這項立法牽涉的利害關係很明顯，若通過立法，很可能削弱數位競爭策略的重要基礎，會提高在感測器和加裝感測器產品上的投資報酬不確定性。也會使汽車製造商對感測器數據的控制變少，畢竟，這是本書討論的繫連型數位平台的例子，感測器數據賦能的汽車維修是汽車製造商透過繫連型數位平台的性能之一，能促使車主和特約維修廠專家交換數據。從汽車製造商的立場來看，汽車維修廠是重要的平台使用者，左右了數位打造的汽車維修服務的品質，剝奪汽車製造商對感測器數據的掌控權，就是剝奪它們選擇誰應該在平台上補充它們的數據、以及邀請誰成為數位平台使用者的權利，也剝奪它們打造產品的數位體驗的獨立性。在根本上，通過這項立法，其實就是質疑它們用產品來生成數據的權利。

麻州公投案的反對陣營中有擔心不設限地開放車輛的感測器數據將引發網路安全性威脅的運動團體，例如，一個名為「安全與資安聯盟」（Coalition for Safe and Secure Data）的團體在 2020 年 11 月大選前推出一個廣告，一名男子點擊鍵盤就能打開一個他人住宅的車庫。這則廣告提出警告：沒有管控就開放車輛的感測器數據可能讓歹徒比對數據和車庫密碼，闖入民宅。一些家庭暴力問題倡議團體也反對這項立法，他們擔心更開放車輛感測器數據取用會導致更多的跟蹤騷擾及傷害，一則電視廣告聲稱，婦女逃離暴力伴侶後，若伴侶能夠追蹤所在位置或甚至使車子停擺，她將陷入更大的危險之中。

網路安全性威脅是「問題 1」公投案的爭論議題之一，一些反對者認為，對數據的寬鬆控管將導致網路安全性威脅升高。但持不同看法者認為，這些擔心是過慮了，他們指出，這項公投提案針對的是車輛的「機械數據」，不是 GPS 數據或連網的電話數據，再者他們認為，不論有沒有開放數據取用，駭客攻擊都是持續存在的威脅。③

跟絕大多數公投案一樣，「問題 1」有支持，也有反對。從消費者的立場來看，汽車公司必須讓所有維修廠都可以取得數據，不受任何限制地修車，這才公平。不過一旦通過，就意味著任何第三方實體不再受限，可任意取得汽車的感測器數據發展互補品了。但站在汽車製造商的立場，保留對其產品的互補品控管很重要，畢竟，刮鬍刀製造公司也限制與產品互補的刮鬍刀片，手機製造商也限制專用手機充電線。站在這些製造商的立場上，數據也應該享有相同的特權，為了監督產品品質，塑造使用者體驗，控管數據是必要的。

「問題 1」公投案最終贏得 75% 的支持票，但更廣大的爭議是企業對數據的使用，這些爭議離化解還遠得很。這件公投案預示其他的爭議與糾紛逼近，將影響企業使用數據可被接受的界限。「問題 1」公投案不只是汽車公司及麻州會發生，還影響了所有傳統企業，影響到全世界，傳統企業該怎麼做呢？企業必須對爭議非常敏銳，必須合乎道德，必須在社會疑慮、管制增加、及利用數據創造競爭優勢之間如履薄冰。以下將探討傳統企業必須持續注意的兩大發展：一、數據力量增大所引發的社會疑慮；二、影響數據所扮演的角色的監管力量。

數據力量增大所引發的社會疑慮

為什麼應該對沒有管控地使用數據感到憂心忡忡？報章雜誌和書籍提出了很多為何應該憂心的觀點及理由，例如，《紐約時報》（*The New York Times*）在 2019 年刊登長達一個月的系列報導「隱私專題」（The Privacy Project）。[④] 這系列報導的前言寫道：「企業及政府獲得在網際網路上和全球各地追蹤人們的新力量，甚至能窺探基因組。這種進步的好處已顯見多年，但成本——匿名、甚至自主方面的成本——現在才更清楚顯現。隱私界限惹爭議，未來堪憂。公民、政治人物、以及企業領袖都在問，社會是否做出了最明智的取捨。」

這系列報導中的一篇報導是關於在拉斯維加舉行的一場科學研討會，研討會邀請醫藥科技公司及專家評估醫藥產品被駭的可能性，構想是對一個虛構的醫院環境中的智慧型醫療科技產品的數據安全性進行壓力測試。但是，當記者採訪參與研討會的知名科學家時，討論內容卻轉往不同的方向。這位接受採訪的科學家說，健康數據安全性風險的主要憂患其實並不在於智慧型心律調節器或心電圖機器之類的醫療器材，更大的憂患來自那些幫助使用者從日常生活中洞察健康狀況的新技術，例如數位足跡（digital phenotyping）[⑤]。足跡（phenotypes）是可觀察到的人的特質，數位足跡是透過智慧型手機、穿戴式數位器材、以及其他種種的連網器材收集到的個人特質的匯總數據，從這類數據可以看出一個人的健康與疾病方面的特質。

敲打鍵盤的方式可能顯露帕金森氏症的早期跡象，在社交平台上的貼文可能揭露憂鬱症，線上購物行為可能透露出這位購物者懷孕了。周遭廣大的數位環境可能侵犯私人生活，有一大部分是臉書、谷歌、及亞馬遜之類的數位巨頭塑造的，這些數位巨頭率先以空前規模釋放數據未被利用的潛力，它們的業務模式收集了龐大數量的個人數據。不意外地，這些數位巨頭引發數據在日常生活中扮演的角色的疑慮，引發社會疑慮牽連到所有試圖生成互動式數據的傳統企業，例如，智慧型心律調節器和心電圖機器引發相同的疑慮，儘管對隱私的影響可能很小。傳統企業必須考慮這個現實。

數位巨頭收集的數據量規模是引發這些疑慮背後的一大因素。以字母控股公司（Alphabet，谷歌母公司）旗下研發智慧型城市的人行道實驗室（Sidewalk Labs）為例，它的一項專案要把加拿大多倫多 12 英畝的濱水區轉變成一座仿似科幻電影中的智慧型微型城市，包括木造高樓、能自動加熱融雪的街道、AI 賦能的交通號誌、氣動垃圾收集系統。[⑥] 廣泛使用感測器是城市規畫的一大部分，住宅、街道、及人行道的混凝土裡內嵌了感測器，目的是監測居民健康、法規、溫室效應氣體排放、交通流量等等。[⑦] 但這種市政府和企業合作收集城市居民與訪客的廣泛數據的做法令許多人聯想到用技術來控管人民行為的監控政府。

哈佛商學院榮譽退休教授肖莎娜．祖博夫（Shoshana Zuboff）的著作《監控資本主義時代》（*The Age of Surveillance Capitalism*）為這種疑慮的背後理由提供一個觀點。[⑧] 祖博夫認為，工業資本主義倚賴利用及掌控自然資源，反觀她所謂的「監控型資本主義」（surveillance capitalism）則是倚賴利用及掌控人性。她的分析著重在臉書和谷歌之類公司的行動，她的論點是，這些強大的數位巨頭收集到的個人數據不僅可被用於預測行為，還能被用來影響及修改行為。她認為，如此過度強大的力量將嚴重傷害民主制度、自由、及人權。

人行道實驗室的多倫多濱水區開發計畫案如今已被擱置，這不一定是因為隱私疑慮，主要是因為 2020 年時的新冠肺炎疫情以及疫情帶來的經濟不確定性。不難想像，在不久的將來，這類城市規畫創新可能變得更普遍，城市政府可能認為，比起個人隱私受到被侵犯的威脅，減少交通壅塞、降低犯罪率、減少車禍事故等等好處更重要。只有一個人可能別無選擇，畢竟，對絕大多數人來說，儘管有隱私疑慮，但他們無法在現在的生活不用網路或手機。只有透過更大規模的社會運動，個人觀點才能產生影響力，麻州公投案「問題 1」的社會動員就是一個例子。當社會對於數據的疑慮累積到夠多時，就會促使政府介入，祭出監管法規。

影響數據角色的監管力量

政府的監管武器中，最古老的一種是透過反托拉斯法來限制不公平的市場壟斷力量，一個著名案例是美國在 1911 年採取反托拉斯行動，拆分標準石油公司（Standard Oil）。當時，標準石油公司宰制石油與煤油的生產，壟斷力量被視為很危險，因為這意味著公司若選擇減少產量與供給，就可能導致政府和軍隊的運作停擺。政府也認為標準石油公司使用市場力量，不公平地限制競爭。在這標誌性案例中，美國最高法院確立「合理原則」（rule of reason）[9]，此原則成為後續所有反托拉斯法案件中判斷個案是否違法的基礎。此後，美國政府根據「合理原則」，針對個案，研判公司是否藉由不公平手段來壟斷市場，若發現公司確實這麼做，該公司就可能被強制拆分為多家更小的公司，不允許再有購併行動。

對反競爭實務的監審仍持續至今，當少數公司支配市場時，監管當局也會擔心企業間彼此共謀。當只有少數幾家公司控制市場時，就更容易聯合定價，或人為供給短缺，或其他的反競爭。近年來，負面影響的疑慮已從老工業公司轉向數位巨頭，這是必然的，數據已成為價值的新打造力量，自然也成為市場力量的源頭。

以 2020 年 10 月美國司法部控訴谷歌一案為例 [10]，司法部指控谷歌以 88% 市占率壟斷美國搜尋市場，此外，94% 的行動搜尋透過谷歌的產品來進行。司法部指出，谷歌的龐大市占率傷害消費者，致使搜尋引擎選擇減少，妨礙創新。在此之前的 2017 年，歐盟已經基於谷歌違反反托拉斯法，處以 27 億美元的罰款。歐盟的理由是，谷歌利用在搜尋引擎和手機作業系統的支配力來限制購物搜尋、廣告投放服務、以及 APP 等的競爭。

政府和數位巨頭之間的衝突可以想像得到，畢竟，數位巨頭的強大市場力量來自數據，這種力量自然引起反托拉斯的審視。不過，工業市場力量和數據驅動的市場力量不同。

研判工業壟斷企業造成的反競爭影響，一目了然。當工業壟斷企業縮限供給以提高獲利時，情形很明顯，當哄抬價格時，對消費者負面影響加大。另一方面，數據驅動型壟斷造成的反競爭影響較沒那麼容易辨識，舉例而言，谷歌或許在搜尋引擎領域有高市占率，但谷歌也免費提供搜尋引擎服務，根本不存在哄抬價格的問題。谷歌甚至可以說，它的搜尋引擎使購物更方便，而不是限制購物服務競爭，甚至可以主張實際上增進了消費者福祉。

此外，儘管谷歌在美國的搜尋引擎市場囊括 88% 市占率，美國司法部能夠證明谷歌的搜尋功能具有不公平的市場力量地位嗎？人們以各種方式搜尋，並非全都使用搜尋引擎，例如，他們可能在推特或臉書上搜尋，可能透過智遊網（Expedia）搜尋班機，或者透過 OpenTable 搜尋餐廳。[11] 換言之，當競爭是分布在幾個環環相扣的數位生態系時，難以證明數據驅動型不公平市場力量地位。[12] 它們不像工業市場力量發生在清楚畫分的產業界限內。

針對工業市場力量和針對數據驅動型市場力量的反托拉斯法執行機制可能也不同。為了阻止產業中的市場力量高度集中，常使用的一種方法是防止擁有高市占率的公司彼此合併或結盟。但在數據驅動型業務模式下，也可以透過 APIs 來建立夥伴關係，這種 API 夥伴關係的目的未必像企業合併，用產品來宰制市場，而是想合作的各家公司更了解每個消費者。舉例而言，網飛公司可能有消費者數據的一部分，亞馬遜有另一個部分，臉書也有另一部分，理論上，若這些公司決定透過 APIs，分享這些資訊，它們可以聯合建立對個人的觀察，更精準預測個人需求，各家公司可以使用對消費者的了解而受益。在這種情況下，共謀造成威脅是因為這些公司如何共用 APIs，並非只是因為這些公司擁有高市占率。因此，監管 APIs 的共用情形，跟監管透過企業合併達成的產品市占率一樣重要。反托拉斯政策可能很快跟進這些變化，傳統企業必須持續留意這些監管政策的變化，了解如何運用在業務模式變革。

除了反托拉斯法，新興的監管焦點也擺在保護消費者權益及隱私上，歐洲已經在監管企業如何使用數據推出了最全面的變革，歐盟於 2018 年推出的「一般數據保護規則」（General Data Protection Regulation，簡稱 GDPR）就是行動之一。新的監管架構希望讓自己控管個人數據，此外，讓全歐洲使用相同的規則，GDPR 也簡化在歐盟國企業的監管環境。GDPR 中的一些重要條款包括：在收集消費者的數據之前，必須徵求同意；確保消費者匿名；要求公司必須呈報數據外洩事件；必須在組織內制定結構性改變，例如設立數據安全長之類的職務。GDPR 適用任何與歐盟商業往來的實體，不論業務位於何處，不論商業交易發生於何處。

這些法規當然會帶來成本，公司必須建立新的數據管理流程，必須為違規處罰做準備，罰款可能高達 2,000 萬歐元或全球營收的 4%（二者擇其高者）。較小的企業可能受到的影響更大，而一些產業，例如銀行業，受到數據法遵約束的歷史較長，可能更容易適應新規範。[13]

資訊受託人

改革數據另一種不同管道是，要求取得數據的企業為「資訊受託人」（information fiduciaries）。[14] 受託人是指個人或企業受委託，肩負以保護他人利益的方式來行為的義務，常見的受託人例子是醫生、律師、會計師，例如，醫生有義務為病患保護隱私。這裡也同樣要求企業以受託人身份，擔任消費者數據代理人。美國法律學者傑克·巴爾金（Jack Balkin）和強納生·齊特林（Jonathan Zittrain）於《大西洋》（*The Atlantic*）雜誌發表：「谷歌地圖不該因為國際煎餅屋（IHOP）支付它 20 美元，就對從機場開車前往開會的人建議一條行經國際煎餅屋的路線為『最佳路線』。」[15] 我們可以預期，比起 GDPR 這類更硬性的法規，這種「資訊受託人」方案對企業的約束力可能較低。

也有人指出，受託人角色可能不像醫生和律師那樣容易地應用在數據驅動型業務模式。[16] 醫生或律師在保密病患或客戶的資訊時，不太會涉及利益衝突，不會因為和第三方分享病患或客戶的機密資訊而明顯地或有系統地獲利。但是，數據驅動型業務模式，尤其是數位平台，可以靠分享資訊而顯著獲利，和外部實體分享攸關利益與優勢的數據。所以，數位平台會自願地、忠實地扮演受託人角色嗎？這還有待觀察。但這概念引起許多人的興趣，臉書的執行長馬克·祖克柏（Mark Zuckerberg）已表達他的支持[17]，有些美國參議員也參與推動立法[18]。傳統企業應特別留意。

傳統企業該做什麼？

市場力量是一個有效的競爭策略的目標及聖杯，一個企業握有市場力量，並不意味它是個壟斷企業（亦即產業中的唯一生產者）。舉例而言，星巴克、耐吉、可口可樂，都有強大的市場力量，也有強勁的競爭對手，例如星巴克的對手 Costa Coffee，耐吉的對手愛迪達（Adidas），可口可樂的對手百事公司，但有必要的資源可以在產業中施展巨大影響力，賺取豐厚獲利。沒有一個企業想立身於產品無差異化、利潤微薄、沒有門檻保護的完全競爭型產業，但企業必須在股東財富最大化（透過公司的市場力量來追求）和照顧社會福祉這兩者之間求取平衡。

多年下來，傳統企業已學會這麼做。它們了解產業的反托拉斯政策，並在法規內管理實務。也思考在賺錢之外當個好公民，對品牌及長期生存有多重要。

在這方面，數位世界也一樣。傳統企業必須學習如何從數據獲取最大利益，並且當個好公民，在此同時，也必須在誘人的數位體驗和符合保護隱私的社會期望，這兩者之間取捨。為此需要在組織中注入新技能和專業知識，必須在數據管理政策中制定新的治理實務，這類新實務包括以下項目：

- 改變組織結構：例如指派數據長，負責數據牽涉到的道德、合法性、及安全性。
- 使用新流程來收集使用數據的社會期望和即將發生的法規變化等情報。
- 制定嚴格的「數據品質」指標及流程，以維護及實施數據加密、數據匿名、以及嚴謹的制衡，確保數位消費者願意加入。
- 改善消費者能從數據獲得什麼益處、以及數據將如何被使用等方面的資訊透明化。

結論：關於數據的另一面

社會大眾對於使用數據的疑慮，以及政府監管當局的採取行動，主要圍繞著數位巨頭，但是，社會大眾及政府的觀感——使用數據帶給企業的利益，以及新法規變化，也會影響到傳統企業，當它們進軍數位世界時，也會被捲入這漩渦裡。因此必須密切注意社會觀感及新的監管架構，制定優良的數據治理。企業和消費者之間正在形成針對數據及使用數據的新社會契約，傳統企業處於這個起始點，必須站在社會契約的良善面。

話雖如此，本書探討的是數位競爭策略，本書支持企業善用數據，把競爭優勢最大化。數據驅動型益處最大化的方法不能超越道德界限或蓄意傷害社會，但傳統企業致力改善在新數位世界中的命運時，有時也將面臨困難的取捨，而這次沒有簡單的答案。

第10章

數位競爭策略

在長達四十多年的期間，我們對於競爭策略的了解一直錨定在產品上，並在產業結構的框架內思考公司的策略選擇。多年來，這種從產品產業出發的競爭策略觀點對傳統企業非常實用，紮實的經濟理論提供了概念基礎，實證研究也證實這觀點，確定產業及特性影響企業績效。透過產品來利用企業能力，在產業的框架內思考競爭，打造了廣為接受的傳統企業策略決策心態。

但現在該是傳統企業建立新心態的時候了，只錨定於產品和產業的策略思維已經無法在新的數位世界中生存繁榮。拜現代數位技術之賜，數據可以被廣泛使用，這是以往不可能做到的，競爭優勢的打造因子已經從「產品」轉變為「數據」。為了充分釋放數據的廣大價值，企業必須利用數位生態系；就如同產業結構增加產品的力量，數位生態系擴增數據的力量。重心從產品轉變為數據，也需要把策略重心從產業轉變為數位生態系。在數據能夠透過數位生態系來釋放顯著新價值的世界裡，只倚賴產品與產業的舊心態企業將落後，甚至將被淘汰，現代商業需要以數據為中心的新策略心態，企業必須在數位生態系的框架中思考與建立競爭策略。

不過，即使傳統企業採行這樣的新心態，也不能忽視或丟掉既有的優勢源頭。把策略重心轉向數據及數位生態系，並不表示產品及產業就不重要了，必須以現有的產品及產業為根基，本書提出的思想一直強調這一點。

我們先回顧前面各章提出的重要概念：數位生態系是從產業網路演進出來的，但改變了產業網路：生產生態系發展自價值鏈網路，並以新方式壯大；消費生態系利用既有的互補者網路，再使用數位連結技術來擴大。當傳統消費者開始提供互動式數據時，他們就變成了數位消費者；數位消費者也倚賴現有產品來生成新種類的互動式數據。數位競爭對手可能仿效產業型競爭互動，但也帶來新競爭動態。此外，許多數位競爭對手是以往在產業競爭中的老對手，現在以數據新方式來競爭。數位能力從企業的現有能力演進而來，並提供新機會，這些現代數位能力也必須和企業的傳統能力結合，有效打造數位競爭策略。

本書最後一章使用這些基本概念，提出一個數位競爭策略的架構，企業可用來競爭及創造數位競爭優勢的各種策略選擇。本章也將討論傳統企業在構思、選擇、及執行數位競爭策略時必須考慮的可能情況。這是本書「從數據到數位策略」旅程的最後一站，也是終點站。

數位競爭策略的架構

當傳統企業使用生產生態系及（或）消費生態系來釋放數據的價值時，就形成了數位競爭策略。＜圖表 10-1 ＞描繪數位競爭策略架構，整合本書所有思想與概念，以下是本書思想總架構，將特點列出。

＜圖表 10-1 ＞中這個架構的橫軸代表企業**在生產生態系中的數位能力**，縱軸代表企業**在消費生態系中的數位能力**，這裡的每一種數位能

圖表 10-1　數位競爭策略架構

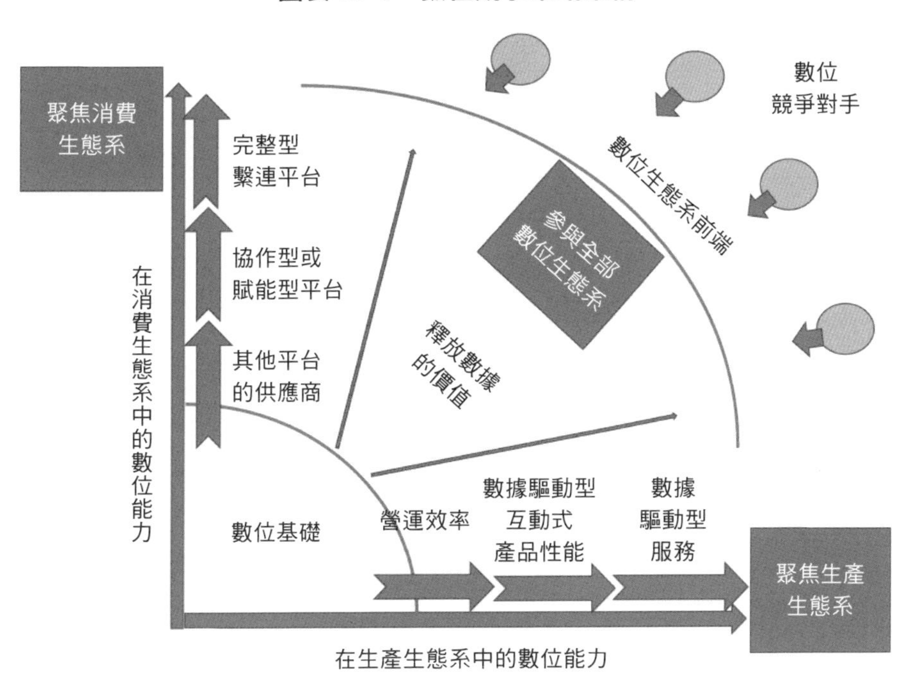

力的是資源及流程的組合，增加數據的價值（參見第 8 章）。企業運用在消費生態系中的數位能力來利用數據價值，透過繫連型數位平台，擴大創造價值的範圍。企業沿著縱軸向上擴大創造的價值：從作為其他平台的供應商，推進成以協作型或賦能型平台來競爭，或是以完整型繫連數位平台來競爭（參見第 5 章）。傳統企業運用在生產生態系中的數位能力來利用數據時，不僅可以改善營運效率，還能進一步拓展創造價值的範圍，這些擴展的價值形式是：互動式數據驅動的產品性能帶來新營收，以及數據驅動型服務（參見第 4 章）。

傳統企業想建立數位能力，首先必須建立**數位基礎**，這些數位基礎的建立是透過投資生產及消費生態系的基礎設施，投資數據來源，以及建立 API 網路。如第 8 章所述，這需要組合一個連結的資產網路，需要培養數位消費者，需要使用基礎設施來發展新數據來源，需要漸進地把 API 網路建造得更複雜精細，讓企業數據分享及數據整合流程變得更有活力。

數位基礎提供根基，讓傳統企業可以使用數據來競爭。伴隨數位基礎增強，企業提升在生產及（或）消費生態系中的數位能力，企業釋放愈來愈多的數據價值，向其**數位生態系前端（digital ecosystem frontier）**邁進。數位生態系前端代表企業能從數位生態系釋放的最大數據價值，企業的數位生態系前端弧線取決於兩組力量：一是內部力量，企業的數位能力愈強，數位生態系前端弧線就愈寬廣；二是外部力量，也就是企業的競爭環境，企業的競爭對手愈強，本身能釋放的數據價值可能愈少，數位生態系前端弧線可能愈有限。一個有效的數位競爭策略是公司的數位生態系前端最大化的競爭策略，以勝過數位競爭對手的方式來利用公司的數位能力，讓公司能辨識在數位生態系前端的最佳點，並且達到最適點，在最適點上營運。

傳統企業可以在數位生態系前端的任何點上營運，數位生態系前端弧線上的每一個點代表一個獨特的數位競爭策略選擇，每一個點是企業可以釋放數據的充分潛力、並建立競爭優勢的特殊立場。數位競爭策略有三類，每一類代表企業的數位生態系前端上的一個選擇，做為一條策略連續帶上的參考點，幫助企業決定如何在數位經濟中競爭。

第一類策略是**聚焦生產生態系（production ecosystem focus）**，在此策略選擇下，企業漸進地釋放數據的更多價值，從利用數據來提升營運效率，到提供數據驅動型互動式產品性能，或提供數據驅動型服務（參見第 4 章）。第二類策略是**聚焦消費生態系（consumption ecosystem focus）**，在此策略選擇下，企業從作為其他平台的供應商，進化到有自己的平台（協作型、賦能型、或完整型繫連平台，參見第 5

章），逐漸擴大釋放數據價值。第三類策略是**參與全部數位生態系（full digital ecosystem play）**，均衡地利用企業在生產生態系和消費生態系中的數位能力，釋放數據價值。

作為參考點，這三類數位競爭策略幫助企業了解在數位生態系前端上的取捨。舉例而言，一個企業若選擇介於「聚焦生產生態系」和「參與全部數位生態系」之間的一個點，它了解在這個策略定位上需要怎樣的能力組合，才能釋放數據的價值。該公司也能評估在這個定位上，是否能應付可能的競爭威脅。

必須指出的是，多數傳統企業可能先從聚焦生產生態系的競爭起步，再移向參與全部生態系，畢竟，大多數的傳統業務——不論是製造業或服務業——都錨定於價值鏈，因此，聚焦生產生態系可能是偏好的數位競爭策略起始點。純粹聚焦消費生態系代表業務的主要價值來自一個數位平台，對原本已經錨定於價值鏈的傳統企業，不太可能選擇這種策略，縱使把價值鏈延伸成繫連型數位平台，可能選擇參與全部數位生態系，而非純粹聚焦消費生態系的策略。

那些業務模式是基於在其他公司的產品上加裝感測器、本身不生產這些產品的公司，可能選擇純粹聚焦消費生態系的策略。此外，那些看到價值鏈正在商品化、因此無法從生產生態系中獲得多少價值的公司，也可能選擇聚焦消費生態系的策略，對這類公司來說，可能只有在消費生態系中才能找到創造新價值的機會。本章後面將有更多討論。

本書前面章節談到的幾家公司可被歸類為這 3 種數位競爭策略中的一種。舉例而言，開拓重工的策略屬於聚焦生產生態系，該公司在產品中提供數據驅動型互動式性能，並使用這些互動數據來提供預測維修服務，以減少機具故障停工的時間。海克斯康大地測量系統公司和天寶公司的策略屬於聚焦消費生態系，它們在別的公司（例如開拓重工和小松）製造的建築機具上加裝感測器，並用自己的數位平台來協調工地上的作業。福特汽車公司選擇在全部生態系中競爭，用生產生態系來提供數據驅動型互動式產品性能，也透過平台服務，在消費生態系中營運，例如把駕駛人連結至汽車維修廠。

企業最終落在數位生態系前端弧線的哪個位置，主要取決於從事什麼業務。所屬的產業如何演進成數位生態系，將影響在數位生態系前端弧線上的位置，這些演進型態決定釋放數據價值的重要機會來自何處。不過，企業也可以自行選擇數位命運，根據對創造價值的新機會、風險與報酬看法，開闢自己的數位軌跡。

下一節將提到轉變為數位生態系的 3 個傳統產業：石油與天然氣產業、電信業、保險業。有各式力量讓它們轉變為數位生態系，在這些數位生態系的每一個、在位的公司因為不同的風險與報酬取捨，選擇不同策略。

新興數位生態系中打造數位策略的力量

下面將討論的 3 個產業代表了美國經濟中重要且不同的領域，分析這些多元化企業的趨勢，有助於了解各種力量如何轉變為數位生態系，並塑造企業在尋求數位生態系邊界上的理想點時的選項。了解這些力量也可以幫助任何企業，不論業務性質為何，都能為自己制定最佳的數位競爭策略。讓我們從石油與天然氣產業先開始。

石油與天然氣業務：改善營運效率的誘因

石油與天然氣業務是產值達 3.2 兆美元的龐大產業[1]，這個產業的公司從事石油與天然氣儲量探勘，管理油氣田，以開採、提煉、生產、及運輸汽油產品，產量最大的產品是燃油和汽油。這個產業的龍頭公司包括埃克森美孚石油、英國石油、雪佛龍，最大的公司是中國石油化工公司（簡稱中石化，Sinopec），2019 年營收約 4,330 億美元 [2]，荷蘭殼牌（Dutch Shell）位居第二，2019 年營收約 3,830 億美元 [3]。

石油與天然氣產業分成三個部分：上游部分是探勘及鑽採石油和天然氣，中游部分是把開採出來的油氣輸從油井運送至煉油廠，下游部分是提煉原油和銷售產品（例如汽油或飛機燃油）。這個產業的一些公司只聚焦其中一部分：上游、中游或下游；其他公司，包括一些該行業最大公司，例如埃克森美孚，在這三個部分都有營運，它們整合上中下游營運，有自己的油井、輸送管線、及煉油廠。

石油與天然氣業務是高度資本密集型產業 [4]，油井、輸送管線、及煉油廠都是龐大投資，動不動就高達數十億、上百億美元，而且，市場波動甚大，這些投資都有相當高的風險。因此，改善營運效率是產業的重要動力，在一個充滿不確定性的市場環境下，盡可能降低成本和盡快回收投資價值是重要目標，而現代數位技術在此提供有用的解決方案。

舉例而言，在油氣田探勘活動中，不準確的預測會產生可觀成本，錯誤評估鑽採地點或鑽探量可能導致損失數百萬美元。企業可以使用 AI 及其他模型技術之類的現代數位工具，來提高發現天然氣儲量的可能性，可以幫公司節省高達 50% 至 60% 的營運成本。[5]

油氣輸送管線綿延數千或數萬英哩，往往橫跨不同國家甚至大陸，土壤情況和流經管線內物質情況的感測器數據能幫助預測腐蝕可能在龐大管道陣列中某處開始，以及可能擴散的方式。使用數據及分析來管理腐蝕，在輸送管線破損之前預測及處理，可以節省可觀的成本。

大多數煉油廠是安全的，但就算少見的事故，也有很大的風險，因此，公司有強大的動機把危險的工作自動化，並以 AI 技術取代人力活動。石油與天然氣業務，不論是上游、中游、或下游，所有層面都使用昂貴設備，全都涉及資本密集計畫，設備故障停工的成本高，因此，使用預測性服務能大大幫助減少停工時間，節省營運成本。

這些改善營運效率的誘因，再加上現代數位技術能以種種方式幫助達到目的，這些可以解釋了為何聚焦生產生態系的策略對這個產業很有吸引力。事實上，這個產業的大部份公司已經被吸引到這個策略，數位轉型行動大多朝向建立及運用數位能力改善營運效率。

電信業與5G：消費生態系中出現的機會

電信業的最重要消息是5G（第五代行動網路）的到來，5G在無線電頻率上運行，也包含功能顯著改善的新頻譜，比前幾代都更強大。這些進化為包括美國的威訊（Verizon）通訊、AT&T、T-Mobile，日本的NTT、中國電信、及德國電信（Deutsche Telekom）在內的電信業者開啟新機會，在不斷發展的數位生態系中推出新的數位競爭策略。

來看看5G行動網路對物聯網應用的影響。基本上，物聯網需要各種資產連結網際網路，以形成數據共享網路，Wi-Fi是資產連接到企業網路或網際網路的通訊協定，但這種無線連網的距離比較短。近年來，物聯網專用的通訊協定如窄頻物聯網（NB-IoT）和物聯網無線技術（Long Range，縮寫LoRa）在維持遠程的連網已被廣泛使用，其他方法包括使用藍牙或Zigbee之類的無線通訊協定，但覆蓋範圍更短。5G行動網路相較於Wi-Fi及其他現有通訊協定，為物聯網應用程式提供了多項優勢。

5G行動網路以高速傳輸大量數據，5G網路的延遲（latency，數據傳輸的延遲）低到只有1至2毫秒[6]，而且，5G網路的數據傳輸可靠性遠遠更高。這讓5G技術在物聯網應用上具有大優勢，因為物聯網資產不僅得分享大量數據，還需要快速反應的時間，例如，一輛自駕車需要快速反應以避免潛在碰撞；使用機器人進行遠距手術的外科醫生需要快速的反應時間，曾經有一位中國的外科醫生在5G技術幫助下，遠距為一名病患進行腦部手術。[7] 由於這類工作的複雜性，若遠距機器人能夠幾乎即時地反應，將帶來可觀的好處。同樣地，在製造業環境中，偵測產出瑕疵的機器若立即把操作轉移至其他機器以限制損失，將使廠商獲利。對於這類應用，那怕 5G 技術只把延遲縮減幾毫秒，也能產生完全不同的效益。

5G 的低延遲也使企業得以採用邊緣運算（edge computing）。邊緣運算是指在數據生成及分享的節點上（或在「邊緣」）執行數據的運算。舉例而言，一座工廠裡有多台機器和機器人互動工作，即時生成大量數據，傳統上，大量數據必須來來回回傳輸至中央伺服器（或後來的雲端）去進行運算、分析、得出建議行動，這數據傳輸協定減緩了機器和機器人之間互動式工作。邊緣運算就是把雲端運算帶到更靠近數據生成與分享處的邊緣，5G 技術的速度、力量、及可靠性讓這一切得以實現，並在過程中推動各種物聯網應用。

5G 還有另一個優勢。行動網路有強大的無線電子訊號，可以傳輸數英哩，一個行動通訊基地台能為手機提供最遠至 45 英哩（約 72.4 公里）的訊號。[⑧] 反觀 Wi-Fi 網路的傳輸距離小得多，在住家、餐廳、或辦公大樓內最遠只有 100 英呎（約 30.4 公尺）覆蓋範圍。此外，想要連上 Wi-Fi 網路必須有連線密碼，例如，朋友來我們家作客想上網，都得問一下家中 Wi-Fi 密碼。行動網路就不需要這種手動權限，它們有自己的自動驗證流程；只要透過行動網路基地台的服務，就能使用手機打電話和連上網路。

由於這些特性，5G 網路在管理物聯網網路方面提供比 Wi-Fi 更大的彈性。舉例而言，一位護理師家訪，她需要把心電圖或血壓數據傳送至醫院連網器材，這位護理師會發現，使用 5G 行動網路連上網路更容易，若她使用 Wi-Fi 網路的話，還得跟病患詢問家裡的 Wi-Fi 密碼上網。可口可樂的瓶裝工廠可能發現，若卡車司機能夠自動販賣機無縫接軌分享數據時，那在各棟建築物中的智慧販賣機補貨就更容易了。在 Wi-Fi

環境中，每位貨車司機都需要個別連結自動販賣機的密碼；在 5G 行動網路環境中，就沒有這些限制了，他們可以使用網際網路，輕鬆地把販賣機連結至感測器啟動的器材，開始補貨。此外，由於行動網路的覆蓋範圍更廣，即使在數英里之外，運送卡車也可以偵測到販賣機即時補貨的需求。

5G 行動網路的優點顯然帶給威訊通訊和 AT&T 之類的電信商許多新商機，最明顯的一點是，可以用高價向個人及企業客戶銷售優質數據連結服務。還可以向更多客戶銷售數據連結服務，涵蓋更廣泛的應用程式，包括新的物聯網應用程式，例如連網汽車、遠距醫療服務、智慧城市、物流等等。這些選項帶來新價值，它們也強化電信業者的銷售數據連結的舊業務模式，而這些價值來自於做更多相同事情。

威訊通訊和 AT&T 能做什麼不同於以往的業務呢？除了只聚焦銷售數據連結服務，它們能提供數據連結衍生的其他服務嗎？來看以下兩種情境。第一種情境，威訊通訊為家訪護理師的移動式醫療器材提供 5G 連網服務，並收取加價。這是因為 5G 的覆蓋範圍較佳且較可靠，讓護理師在任何地點都能上網，和醫院連網設備進行數據交換。第二種情境，威訊通訊不僅為家訪護理師攜帶的醫療器材提供連網服務，還發展出一條網路，為其他互補資產及實體提供感測器，以便交換及使用生成的數據。此外，威訊還可以提供一個平台，管理及提供護理師、醫生、及醫院的遠距醫療服務，這種平台服務可讓護理師拍攝 3D 相片，並與遠距專家即時共享，也讓護理師查看及傳送高解析影片，進行現場醫療指導。提供這類服務時，威訊還可以取得透過 5G 連網的各種器材使用互動式數據。

在第一種情境中，威訊仍舊是一個管道型企業（pipeline business）[9]，銷售數據連結服務。在第二種情境中，威訊把業務範圍擴展至其消費生態系，這消費生態系中的參與者是使用威訊的數據立即服務的到府服務護士、醫生及醫院。由此，威訊從銷售的數據連結服務中釋放更多價值，它也從管道型業務擴展至平台型企業（platform business）。因為5G 技術拓展了數據連結的物聯網應用種類，威訊及其他電信業者可以選擇進入各種不同的消費生態系，例如，連網車輛、智慧型城市內的資產與實體、智慧型工廠內的機器人等等無數的應用構成的各種消費生態系。

在 5G 技術剛推出不久的現階段，大電信公司的焦點顯然擺在強化現有的語音及數據連結銷售業務，而非 5G 器材。這種聚焦可以理解，因為這個市場有相當大的潛力，提高營收的策略包括尋找 5G 技術能提供優點的新領域，以及銷售誘人的行動網路方案。其中一個例子是對行動及非行動的應用領域提供 5G 無線路由器，例如，把這類路由器加裝在消防車、警車和救護車上，可以為第一線人員提供快速且可靠的連結。在新建物、製造廠、和建築工地加裝 5G 路由器，就不需要昂貴且耗時的電纜鋪設作業，直接建立行動網路連結。

其他策略也有一些早期跡象，從威訊近期的購併案就能窺知一二。其中一樁購併案是收購為智慧型城市服務提供物聯網平台的感知系統公司（Sensity Systems）[10]，另一樁是以 24 億美元收購提供車隊管理及行動人力解決方案的富力邁（Fleetmatics）[11]。這些是強烈訊號，顯示威訊正在從管道型企業擴展至物聯網解決方案領域的平台型企業。AT&T 也有相似行動[12]，例如，和辛克羅斯科技公司（Synchronoss Technologies）合作，提供物聯網平台服務，幫助辦公大樓節省能源。

物聯網應用愈來愈蓬勃發展，必然會吸引許多公司提供新的平台業務模式，威訊收購感知系統和富力邁就是一例，時間會告訴我們這些收購的業務如何演進，以及威訊這類電信業者將在物聯網平台服務領域建立多麼顯著的印象。若目前仍然是實驗性質，或是從這些早期行動中撤出，那就是選擇成為第三方平台的供應商。電信業者若要進入消費生態系中競爭，尤其是跨界廣泛的物聯網應用，需要新的能力。從供應商角色升級成為自己的數位平台，需要策略願景與決心，最終還是看每個電信業者如何看待風險與報酬的取捨。可以持續觀察這個領域如何演變。

保險業：數據角色的改變

保險公司長久以來倚賴數據，它們根據分析大量歷史數據及總結數據來評估風險及審核保單，用精算來發現可能影響風險的重要參數，年齡、人口結構特性、醫療史、居住地郵遞區號、工作性質等等，這些是幫助預測人壽保險風險的參數例子。保險公司歷經多年分析數據磨練出來的核保技巧來幫助產生有利可圖的保單，龐大的資本儲備能承擔大風險，大量投保人也能使用低風險保戶來補貼高風險保戶。此外，它們深度了解複雜法規。所有這些因素成為進入保險業的門檻，使在位者獲利數十載，直到現在，一切才開始有所改變。

現代數位技術為這個穩定、受到高度保護的保險業地盤帶來動盪，以往使用歷史數據及總結數據的方法受到新方法挑戰，新方法使用個人層級的即時數據來評估風險。現代數位技術能用以往做不到的方式更貼近且精確地監測個別投保人的風險，例如，不再像以往使用匯總數據推論出來的年齡及人口結構性質等參數來預測駕駛人的汽車保險風險，現在可以透過直接監測駕駛人來預測汽車保險風險。觀察駕駛人習慣的數據也能更準確預測駕駛人的汽車保險風險，也可以使用這些數據來影響駕駛行為，變得更安全，降低汽車保險風險。不僅如此，現代數位技術正用其他方式改變傳統保險業。

以接受、處理、及確定理賠為例，保險公司的自動化價值鏈讓理賠流程成本降低 30%。[13] 例如，發生車禍事故時，可以遠距記錄車禍發生地及如何發生的細節，還有車輛損害情形的詳細影像。阿里巴巴旗下的螞蟻金服（Ant Financial，譯註：已改名為螞蟻集團，Ant Group）有一款產品名為「定損寶」，使用人工智慧、適度學習、及影像辨識工具來重建車禍景象。[14] 此技術可以在幾秒鐘內準確評估損害，讓保險公司快速地以數位方式處理及確定理賠，不需要文書作業。人工智慧型工具也能偵察及幫助減少詐保事件。

由於能夠藉由即時監測資產及投保人評估風險，保險業在位者可能很快就會遭遇一波新進者。以往，保險業的進入障礙基於需要大量投保人來降低平均風險，如今，這些障礙可能不再是有效的遏制力量。因為能取得個人層級的數據，新進者甚至可以挑選低風險的投保人。傳統保險業的幾個區隔——例如汽車保險和住宅保險，可能會遭到新數位競爭對手猛烈攻擊。

這些新競爭對手可能從多個缺口攻擊。那些供應感測器收集天氣及土壤的即時數據來幫助優化農業生產力的公司，也可以向農民提供農作物保險，不僅能幫助更準確地分析風險，還能在感測器偵察到昆蟲或惡劣天氣導致農害時，迅速理賠。那些提供住家感測器以監測漏水或火災風險的公司，也可以提供住宅保險。提供車載資通服務的電信業者，也可以提供汽車保險。即時數據和持續監測，這些新進者不僅能預測風險，還能做出干預以降低風險，例如，感測器偵測到住家水管爆裂時，能自動關閉供水系統。麥肯錫研究預測，保險業的消費者很快就會偏好購買預測及防止風險的保單，而非購買賠償損失的保單。[15] 為了服務這類消費者，保險公司迫切需要改變使用數據的方式。

跟前面討論的電信業一樣，保險承保向來是一種價值鏈打造的業務，標準業務模式是核保及銷售保單，在這種傳統業務模式中，現代數位技術開啟生產生態系中的新機會，釋放數據的更多價值。例如，保險公司數位化理賠流程，或是使用先進分析法來偵察及預防詐保，這些都有助於改善營運效率。透過應用程式收集到的個人互動式數據也幫保險業者推出新服務，例如對投保人發出預測健康警訊。這類數據可幫助推出大量客製化保單，當消費者出現降低風險行為時，可以降低保費，這對個人消費者十分具吸引力。

此外，保險業的現代趨勢也需要既有的價值鏈延伸成為平台。核保和銷售保單可能已經遠遠不夠，處理影響風險的外部因素改善保單的獲利力也很重要，舉例而言，若投保能影響消費者的生活型態，朝向更長壽且更健康的生活，人壽保險和醫療保險業務將更賺錢。為了發揮這種影響，可能需要保險公司在數位平台上運作，把消費者導向到各種改善健康的物品（例如穿戴式健康產品）或實體（例如瑜珈老師或體能訓練師）。

換言之，保險公司除了充實生產生態系，也必須參與消費生態系。一些保險公司已經這麼做了，例如中國平安保險公司在保健、汽車銷售、及房地產等領域提供各種應用程式及平台，透過這些應用程式及平台，該公司參與保健、汽車、及住宅保險業務的消費生態系。騰訊的超級應用程式微信在 2017 年進軍線上保險業務。我們已經看到騰訊利用應用程式取得龐大互動式數據，在銀行業務消費生態系取得優勢，它是否也能在保險業務中如法炮製，時間將會告訴我們答案。

選擇一個數位競爭策略

這些產業的發展趨勢有三點值得注意。第一，利用數據的新價值的機會可能來自生產及消費生態系。第二，企業對這些新機會的反應不一，在甲公司看來是個危險選擇，但在乙公司看來是個誘人選擇，因此各家公司的數位轉型行動可能把賭注下在不同重心。第三，公司如何下這些賭注將會在不同的數位生態系中打造數位競爭性質和競爭動態。

在石油與天然氣產業，新機會主要出現在企業的生產生態系中，這些機會對所有在位者而言也相當明顯。因此，石油與天然氣產業中的絕大多數競爭侷限在生產生態系，這種情形可能持續下去。在電信業，電信業者的消費生態系中出現了不少新機會，已有早期跡象顯示在位者對這些機會十分感興趣，假以時日，將能更明顯看出如何經營新物聯網應用，以及如何以平台及平台服務競爭。在保險業，生產生態系和消費生態系中的數位競爭正在聚集能量，各家公司下了不同策略賭注，有些公司對使用現代數位技術改善內部效率感到滿意，其他公司則是懷抱更大雄心，想試試新的業務模式。

換言之，每個公司的策略決策取決於如何看待新價值機會，以及數位生態系中的競爭壓力發展情勢。＜圖表 10-2 ＞描述在這些因素之下，個別公司可能選擇的數位競爭策略。

這個矩陣的橫軸代表個別企業認為值得關注的來自數據的新價值源頭，一公司可能認為只有生產生態系中的新價值機會值得追求，尤其是

圖表 10-2　挑選一個數位競爭策略

數位競爭 ＼ 價值源頭	侷限在生產生態系	包含消費生態系
包含消費生態系	數位防禦者 介於聚焦生產生態系和參與全部數位生態系	數位進化者 介於聚焦消費生態系和參與全部數位生態系
侷限在生產生態系	數位調適者 聚焦生產生態系	數位先鋒 參與全部數位生態系

當一個產業中的絕大多數傳統公司都錨定於價值鏈時。或者，一公司可能覺得消費生態系中的新價值機會也值得追求。這個矩陣的縱軸代表數位競爭態勢，數位競爭對手可能侷限一公司的生產生態系，或者公司的消費生態系中也出現數位競爭對手。

落在左下象限的公司認為只有生產生態系中的數據價值值得追求，並且數位競爭對手看法也相同。石油與天然氣產業中的埃克森美孚就是一例，它看到使用現代數位技術來提升營運效率的新價值，大多數競爭對手也這麼認為。這類公司選擇聚焦生產生態系，將投資新能力，豐富現有的價值鏈，把價值鏈轉變為生產生態系。這麼做的同時，也將調適新數位現實——認知到現有的價值鏈必須改造成生產生態系。選擇這麼做的公司是**數位調適者（digital adapter）**，石油與天然氣產業的多數大公司都是數位調適者。

落在右下象限的公司認為消費生態系中的新價值機會值得追求，但它的多數競爭對手並未看出或不這麼認為。智慧型恆溫器製造商 Nest 率先認知到消費生態系中的價值，把智慧型恆溫器延伸成一個平台，連結至汽車、家電、及保全系統，成為平台使用者，在此之前，沒有任何其他的恆溫器製造商會這麼做。耐吉是第一家認知到消費生態系價值的運動鞋製造商，推出耐吉社群論壇（Nike Community Forum），建立慢跑者社群和運動員社群。[16] 從聚焦生產生態系轉變為參與全部數位生態系。因為行動得早，耐吉也是**數位先鋒（digital pioneer）**，進軍這個新策略定位，比其他公司更早。智慧型健身器材公司 Peloton 把使用者連結至教練，建立強大的健身熱愛者社群，也是一個數位先鋒。威訊通訊和 AT&T 若搶在其他電信業者之前，率先提供物聯網平台服務，它們就會成為數位先鋒。這類行動的風險較高（耐吉已經撤除了社群論壇），但企業必須權衡風險和趁早形成網路效應、並豎立進入障礙的效益。

右上象限代表業內公司普遍認知到消費生態系中的新價值機會值得

追求，例如，可能有愈來愈多的保險公司將開始注意消費者廣大生活型態，更加了解保單風險。或者，如同麥肯錫公司研究的預測，保險可能不再只是理賠損害，更多的是預測及預防風險。[17] 若這些趨勢累積了足夠能量，所有在位者將被迫更加注意消費生態系，許多公司將把業務延伸成數位平台。這麼做的公司是**數位進化者（digital evolver）**。

在此必須區別數位進化者和數位先鋒及數位調適者。只有少數數位先鋒發現消費生態系的價值，有更多的公司是數位進化者，後來才發現消費生態系的價值。數位先鋒是少數的例外，比其他公司更早看出新機會，也願意下更大的賭注。數位進化者跟進多數其他公司的行動，等到採取行動時，消費生態系中的不確定性已較低。數位進化者也跟數位調適者不同，數位調適者仍然留在價值鏈型業務，使用現代數位技術來擴大；而數位進化者則是把現有價值鏈延伸「進化」成平台，從聚焦生產生態系（跟其他數位競爭對手一樣）進化成介於全面參與數位生態系和聚焦消費生態系之間的新定位。

一個數位進化者離變成純粹聚焦消費生態系有多近，這取決於業務中創造價值的活動轉移至消費生態系的程度，以及有多大程度能守住在生產生態系中的舊地位。以雜貨店產業為例，Instacart 之類的公司已經進入消費生態系，推出線上雜貨遞送服務，Instacart 的代購員按照消費者的線上訂單，在實體雜貨店揀取貨品後，遞送給 Instacart 的消費者。Instacart 的消費者全都是數位消費者，他們使用 Instacart 的應用程式和數位平台，因此，這些消費者提供有關日常生活雜貨需求的互動式數據。Instacart 可以使用這些數據，發展新的價值主張：預測、推薦、及提供創新的、跟消費者的雜貨數位體驗。

我們還可以想像這種價值主張的一個部分：Instacart 使用供應商，在不昂貴的倉儲中心存放雜貨，比起從位於昂貴地段的品牌雜貨店、超市取貨送貨，從這種倉儲中心遞送雜貨的成本較低。此外，若 Instacart

能在管理雜貨需求方面提供吸引人的數位體驗，消費者並不在意雜貨來自何處。

若這種趨勢加劇，會對傳統雜貨店帶來麻煩，在生產生態系中的業務價值將下滑，在消費生態系中的業務價值將上升。跟其他在位者一樣，每個公司可進入這個新空間，業務變得主要以數位方式提供送貨體驗。愈覺得實體雜貨店變得商品化的威脅增大，就會愈轉向純粹聚焦消費生態系。

左上象限代表公司認為只有在生產生態系中有值得追求的價值，但注意到消費生態系中有數位競爭對手，由於看不出消費生態系中有值得追求的價值，因此偏好維持聚焦生產生態系的策略定位。不過，也可能進入消費生態系中，為競爭賭注避險，這種公司可能移動到數位生態系前端線上介於聚焦生產生態系和參與全部數位生態系之間的某個點上。

開拓重工和天寶的合資企業（參見第 4 章）就是一例，這種公司通常在消費生態系試水溫，它可能想評估在此空間的數位競爭對手實力，評估消費生態系的進入障礙強度（或是數位競爭對手進入這空間的能力，或評估自己進入此空間的能力，參見第 7 章）。或者想評估如何才能捍衛在生產生態系中的地位，因此，在消費生態系空間的行動是防禦性質大過進攻性質，這種公司是**數位防禦者（digital defender）**。

大多數傳統企業採取價值鏈型業務模式，大多能以數位調適者展開數位轉型，覺得聚焦生產生態系的策略是合理的第一步，至於後續是選擇當個數位先鋒、或數位防禦者、或數位進化者，取決於幾個因素，包括公司業務的基本性質、業務領域的數位競爭動態、公司在追求新報酬時的冒險傾向。＜圖表 10-2 ＞的矩陣幫助企業評估目標，把數位行動力拿來和數位競爭對手相較。這個矩陣也幫助企業追蹤留意數位大趨勢。

5大步驟研擬行動計畫

傳統企業該如何使用這些概念呢？它必須研擬一份行動計畫，打造有效的數位競爭策略。企業很熟悉為傳統業務研擬策略行動計畫，研擬行動計畫時涉及的工作包括：評估整個產業；盤點公司的資源及能力；設想自家的產品範圍，並和其他競爭產品相比；找出定位自家產品以獲得競爭優勢的最佳方法。數位競爭策略的行動計畫有相似的大綱，但細節不同，焦點擺在數據及數位生態系，而非產品及產業。以下敘述的 5 個步驟為研擬數位競爭策略的行動計畫提供架構。

步驟 1：繪出數位生態系

就如同傳統競爭策略需要了解所屬的產業，數位競爭策略需要了解數位生態系，第一步就是要了解業務在數位世界中創造價值活動的整個範圍。可以分解為下列工作：

- 製作價值鏈網路的藍圖，列出傳統業務模式涉及的所有活動、資產、單位、及實體。
- 辨識價值鏈網路可以連結起來的所有層面。價值鏈網路的所有構成成分愈細，愈能找到連結的機會。
- 規畫如何連結，構成生產生態系。擬想業務模式中的所有實質互依性，思考如何生成與交換互動式數據。
- 研擬一個計畫，為產品加裝感測器。要求研發部門推出創新的、有創意的感測器。建立流程，追蹤新創公司和科技公司正在發展什麼種類的感測器，辨識廣泛的感測器可能性，包括能記錄產品與使用者互動情形的軟體型及應用程式型感測器。
- 製作互補者網路藍圖，考慮補充產品的感測器數據的所有資產、單位、及實體。從已知的互補品著手，這些互補品通常跟產品的主要功能有關，以 iRobot 的吸塵器為例，一些已知的互補品可能是使用產品的感測器數據來補充可替換式灰塵過濾網或集塵袋。接著，召開腦力激盪會議，辨識新的互補品，例如第 6 章曾提到，若 iRobot 的感測器能偵察到老鼠屎或白蟻，那麼，除蟲服務可能是新的互補品。把所有這類可能的點子列出來。

· 規畫如何連結互補品，構成消費生態系。擬想互補品和產品之間的互依性，找出生成及分享數據的方法。例如，iRobot 如何把消費者家中的產品感測器數據連結至公司倉庫，自動及時遞送集塵袋？
· 設想規畫出來的生產及消費生態系中需要哪些數位技術，促成在這些數位生態系中生成及分享數據。

步驟 2：盤點數位基礎

第一步是了解數位生態系的範圍，第二步是要了解落在範圍中的何處，涉及評估目前具備的數位能力，並拿來相比充分利用數位生態系所需具備的數位能力。可以考慮下列活動：

· 評估生產生態系的基礎設施。步驟 1 中列出價值鏈網路裡資產、單位、及實體中有多少已經連結了？
· 評估價值鏈網路生成的互動式數據的範圍。資產、單位、及實體中有多少比例提供互動式數據？
· 評估消費者中有多少是數位消費者，評估提供的互動式數據價值。能大量記錄和產品互動的情形？你目前使用多少這些數據？用在哪裡？
· 評估消費生態系的基礎設施，步驟 1 中列出互補者網路裡資產、單位、及實體有多少已經連結了？評估提供的互動式數據的價值，目前有多少互補者提供數據？目前使用這些數據中的多少？有什麼用途？

- 製作 API 網路的藍圖，評估 API 網路的範圍及複雜程度。這 API 網路中有多少是對內導向？有多少是對外導向？在使用 API 作為數據管道方面，有什麼治理機制？

步驟 3：擬想一條數位生態系前端線

這一步是設想公司的數位生態系能釋放數據的充分潛力，目的是要規畫公司必須努力追求的數位目標。考慮下列工作：

- 辨識價值鏈中能夠改善效率的所有領域，列出營運效率目標。只要能辨識並明訂目標，現代數位技術就能幫你改善營運效率。
- 設想產品能夠為數位消費者提供的所有可能的數據驅動型性能與服務。第 4 章談到的開拓重工的例子，＜圖表 4-4＞展示全面地列出所有可能的數據驅動型性能與服務的方法，參考這個方法，針對業務，製作一個類似這樣的矩陣。
- 評估數位競爭對手提供什麼競爭性服務，比較對方的優勢和你的優勢。你的數據驅動型服務的網路效應有多強？比較你的網路效應和數位競爭對手的網路效應。
- 設想使用產品感測器數據去創造一個繫連型數位平台的充分潛力，回顧第 5 章內容：透過估計感測器數據的範圍、獨特性、及可掌控程度，以評估感測器數據的潛力。
- 設想這個繫連型數位平台上可能提供的所有數據驅動型服務。使用步驟 1 中的 iRobot 例子，這章可能的服務種類清單包括集塵袋補充服務、除蟲服務、或透過腦力激盪會議產生的其他點子。

· 評估數位競爭對手提供的競爭性平台服務，比較它們的優勢和你的優勢。

· 評估數位生態系進入障礙的強度。競爭對手能否輕易地仿效你在生產生態系中做的事？競爭對手能否輕易地仿效你在消費生態系中做的事？哪些因素可以打造網路效應？如何增強？

步驟4：在數位生態系前端線上挑選想要立足的一個點

這一步是關於如何達成務實的數位競爭策略目標，這是以數位基礎評估（步驟2）和你辨識的數位生態系前端線上的機會（步驟3）為根據。考慮下列工作：

· 評估在數位競爭對手優勢之下，能務實地運用在數位生態系裡的所有機會。如何改善營運效率？你能在生產生態系中提供什麼數據驅動型性能及服務？產品可以延伸成平台嗎？你想提供哪些平台服務？你預期數位消費者能負擔得起這些性能及服務嗎？你有實行這些計畫所需要的財務資源嗎？

· 考慮策略選擇：當個數位調適者，或數位先鋒？公司對風險的容忍度如何？當成果不確定時，公司想率先進入新的數位領域嗎？或你偏好觀察競爭對手如何做，再跟進？你想多快看到投資產生回報？

· 考慮業務中正在形成的數位趨勢。所有競爭對手正在進入業務的消費生態系嗎？設想有哪些生態系進入障礙？哪個策略選擇對你的公司更有道理，當個數位防禦者，或數位進化者？

· 視公司對風險與報酬的偏好而定，在數位生態系前端線上挑選一個最佳點。

步驟 5：為數位競爭策略建立必要的數位能力

這一步是朝策略目標開始邁進，包括建立一條管道，從數位基礎出發，向前推進，達到你想在數位生態系前端線上立足的點。

· 把數位基礎推進至數位生態系前沿線上挑選的那個點，辨識這麼做所需要的數位能力。
· 建立必要的生產及消費生態系基礎設施。你是否適當地把步驟 1 中辨識的價值鏈網路和互補者網路中應該連結的所有部分連結起來？
· 生成必要的數據資產。你是否把前面步驟辨識的生產與消費生態系中的數據生成潛力最大化了？
· 擴展 API 網路以利用數據資產，在你選擇的策略定位上有傑出表現。
· 達到你想要在數位生態系前端線上立足的點。持續評估你的地位，做出必要修改，致力維持精湛水準。

結語

本書希望為傳統企業提供在數位時代競爭所需要的要素，前言中提到了 3 個要素：第一，對數位技術如何改變數據的利用方式有新的了解；第二，把商業環境視為全新的數位生態系；第三，用新的策略心態與架構來建立在數位生態系中競爭的數據驅動型優勢。本書每一章內容都在探討這些要素，這些內容也帶領走上「從數據到數位競爭」策略合成架構的旅程，現在是為這旅程畫下句點的時候了。

本書重點之一是擴展傳統企業的策略視野，幫助領導人克服數位短視症陷阱。當傳統企業繼續主要倚賴產品與產業心態建立競爭優勢時，就會因數位短視症而受害，在這種心態下，傳統企業可能落入幾種數位短視症陷阱。將視數據只是用來支持產品的角色，它只使用數據來改善營運效率，不會注意到互動式數據帶來更多益處的。只是致力改善產品的現有性能，忽視透過產品來提供新的數位體驗的機會。未能注意到消費生態系的存在，將錯失把產品延伸成數位平台的種種機會。本書介紹的概念與架構想幫助傳統企業避免落入這些數位短視症陷阱。

傳統企業必須看出未來充滿令人興奮的新機會，這些機會能幫助它們和消費者建立新的、有收穫的關係，用創新的數位體驗來取悅消費者。這些機會開啟新的成長前景，企業必須把握，必須採行新心態，使用策略架構，建立本書提到的新能力，致力於成為新數位時代中有價值的數位公司。競爭策略的新未來已經到來，而現在正是行動的時候了！

致謝

本書能夠完成出版，要感謝的人很多。首先要感謝我的太太——聰慧的米拉，感謝她閱讀本書初稿，她與我的思想共鳴；感謝女兒琪蘭總是鼓勵我；感謝我們心愛的黃金貴賓犬拉哥，我在寫此書時，牠總是陪伴在我身旁，完稿一個月之後，拉哥不幸去世了，其實再幾星期就是牠的 16 歲生日。

感謝麻省理工學院出版社的策劃編輯 Emily Taber，以及「尖端管理叢書」編輯 Robert Holland 和 Paul Michelman，感謝他們在一開始的提案就看出這本書的潛力。Emily 對本書的完稿提供出色的意見，與她共事非常愉快。感謝 Deborah Cantor-Adams 和 Marjorie Pannell 以優異編輯功力相助，也感謝麻省理工學院出版社的整個團隊，包括助理策劃編輯 Laura Keeler、美術協調員 Sean Reilly、書籍設計師 Emily Gutheinz、製作經理 Jim Mitchell、資深宣傳員 Molly Grote。

感謝 Sandra Waddock、Joe Raelin、Raj Sisodia、以及 Debjani Mukherjee 等人在本書提案草案階段提供的回饋意見及鼓勵。感謝 Michael Goldberg 在我撰寫每一章時以強大編輯力相助。

寫書期間，多位人士以各種方式幫助我，有些人對本書的全部或部分章節提供回饋意見，有些人提供特定領域的專業知識，或幫我引介各種主題的專家和數據來源，幫助建立架構。感謝 Anand Bangalore、Ashish Basu、Raj Baxi、John Carpenter、Eileen Daly、Liam Fahey、Ranjan Damodar、Alan Fetherston、Rahoul Ghouse、Rajneesh Gupta、Prakash Iyer、Raj Joshi、Anand Kapai、Mihir Kedia、Ashim Kumar、

Neeraj Kumar、Rohit Mehra、Rahul Modi、Yash Modi、Shripad Nadkarni、Vasant Tilak Naik、Holger Pietzch、Rajnikant Rao、Ravi Sankar、Shubhro Sen、Ravi Shankavaram、Adam Syed、A. Vaidyanathan、Dr. A. V. Vedpuriswar、Ankit Vemban、Kumar Vemban、Tieying Yu。

感謝波士頓學院管理學院院長 Andy Boynton 對本書的支持。

我把本書獻給我已故的雙親 Dr. K. S. Subramaniam 和 Savitri Subramaniam，他們都是優秀的教育家，同時也是我人生的燈塔。

註釋

前言

1. "The World's Most Valuable Resource Is No Longer Oil, but Data," *Economist*, May 6, 2017, https://www.economist.com/leaders/2017/05/06/the-worlds-most-valuable-resource-is-no-longer-oilbut-data.
2. Jacques Bughin, James Manyika, and Tanguy Catlin, "Twenty-Five Years of Digitization: Ten Insights into How to Play It Right," McKinsey & Co., May 2019, https://www.mckinsey.com/~/media/mckinsey/business%20functions/mckinsey%20digital/our%20insights/twenty-five%20years%20of%20digitization%20ten%20insights%20into%20how%20to%20play%20it%20right/mgi-briefing-note-twenty-five-years-of-digitization-may-2019.ashx.
3. 在本書中，「產品」一詞涵蓋實體產品與服務。
4. Nicholas Shields, "Ford Is Pouring Billions into Digital Transformation," *Business Insider*, July 27, 2018, https://www.businessinsider.com/ford-corporate-restructuring-digital-transformation-2018-7.
5. "Carmakers Are Collecting Data and Cashing In—and Most Drivers Have No Clue," *CBS News*, November 13, 2018, https://www.cbsnews.com/news/carmakers-are-collecting-your-data-and-selling-it.
6. Taylor Soper, "Starbucks Teams Up with Ford and Amazon to Allow In-Car Orders via Alexa," GeekWire, March 22, 201, https://www.geekwire.com/2017/starbucks-partners-ford-amazon-allow-car-orders-via-alexa.
7. "Smartphones on Wheels," *Economist*, September 4, 2014, https://www.economist.com/technology-quarterly/2014/09/04/smartphones-on-wheels.
8. "Ford Strives for 100% Uptime for Commercial Vehicles with Predictive Usage-Based Maintenance Solution," Field Service Connect UK 2020, March 5, 2020, https://fieldserviceconnecteu.wbresearch.com/blog/ford-strives-for-100-uptime-for-commercial-vehicles-with-predictive-usage-based-maintenance-solution.
9. Arielle Pardes, "Old-School Mattress Brands Join the Sleep-Tech Gold Rush," *Wired*, July 29, 2019, https://www.wired.com/story/tempur-sealy-sleep-tech.
10. Erik Brynjolfsson and Andrew McAfee, "The Business of Artificial Intelligence," *Harvard Business Review*, July 2017.
11. James Manyika, Michael Chui, Peter Bisson, Jonathan Woetzel, Richard Dobbs, Jacques Bughin, and Dan Aharon, "Unlocking the Potential of the Internet of Things," McKinsey & Co., February 13, 2020, https://www.mckinsey.com/business-functions/mckinsey-digital/our-insights/the-internet-of-things-the-value-of-digitizing-the-physical-world.
12. Mohan Subramaniam, "Digital Ecosystems and Their Implications for Competitive Strategy," *Journal of Organizational Design* 9 (2020): 1–10.
13. John Joseph, "CIMCON Lighting Launches the NearSky Connect Program to Accelerate Smart City

Transformations," Cimcon, October 3, 2018, https://www.cimconlighting.com/en/cimcon-blog/cimcon-lighting-launches-the-nearsky-connect-program-to-accelerate-smart-city-transformations.
14. Mohan Subramaniam and Miko aj Piskorski, "How Legacy Firms Can Compete in the Sharing Economy," *MIT Sloan Management Review* 61, no. 4 (2020): 31–37.
15. Mohan Subramaniam, "The Four Tiers of Digital Transformation," *Harvard Business Review*, September 21, 2021. https://hbr.org/2021/09/the-4-tiers-of-digital-transformation.
16. Michael Porter, "How Competitive Forces Shape Strategy," *Harvard Business Review* 57, no. 2 (1979): 137–145.
17. Amrita Khalid, "Ford CEO Says the Company 'Overestimated' Self-DrivingCars," Engadget, April 10, 2019, https://www.engadget.com/2019-04-10-ford-ceo-says-the-company-overestimated-self-driving-cars.html.
18. David P. McIntyre and Arati Srinivasan, "Networks, Platforms, and Strategy: Emerging Views and Next Steps," *Strategic Management Journal* 38, no. 1 (2016): 141–160, https://doi.org/10.1002/smj.2596.
19. Paul A. David, "Clio and the Economics of QWERTY," *American Economic Review* 75 (1985): 332–337.
20. David P. McIntyre and Mohan Subramaniam, "Strategy in Network Industries: A Review and Research Agenda," *Journal of Management* 35, no. 6 (2009): 1494–1517.
21. T. R. Eisenmann, "Internet Companies' Growth Strategies: Determinants of Investment Intensity and Long-Term Performance," *Strategic Management Journal* 27, no. 2 (2006): 1183–1204.
22. Ted Levitt, "Marketing Myopia," *Harvard Business Review* 38 (1960): 45–56.

第 1 章

1. Rupert Neate, "$1tn Is Just the Start: Why Tech Giants Could Double Their Market Valuations," *Guardian*, January 18, 2020, https://www.theguardian.com/technology/2020/jan/18/1-trillion-dollars-just-the-start-alphabet-google-tech-giants-double-market-valuation.
2. "The World's Most Valuable Resource Is No Longer Oil, but Data," *Economist*, May 6, 2017, https://www.economist.com/leaders/2017/05/06/the-worlds-most-valuable-resource-is-no-longer-oil-but-data.
3. Marshall W. Van Alstyne, Geoffrey G. Parker, and Sangeet Paul Choudary, "Pipelines, Platforms and the New Rules of Strategy," *Harvard Business Review*, April 2016.
4. Miko aj Jan Piskorski, *A Social Strategy: How We Profit from Social Media* (Princeton, NJ: Princeton University Press, 2016).
5. Erik Brynjolfsson, Yu Hu, and Michael Smith, "From Niches to Riches: The Anatomy of the Long Tail," *MIT Sloan Management Review* 7, no. 21 (2006).
6. Chris Anderson, *The Long Tail: Why the Future of Business Is Selling Less of More* (New York: Hachette, 2014).
7. David P. McIntyre and Mohan Subramaniam, "Strategy in Network Industries: A Review and Research Agenda," *Journal of Management* 35, no. 6 (2009): 1494–1517, https://doi.org/10.1177/0149206309346734.
8. Geoffrey Parker, Marshall Van Alstyne, and Sangeet Paul Choudary, *Platform Revolution: How Networked Markets Are Transforming the Economy—and How to Make Them Work for You* (New York: W. W. Norton, 2017).
9. Carl Shapiro and Hal R. Varian, *Information Rules: A Strategic Guide to the Network Economy* (Boston: Harvard Business School Press, 1998).
10. J. Rohlfs, "A Theory of Interdependent Demand for a Communications Service," *Bell Journal of*

Economics and Management Science 5 (1974): 16–37.

11. Michael E. Porter, "Strategy and the Internet," *Harvard Business Review*, March 2001, 11.
12. Ingrid Lunden, "Amazon's Share of the US e-Commerce Market Is Now 49%, or 5% of All Retail Spend," TechCrunch, July 13, 2018, https://techcrunch.com/2018/07/13/amazons-share-of-the-us-e-commerce-market-is-now-49-or-5-of-all-retail-spend.
13. George Carey-Simos, "How Much Data Is Generated Every Minute on Social Media?," WeRSM, August 19, 2015, https://wersm.com/how-much-data-is-generated-every-minute-on-social-media.
14. Rose Leadem, "The Insane Amounts of Data We're Using Every Minute (Infographic)," *Entrepreneur*, June 10, 2018, https://www.entrepreneur.com/article/314672.
15. Simon Kemp, "Digital Trends 2019: Every Single Stat You Need to Know about the Internet," The Next Web, March 4, 2019, https://thenextweb.com/contributors/2019/01/30/digital-trends-2019-every-single-stat-you-need-to-know-about-the-internet.
16. Bernard Marr, "How Much Data Do We Create Every Day? The Mind-Blowing Stats Everyone Should Read," *Forbes*, September 5, 2019, https://www.forbes.com/sites/bernardmarr/2018/05/21/how-much-do-we-create-every-day-the-mind-blowing-stats-everyone-should-read.
17. Josh Constine, "How Big Is Facebook's Data? 2.5 Billion Pieces of Content and 500+ Terabytes Ingested Every Day," TechCrunch, August 22, 2012, https://techcrunch.com/2012/08/22/how-big-is-facebooks-data-2-5-billion-pieces-of-content-and-500-terabytes-ingested-every-day.
18. Breanna Draxler, "Facebook Algorithm Predicts If Your Relationship Will Fail," *Discover*, November 20, 2019, https://www.discovermagazine.com/the-sciences/facebook-algorithm-predicts-if-your-relationship-will-fail.
19. "Google and Facebook Tighten Grip on US Digital Ad Market," eMarketer, September 21, 2017. https://www.emarketer.com/Article/Google-Facebook-Tighten-Grip-on-US-Digital-Ad-Market/1016494.
20. Mohan Subramaniam and Bala Iyer, "The Strategic Value of APIs," *Harvard Business Review*, January 7, 2015, https://hbr.org/2015/01/the-strategic-value-of-apis.
21. Carlos A. Gomez-Uribe and Neil Hunt, "The Netflix Recommender System: Algorithms, Business Value, and Innovation," *ACM Transactions on Management Information Systems* 6, no. 4 (December 2015).
22. Kartik Hosanagar, *A Human's Guide to Machine Intelligence: How Algorithms Are Shaping Our Lives and What We Can Do to Control Them* (New York: Viking, 2019).

第 2 章

1. Bala Iyer and Mohan Subramaniam, "Corporate Alliances Matter Less Thanks to APIs," *Harvard Business Review*, June 8, 2015, https://hbr.org/2015/06/corporate-alliances-matter-less-thanks-to-apis.
2. Bala Iyer, Nalin Kulatilaka, and Mohan Subramaniam, "The Power of Connecting in the Digital World: Understanding the Capabilities of APIs," Working Paper, May 2016.
3. Matt Murphy and Steve Sloane, "The Rise of APIs," TechCrunch, May 22, 2016, https://techcrunch.com/2016/05/21/the-rise-of-apis.
4. Daniel Jacobson, Greg Brail, and Dan Woods, *APIs: A Strategy Guide* (Cambridge, MA: O'Reilly Media, 2011).
5. Shanhong Liu, "Microsoft Corporation's Search Advertising Revenue in Fiscal Years 2016 to 2020," Statista, August 12, 2020, https://www.statista.com/statistics/725388/microsoft-corporation-ad-revenue.
6. Mohan Subramaniam, Bala Iyer, and Gerald C. Kane, "Mass Customization and the Do-It-Yourself Supply Chain," *MIT Sloan Management Review*, April 5, 2016, https://sloanreview.mit.edu/article/mass-

customization-and-the-do-it-yourself-supply-chain.

7. Bala Iyer and Thomas H. Davenport, "Reverse Engineering Google's Innovation Machine," *Harvard Business Review*, April 2008, https://hbr.org/2008/04/reverse-engineering-googles-innovation-machine.
8. Jeff Dunn, "Here's How Huge Netflix Has Gotten in the Past Decade," *Business Insider*, January 19, 2017, https://www.businessinsider.com/netflix-subscribers-chart-2017-1.
9. Shanhong Liu, "Slack—Total and Paying User Count 2019," Statista, March 17, 2020, https://www.statista.com/statistics/652779/worldwide-slack-users-total-vs-paid.
10. 賽富時（Salesforce）在 2020 年 12 月以 $277 億美元收購 Slack。
11. Matthew Panzarino, "Apple and Google Are Launching a Joint COVID-19 Tracing Tool for IOS and Android," TechCrunch, April 10, 2020, https://techcrunch.com/2020/04/10/apple-and-google-are-launching-a-joint-covid-19-tracing-tool.
12. Mishaal Rahman, "Here Are the Countries Using Google and Apple's COVID-19 Contact Tracing API," xda, February 25, 2021, https://www.xda-developers.com/google-apple-covid-19-contact-tracing-exposure-notifications-api-app-list-countries.
13. Geoffrey Fowler, "Perspective: Alexa Has Been Eavesdropping on You This Whole Time," *Washington Post*, May 8, 2019, https://www.washingtonpost.com/technology/2019/05/06/alexa-has-been-eavesdropping-you-this-whole-time.
14. Jonny Evans, "How to See Everything Apple Knows about You (u)," *Computerworld*, April 30, 2018, https://www.computerworld.com/article/3269234/how-to-see-everything-apple-knows-about-you-u.html.
15. Bala Iyer, Mohan Subramaniam, and U. Srinivasa Rangan, "The Next Battle in Antitrust Will Be about Whether One Company Knows Everything about You," *Harvard Business Review*, July 6, 2017, https://hbr.org/2017/07/the-next-battle-in-antitrust-will-be-about-whether-one-company-knows-everything-about-you.

第 3 章

1. Michael E. Porter, *Competitive Strategy: Techniques for Analyzing Industries and Competitors* (New York: Free Press, 1980).
2. Mohan Subramaniam, Bala Iyer, and Venkat Venkatraman, "Competing in Digital Ecosystems," *Business Horizons* 62, no. 1 (2019): 83–94, https://doi.org/10.1016/j.bushor.2018.08.013.
3. See, for instance, Richard P. Rumelt, "How Much Does Industry Matter?," *Strategic Management Journal* 12, no. 3 (1991): 167–185, http://www.jstor.org/stable/2486591; and Anita M. Mcgahan and Michael E. Porter, "The Emergence and Sustainability of Abnormal Profits," *Strategic Organization* 1, no. 1 (2003): 79–108, https://doi.org/10.1177/1476127003001001219.
4. Joe Staten Bain, *Industrial Organization: A Treatise* (New York: Wiley, 1959).
5. Michael E. Porter, "How Competitive Forces Shape Strategy," *Harvard Business Review*, March 1979.
6. Michael E. Porter, *Competitive Advantage: Creating and Sustaining Superior Performance* (New York: Free Press, 1985).
7. 許多研究把產業描繪成生態系，因為兩者都是互依性的基礎之上。參見：Mohan Subramaniam, "Digital Ecosystems and Their Implications for Competitive Strategy," *Journal of Organization Design* 9, no. 1 (2020), https://doi.org/10.1186/s41469-020-00073-0.
8. Peter Campbell, "Ford and Volkswagen Unveil 'Global Alliance,'" *Financial Times*, January 15, 2019, https://www.ft.com/content/40d67c72-18c9-11e9-9e64-d150b3105d21.

9. 例如，參見：Ming-Jer Chen and Danny Miller, "Competitive Attack, Retaliation and Performance: An Expectancy-Valence Framework," *Strategic Management Journal* 15, no. 2 (1994): 85–102, http://www.jstor.org/stable/2486865.
10. 賽局理論之類經濟理論的許多實證研究結果支持「產業競爭對手是互依型競爭行動網路的一部分」這個論點，例如，參見：Adam Brandenburgerand Barry Nalebuff, "The Right Game: Use Game Theory to Shape Strategy," *Harvard Business Review*, 1995.
11. Tieying Yu, Mohan Subramaniam, and Albert A Cannella Jr., "Competing Globally, Allying Locally: Alliances between Global Rivals and Host-Country Factors," *Journal of International Business Studies* 44, no. 2 (2013): 117–137, https://doi.org/10.1057/jibs.2012.37.
12. Tieying Yu, Mohan Subramaniam, and Albert A. Cannella, "Rivalry Deterrence in International Markets: Contingencies Governing the Mutual Forbearance Hypothesis," *Academy of Management Journal* 52, no. 1 (2009): 127–147, https://doi.org/10.5465/amj.2009.36461986.
13. Thomas H. Davenport, *The AI Advantage: How to Put the Artificial Intelligence Revolution to Work* (Cambridge, MA: MIT Press, 2019).
14. Sara Zaske, "Germany's Vision for Industrie 4.0: The Revolution Will Be Digitised," ZDNet, February 23, 2015, https://www.zdnet.com/article/germanys-vision-for-industrie-4-0-the-revolution-will-be-digitised.

第 4 章

1. Mohan Subramaniam, "The Four Tiers of Digital Transformation," *Harvard Business Review*, September 21, 2021, https://hbr.org/2021/09/the-4-tiers-of-digital-transformation.
2. Hau L. Lee, V. Padmanabhan, and Seungjin Whang, "The Bullwhip Effect in Supply Chains," *Sloan Management Review* 38, no. 3 (1997).
3. "Average Research & Development Costs for Pharmaceutical Companies," Investopedia, September 16, 2020, https://www.investopedia.com/ask/answers/060115/how-much-drug-companys-spending-allocated-research-and-development-average.asp.
4. Leonard P. Freedman, Iain M. Cockburn, and Timothy S. Simcoe, "The Economics of Reproducibility in Preclinical Research," *PLOS Biology* 13, no. 6 (June 9, 2015), https://journals.plos.org/plosbiology/article?id=10.1371%2Fjournal.pbio.1002165.
5. "Caterpillar and Trimble Form New Joint Venture to Improve Customer Productivity and Lower Costs on the Construction Site," Trimble, October 5, 2008, https://investor.trimble.com/news-releases/news-release-details/caterpillar-and-trimble-form-new-joint-venture-improve-customer.
6. "Caterpillar and Uptake to Create Analytics Solutions," Caterpillar, March 5, 2015, https://www.caterpillar.com/en/news/corporate-press-releases/h/caterpillar-and-uptake-to-create-analytics-solutions.html. 這項合作是為期 3 年的實驗，後來終止，只獲得些微成功。不過，開拓重工仍繼續發展內部的預測能力，並和第三方合作。
7. "About Us," Sleep Number Corporation, http://newsroom.sleepnumber.com/about-us.
8. "Leading Tools Manufacturer Transforms Operations with IoT," Cisco, https://www.cisco.com/c/dam/en_us/solutions/industries/docs/manufacturing/c36-732293-00-stanley-cs.pdf.
9. Chet Namboodri, "Digital Transformation: Sub-Zero Innovates with the Internet of Everything," Cisco, September 18, 21014, https://blogs.cisco.com/digital/sub-zero-innovates-with-the-internet-of-everything?dtid=osscdc000283.
10. "Industry 4.0: Capturing Value at Scale in Discrete Manufacturing," McKinsey & Co., https://www.

mckinsey.com/~/media/mckinsey/industries/advanced%20electronics/our%20insights/capturing%20value%20at%20scale%20in%20discrete%20manufacturing%20with%20industry%204%200/industry-4-0-capturing-value-at-scale-in-discrete-manufacturing-vf.pdf.

第 5 章

1. Mohan Subramaniam and Miko aj Jan Piskorski, "How Legacy Firms Can Compete in the Sharing Economy," *MIT Sloan Management Review* 61, no. 4 (June 9, 2020): 31–37.
2. 這種繫連型數位平台架構出現於《史隆管理評論》2020 年夏季刊的一篇標題為〈傳統企業如何在新的共享經濟中競爭〉(How Legacy Firms Can Compete in the New Sharing Economy)的文獻裡，我要在此感謝這篇論文的共同作者 Miko aj Jan Piskorski，他提出這架構背後的思想，我也感謝《史隆管理評論》刊載此文。
3. Mark Raskino and Graham Waller, *Digital to the Core: Remastering Leadership for Your Industry, Your Enterprise, and Yourself* (Boston: Gartner, 2015).
4. Steven Kutz, "What It's Like to Play Tennis with a 'Smart' Racket That Sends You Data," MarketWatch, September 4, 2015, https://www.marketwatch.com/story/what-its-like-to-play-with-a-smart-tennis-racket-2015-09-03.
5. Stuart Miller, "Turning Tennis Rackets into Data Centers," *New York Times*, December 23, 2013.
6. "FDA Approves Pill with Sensor That Digitally Tracks If Patients Have Ingested Their Medication," US Food and Drug Administration, November 13, 2017, https://www.fda.gov/news-events/press-announcements/fda-approves-pill-sensor-digitally-tracks-if-patients-have-ingested-their-medication.
7. 相對於中國的銀行，阿里巴巴和騰訊這兩家公司如何具有感測數據方面的優勢，參見：Mohan Subramaniam and Raj Rajgopal, "Learning from China's Digital Disrupters," *MIT Sloan Management Review*, January 16, 2019, https://sloanreview.mit.edu/article/learning-from-chinas-digital-disrupters.
8. Bon-Gang Hwang, Stephen R. Thomas, Carl T. Haas, and Carlos H. Caldas, "Measuring the Impact of Rework on Construction Cost Performance," *Journal of Construction Engineering and Management* 135, no. 3 (2009): 187–198, https://doi.org/10.1061/(asce)0733-9364(2009)135:3(187).
9. 關於傳統銀行服務如何受到平台型業務模式的影響，參見：Subramaniam and Rajgopal, "Learning from China's Digital Disrupters"。
10. Jacob Kastrenakes, "Alexa Will Soon Be Able to Directly Control Ovens and Microwaves," The Verge, January 4, 2018, https://www.theverge.com/2018/1/4/16849306/alexa-microwave-oven-controls-added-ge-kenmore-lg-samsung-amazon.
11. "Yummly® Guided Cooking Is Here!," Whirlpool Corporation, December 13, 2018, https://www.whirlpoolcorp.com/yummly-guided-cooking-here.
12. Natt Garun, "Whirlpool's New Smart Oven Works with Alexa and Yummly to Help You Avoid Burning Down Your Kitchen," The Verge, January 8, 2018, https://www.theverge.com/ces/2018/1/8/16862504/whirlpool-smart-oven-range-microwave-yummly-alexa-google-assistant-ces-2018.
13. Andrei Hagiu and Elizabeth J. Altman, "Intuit QuickBooks: From Product to Platform," Harvard Business School Case 714–433, October 2013 (revised December 2013).
14. Mike Murphy, "More Than Just Vacuums: IRobot Is Building the Platform for the Robots of the Future," Protocol, August 25, 2020, https://www.protocol.com/irobot-builds-platform-for-future-robots.
15. Arielle Pardes, "Old-School Mattress Brands Join the Sleep-Tech Gold Rush," *Wired*, July 29, 2019, https://www.wired.com/story/tempur-sealy-sleep-tech.
16. Benjamin Edelman, "How to Launch Your Digital Platform," *Harvard Business Review*, April 2015, 90–97.

17. 關於產品公司可以如何向數位巨頭學習 APIs 的使用，參見：Bala Iyer and Mohan Subramaniam, "The Strategic Value of APIs," *Harvard Business Review*, January 7, 2015, https://hbr.org/2015/01/the-strategic-value-of-apis； 以 及 Bala Iyerand Mohan Subramaniam, "Are You Using APIs to Gain Competitive Advantage?," *Harvard Business Review*, August 3, 2015, https://hbr.org/2015/04/are-you-using-apis-to-gain-competitive-advantage.
18. 例如，參見：Bala Iyer and Mohan Subramaniam, "Corporate Alliances Matter Less Thanks to APIs," *Harvard Business Review*, June 8, 2015, https://hbr.org/2015/06/corporate-alliances-matter-less-thanks-to-apis.

第 6 章

1. Victoria Dmitruczyk, "Nanotechnology and Nanosensors—Our Future as a Society?," Medium, March 31, 2019, https://medium.com/@12vgt2003/nanotechnology-and-nanosensors-our-future-as-a-society-33522e84c202.
2. P. K. Kopalle, V. Kumar, and M. Subramaniam, "How Legacy Firms Can Embrace the Digital Ecosystem via Digital Customer Orientation," *Journal of the Academy of Marketing Science* 48 (2020): 114–131, https://doi.org/10.1007/s11747-019-00694-2.
3. Stacy Lawrence, "Startup Partners with AstraZeneca on Smart Inhalers Ahead of Aussie IPO," FierceBiotech, July 23, 2015, https://www.fiercebiotech.com/medical-devices/startup-partners-astrazeneca-smart-inhalers-ahead-aussie-ipo; Carly Helfand, "Novartis Matches Respiratory Rivals with 'Smart Inhaler' Collaboration," FiercePharma, January 6, 2016, https://www.fiercepharma.com/sales-and-marketing/novartis-matches-respiratory-rivals-smart-inhaler-collaboration.
4. "What Do You Want to Know about Asthma?," Healthline, https://www.healthline.com/health/asthma.
5. "Chronic Respiratory Diseases: Asthma," World Health Organization, https://www.who.int/news-room/q-a-detail/asthma.
6. Sandra Vogel, "Foobot—The Smart Indoor Air Quality Monitor," Internet of Business, May 5, 2017, https://internetofbusiness.com/foobot-smart-indoor-air-quality-monitor.
7. "My Air My Health," PAQS, http://www.paqs.biz.
8. Dara Mohammadi, "Smart Inhalers: Will They Help to Improve Asthma Care?," *Pharmaceutical Journal*, April 7, 2017, https://www.pharmaceutical-journal.com/news-and-analysis/features/smart-inhalers-will-they-help-to-improve-asthma-care/20202556.article.
9. Sumant Ugalmugle, "Smart Inhalers Market Share Analysis 2019: Projections Report 2025," Global Market Insights, Inc., September 2019, https://www.gminsights.com/industry-analysis/smart-inhalers-market.
10. Tenzin Kunsel and Dheeraj Pandey, "Smart Inhalers Market by Product (Inhalers and Nebulizers), Indication (Asthma and COPD), and Distribution Channel (Hospital Pharmacies, Retail Pharmacies, and Online Pharmacies): Global Opportunity Analysis and Industry Forecast, 2019–2026," Smart Inhalers Market Size Analysis & Industry Forecast 2019–2026, June 2019, https://www.alliedmarketresearch.com/smart-inhalers-market#:~:text=The%20global%20smart%20inhalers%20market,58.4%25%20from%202019%20to%202026.
11. Donald G. McNeil Jr., "Can Smart Thermometers Track the Spread of the Coronavirus?," *New York Times*, March 18, 2020, https://www.nytimes.com/2020/03/18/health/coronavirus-fever-thermometers.html.
12. "How Smart Is Your Inhaler?," GlaxoSmithKline, November 8, 2016, https://www.gsk.com/en-gb/behind-

the-science/innovation/how-smart-is-your-inhaler.
10. Tenzin Kunsel and Dheeraj Pandey, "Smart Inhalers Market by Product (Inhalers and Nebulizers), Indication (Asthma and COPD), and Distribution Channel (Hospital Pharmacies, Retail Pharmacies, and Online Pharmacies): Global Opportunity Analysis and Industry Forecast, 2019–2026," Smart Inhalers Market Size Analysis & Industry Forecast 2019–2026, June 2019, https://www.alliedmarketresearch.com/smart-inhalers-market#:~:text=The%20global%20smart%20inhalers%20market,58.4%25%20from%202019%20to%202026.
11. Donald G. McNeil Jr., "Can Smart Thermometers Track the Spread of the Coronavirus?," *New York Times*, March 18, 2020, https://www.nytimes.com/2020/03/18/health/coronavirus-fever-thermometers.html.
12. "How Smart Is Your Inhaler?," GlaxoSmithKline, November 8, 2016, https://www.gsk.com/en-gb/behind-the-science/innovation/how-smart-is-your-inhaler.

第 7 章

1. Lauren Debter, "Amazon Surpasses Walmart as the World's Largest Retailer," *Forbes*, May 25, 2019, https://www.forbes.com/sites/laurendebter/2019/05/15/worlds-largest-retailers-2019-amazon-walmart-alibaba.
2. Trefis Team, "Amazon vs Alibaba—One Big Difference," *Forbes*, May 22, 2020, https://www.forbes.com/sites/greatspeculations/2020/05/22/amazon-vs-alibaba--one-big-difference.
3. "Qq.com Competitive Analysis, Marketing Mix and Traffic," Alexa, https://www.alexa.com/siteinfo/qq.com.
4. "Tencent Announces 2020 Second Quarter and Interim Results," Tencent, August 12, 2020, https://static.www.tencent.com/uploads/2020/08/12/00e999c23314aa085c0b48c533d4d393.pdf. Bani Sapra, "This Chinese Super-App Is Apple's Biggest Threat in China and Could Be a Blueprint for Facebook's Future. Here's What It's like to Use WeChat, Which Helps a Billion Users Order Food and Hail Rides," *Business Insider*, December 21, 2019, https://www.businessinsider.com/chinese-superapp-wechat-best-feature-walkthrough-2019-12.
6. Zarmina Ali, "The World's 100 Largest Banks, 2020," S&P Global Market Intelligence, April 7, 2020, https://www.spglobal.com/marketintelligence/en/news-insights/latest-news-headlines/the-world-s-100-largest-banks-2020-57854079.
7. Ali, "The World's 100 Largest Banks, 2020."
8. Andrea Murphy, Hank Tucker, Marley Coyne, and Halah Touryalai, "Global 2000—The World's Largest Public Companies 2020," *Forbes*, May 13, 2020, https://www.forbes.com/global2000.
9. Jon Russell, "Alibaba's Digital Bank Comes Online to Serve 'The Little Guys' in China," TechCrunch, June 26, 2015, https://techcrunch.com/2015/06/25/alibaba-digital-bank-mybank/; Catherine Shu, "Tencent Launches China's First Private Online Bank." TechCrunch, January 5, 2015, https://techcrunch.com/2015/01/04/tencent-webank.
10. "ICBC Releases 2018 Annual Results," ICBC China, March 28, 2019, https://www.icbc.com.cn/icbc/en/newsupdates/icbc%20news/ICBCReleases2018AnnualResults.htm#:~:text=As%20at%20the%20end%20of,balance%20of%20loan%20was%20RMB1.
11. "ICBC Releases 2018 Annual Results."
12. Qing Lan, "Tencent's WeBank: A Tech-Driven Bank or a Licensed Fintech?," EqualOcean, August 4, 2020, https://equalocean.com/analysis/2020080414410.

13. Stella Yifan Xie, "Jack Ma's Giant Financial Startup Is Shaking the Chinese Banking System," *Wall Street Journal*, July 29, 2018, https://www.wsj.com/articles/jack-mas-giant-financial-startup-is-shaking-the-chinese-banking-system-1532885367.
14. "Bank of China Limited 2017 Annual Report," April 2018, https://pic.bankofchina.com/bocappd/report/201803/P020180329593657417394.pdf.
15. Jay Peters, "Oral-B's New $220 Toothbrush Has AI to Tell You When You're Brushing Poorly." The Verge, October 25, 2019. https://www.theverge.com/circuitbreaker/2019/10/25/20932250/oral-b-genius-x-connected-toothbrush-ai-artificial-intelligence.
16. Alessandra Potenza, "This New Bluetooth-Connected Toothbrush Brings a Dentist into Your Bathroom," The Verge, June 9, 2016, https://www.theverge.com/circuitbreaker/2016/6/9/11877586/phillips-sonicare-connected-toothbrush-dentist-app.
17. Medea Giordano, "Colgate's Smart Toothbrush Finally Nails App-Guided Brushing," *Wired* , August 25, 2020, https://www.wired.com/review/colgate-hum-smart-toothbrush.
18. R. E. Caves and M. E. Porter, "From Entry Barriers to Mobility Barriers: Conjectural Decisions and Contrived Deterrence to New Competition, *Quarterly Journal of Economics* 91, no. 2 (May 1977): 241–261.
19. Anne Midgette, "Pianos: Beyond the Steinway Monoculture," *Washington Post*, September 5, 2015, https://www.washingtonpost.com/entertainment/music/the-piano-keys-of-the-future/2015/09/03/9bbbbfee-354c-11e5-94ce-834ad8f5c50e_story.html.
20. Mohan Subramaniam and Raj Rajgopal, "Learning from China's Digital Disrupters," *MIT Sloan Management Review*, January 16, 2019, https://sloanreview.mit.edu/article/learning-from-chinas-digital-disrupters.
21. Evelyn Cheng, "China Wants to Boost Loans to Small Businesses: Tech Companies May Be the Answer," CNBC, January 29, 2019, https://www.cnbc.com/2019/01/29/chinese-fintech-companies-find-new-opportunities-in-business-loans.html.
22. Clayton M. Christensen, *The Innovator's Dilemma: When New Technologies Cause Great Firms to Fail* (Boston: Harvard Business School Press, 1997).
23. R. M. Henderson and K. B. Clark, "Architectural Innovation: The Reconfiguration of Existing Product Technologies and the Failure of Established Firms," *Administrative Science Quarterly* 35, no. 1 (March 1990): 9–30.
24. Ron Adner, *Winning the Right Game* (Cambridge MA: MIT Press, 2021).

第 8 章

1. Nikolaos Logothetis, *Managing for Total Quality: from Deming to Taguchi and SPC* (New Delhi: Prentice Hall, 1992).
2. Jeffrey K. Liker and James K. Franz, *The Toyota Way to Continuous Improvement: Linking Strategy and Operational Excellence to Achieve Superior Performance* (New York: McGraw-Hill, 2011).
3. Michael Hammer, "Process Management and the Future of Six Sigma," *MIT Sloan Management Review* 43, no. 2 (2002).
4. Will Levith, "Get to Know Bruce Springsteen's One-of-a-Kind Fender Guitar," InsideHook, May 26, 2020, https://www.insidehook.com/article/music/get-to-know-bruce-springsteens-one-of-a-kind-fender-guitar.
5. Ingemar Dierickx and Karel Cool, "Asset Stock Accumulation and the Sustainability of Competitive

Advantage," *Management Science* 35, no. 12 (1989): 1504–1511.

6. Jay Barney, "Firm Resources and Sustained Competitive Advantage," *Journal of Management* 17, no. 1 (1991): 99–120, https://doi.org/10.1177/014920639101700108.
7. Michael Hammer, "Reengineering Work: Don't Automate, Obliterate," *Harvard Business Review*, July–August 1990.
8. "Whirlpool Corporation Announces Planned Acquisition of Yummly," Whirlpool Corporation, May 2, 2017, https://whirlpoolcorp.com/whirlpool-corporation-announces-planned-acquisition-of-yummly.
9. Bala Iyer and Mohan Subramaniam, "Corporate Alliances Matter Less Thanks to APIs," *Harvard Business Review*, June 8, 2015, https://hbr.org/2015/06/corporate-alliances-matter-less-thanks-to-apis.
10. D. J. Teece, "Explicating Dynamic Capabilities: The Nature and Microfoundations of (Sustainable) Enterprise Performance," *Strategic Management Journal* 28, no. 13 (December 2007): 1319–1350, at 1335.
11. 舉例而言，波士頓顧問公司（The Boston Consulting Group）提出一項知名的策略工具，名為 BCG 矩陣（BCG Matrix），建議可以任何利用其不同業務或產品在所屬市場上的表現：若是在低成長產業中擁有高市占率，這業務或產品就是金牛（cash cow，搖錢樹），公司可以用這金牛賺來的錢去收購高成長產業中的新業務。
12. Constantinos C. Markides, "Diversification, Restructuring and Economic Performance," *Strategic Management Journal* 16, no. 2 (February 1995): 101–118.
13. C. K. Prahalad and Gary Hamel, "The Core Competence of the Corporation," *Harvard Business Review*, May–June 1990.
14. Anita M. McGahan and Michael E. Porter, "How Much Does Industry Matter, Really?," *Strategic Management Journal* 18 (July 1997): 15–30.
15. Iyer and Subramaniam, "Corporate Alliances Matter Less Thanks to APIs."
16. Hortense de la Boutetière, Alberto Montagner, and Angelika Reich, "Unlocking Success in Digital Transformations," McKinsey & Company, January 24, 2020, https://www.mckinsey.com/business-functions/organization/our-insights/unlocking-success-in-digital-transformations.

第 9 章

1. Steph Solis, "Massachusetts Question 1: Right to Repair Ballot Initiative Explained," masslive, September 26, 2020, https://www.masslive.com/politics/2020/09/massachusetts-question-1-right-to-repair-ballot-initiative-will-determine-who-can-access-car-mechanical-data.html.
2. "Massachusetts Question 1, 'Right to Repair Law' Vehicle Data Access Requirement Initiative (2020)," Ballotpedia, https://ballotpedia.org/Massachusetts_Question_1,_"Right_to_Repair_Law"_Vehicle_Data_Access_Requirement_Initiative_(2020).
3. Matt Stout, "Mass. Has Been Pummeled by Ads on Question 1. They Veer into Exaggeration and 'Fearmongering,' Experts Say—*The Boston Globe,*" *Boston Globe*, September 21, 2020, https://www.bostonglobe.com/2020/09/21/metro/massachusetts-has-been-pummeled-by-ads-about-question-1-they-veer-into-exaggeration-fear-mongering-experts-say.
4. "The Privacy Project," *New York Times*, April 11, 2019, https://www.nytimes.com/interactive/2019/opinion/internet-privacy-project.html?searchResultPosition=1.
5. Kit Huckvale, Svetha Venkatesh, and Helen Christensen, "Toward Clinical Digital Phenotyping: A Timely Opportunity to Consider Purpose, Quality, and Safety," *npj Digital Medicine* 88 (September 6, 2019).
6. Alissa Walker, "Why Sidewalk Labs' 'Smart' City Was Destined to Fail," Curbed, May 7, 2020, https://

archive.curbed.com/2020/5/7/21250678/sidewalk-labs-toronto-smart-city-fail.

7. Sidney Fussell, "The City of the Future Is a Data-Collection Machine," *Atlantic*, November 21, 2018, https://www.theatlantic.com/technology/archive/2018/11/google-sidewalk-labs/575551.
8. Shoshana Zuboff, *The Age of Surveillance Capitalism: The Fight for Human Future at the New Frontier of Power* (London: Profile Books, 2019).
9. Alan J. Meese, "Price Theory, Competition, and the Rule of Reason," *University of Illinois Law Review* 77 (December 31, 2002).
10. Lauren Feiner, "Google Sued by DOJ in Antitrust Case over Search Dominance," CNBC, October 20, 2020, https://www.cnbc.com/2020/10/20/doj -antitrust-lawsuit-against-google.html.
11. 這其實是一樁非常錯誤的官司，對消費者毫無助益。
12. Bala Iyer, Mohan Subramaniam, and U. Srinivasa Rangan, "The Next Battle in Antitrust Will Be about Whether One Company Knows Everything about You," *Harvard Business Review*, July 6, 2017, https://hbr.org/2017/07/the-next-battle-in-antitrust-will-be-about-whether-one-company-knows-everything-about-you.
13. Maya Goethals and Michael Imeson, "How Financial Services Are Taking a Sustainable Approach to GDPR Compliance in a New Era for Privacy, One Year On," Deloitte, 2019, https://www2.deloitte.com/content/dam/Deloitte/uk/Documents/risk/deloitte-uk-the-impact-of-gdpr-on-the-financial-services.pdf.
14. Jack M. Balkin and Jonathan Zittrain, "A Grand Bargain to Make Tech Companies Trustworthy," *Atlantic*, October 3, 2016, https://www.theatlantic.com/technology/archive/2016/10/information-fiduciary/502346.
15. Balkin and Zittrain, "A Grand Bargain to Make Tech Companies Trustworthy."
16. David E. Pozen and Lina M. Khan, "A Skeptical View of Information Fiduciaries," *Harvard Law Review*, December 10, 2019, https://harvardlawreview.org/2019/12/a-skeptical-view-of-information-fiduciaries.
17. Russell Brandom, "This Plan Would Regulate Facebook without Going through Congress," The Verge, April 12, 2018, https://www.theverge.com/2018/4/12/17229258/facebook-regulation-fiduciary-rule-data-proposal-balkin.
18. "Democratic Senators Introduce Privacy Bill Seeking to Impose 'Fiduciary' Duties on Online Providers," Inside Privacy, December 21, 2018, https://www.insideprivacy.com/data-privacy/democratic-senators-introduce-privacy-bill-seeking-to-impose-fiduciary-duties-on-online-providers.

第 10 章

1. "Industry Market Research, Reports, and Statistics," IBISWorld, February 16, 2020, https://www.ibisworld.com/global/market-size/global-oil-gas-exploration-production.
2. Katharina Buchholz, "The Biggest Oil and Gas Companies in the World," Statista Infographics, January 10, 2020, https://www.statista.com/chart/17930/the-biggest-oil-and-gas-companies-in-the-world.
3. Buchholz, "The Biggest Oil and Gas Companies in the World."
4. Kathy Hipple, Tom Sanzillo, and Clark Williams-Derry, "IEEFA Brief: Oil Majors' Shrinking Capital Expenditures (Capex) Signal Ongoing Decline of Sector," Institute for Energy Economics & Financial Analysis, February 26, 2020, https://ieefa.org/ieefa-brief-oil-majors-shrinking-capital-expenditures-capex-signal-ongoing-decline-of-sector.
5. Ben Samoun, Marie-Helene, Havard Holmas, Sylvain Santamarta, and J. T. Clark, "Going Digital Is Hard for Oil and Gas Companies—but the Payoff Is Worth It," BCG Global, March 12, 2019, https://www.bcg.com/publications/2019/digital-value-oil-gas.

6. Stephen Shankland, "5G's Fast Responsiveness Is the Real Reason It'll Be Revolutionary," CNET, December 8, 2018, https://www.cnet.com/news/how-5g-aims-to-end-network-latency-response-time.
7. Julie Song, "Council Post: Why Low Latency (Not Speed) Makes 5G A World-Changing Technology." *Forbes*, February 6, 2020, https://www.forbes.com/sites/forbestechcouncil/2020/02/06/why-low-latency-not-speed-makes-5g-a-world-changing-technology/?sh=126229592141.
8. Bert Markgraf, "How Far Can a Cell Tower Be for a Cellphone to Pick Up the Signal?," Chron, October 26, 2016, https://smallbusiness.chron.com/far-can-cell-tower-cellphone-pick-up-signal-32124.html.
9. Marshall W. Van Alstyne, Marshall Geoffrey G. Parker, and Sangeet Paul Choudary, "Pipelines, Platforms and the New Rules of Strategy," *Harvard Business Review*, April 2016.
10. Ingrid Lunden, "Verizon Acquires Sensity Systems to Add LED Light Control to Its IoT Platform," TechCrunch, September 12, 2016, https://techcrunch.com/2016/09/12/verizon-acquires-sensity-systems-to-add-led-light-control-to-its-iot-platform.
11. Ingrid Lunden, "Verizon Buys Fleetmatics for $2.4B in Cash to Step up in Telematics," TechCrunch, August 1, 2016, https://techcrunch.com/2016/08/01/verizon-buys-fleetmatics-for-2-4b-in-cash-to-step-up-in-telematics/?_ga=2.35330721.1433828888.1607712936-763817211.1607712936.
12. Peggy Smedley, "AT&T Is All-In with IoT." Connected World, October 1, 2018, https://connectedworld.com/att-is-all-in-with-iot.
13. Tanguy Catlin and Johannes-Tobias Lorenz, "Digital Disruption in Insurance: Cutting through the Noise," McKinsey & Co., March 2017, https://www.mckinsey.com/~/media/mckinsey/industries/financial%20services/our%20insights/time%20for%20insurance%20companies%20to%20face%20digital%20reality/digital-disruption-in-insurance.ashx.
14. Tjun Tang, Michelle Hu, and Angelo Candreia, "Why Chinese Insurers Lead the Way in Digital Innovation," BCG Global, February 27, 2018, https://www.bcg.com/publications/2018/chinese-insurers-digital-innovation.
15. Catlin and Lorenz, "Digital Disruption in Insurance."
16. Sarah Judd Welch, "Nike's Forum Shows the Promise and Peril of Community," *Harvard Business Review*, March 25, 2014, https://hbr.org/2014/03/nikes-forum-shows-the-promise-and-peril-of-community?ab=at_articlepage_whattoreadnext.
17. Catlin and Lorenz, "Digital Disruption in Insurance."

國家圖書館出版品預行編目（CIP）資料

數位競爭策略／莫漢・薩布拉曼尼亞（Mohan Subramaniam）著；李芳齡譯. -- 初版. -- 臺北市：城邦文化事業股份有限公司商業周刊, 2025.02
面；　公分
譯自：The future of competitive strategy
ISBN 978-626-7492-75-8（平裝）

1.CST：企業競爭　2.CST：數位科技　3.CST：資料處理 4.CST：策略管理

494.1　　113017000

數位競爭策略

作者	莫漢・薩布拉曼尼亞（Mohan Subramaniam）
譯者	李芳齡
商周集團執行長	郭奕伶

商業周刊出版部

總監	林雲
責任編輯	盧珮如
封面設計	李東記
內文排版	中原造像股份有限公司
出版發行	城邦文化事業股份有限公司 商業周刊
地址	115台北市南港區昆陽街16號6樓 電話：（02）2505-6789　傳真：（02）2503-6399
讀者服務專線	（02）2510-8888
商周集團網站服務信箱	mailbox@bwnet.com.tw
劃撥帳號	50003033
戶名	英屬蓋曼群島商家庭傳媒股份有限公司城邦分 公司
網站	www.businessweekly.com.tw
香港發行所	城邦（香港）出版集團有限公司 香港九龍九龍城土瓜灣道86號順聯工業大廈6樓A室 電話：（852）2508-6231 傳真：（852）2578-9337 E-mail：hkcite@biznetvigator.com
製版印刷	中原造像股份有限公司
總經銷	聯合發行股份有限公司　電話（02）2917-8022
初版1刷	2025年2月
定價	450元
ISBN	978-626-7492-75-8
EISBN	9786267492703（PDF）／9786267492710（EPUB）

THE FUTURE OF COMPETITIVE STRATEGY: Unleashing the Power of Data and Digital Ecosystems
by Mohan Subramaniam

金商道

The positive thinker sees the invisible, feels the intangible, and achieves the impossible.

惟正向思考者，能察於未見，感於無形，達於人所不能。 —— 佚名